“十四五”职业教育国家规划教材

“十三五”职业教育国家规划教材

教育部 财政部职业院校教师素质提高计划职教师资培养资源开发项目
《机电技术教育》专业职教师资培养资源开发（VTNE016）

数控机床故障诊断与维修

主 编 石秀敏
副主编 蒋永翔 聂雅慧 张晓光
参 编 刘朝华 张仕海 李 彬 孙宏昌
张子淼 马 骏

机械工业出版社

本书是“十四五”职业教育国家规划教材。全书以 FANUC 0i-MD 系统为例，按照项目驱动式教学模式编写。全书分为 7 个项目，主要内容包括数控系统无法启动、主轴无法旋转、进给轴无动作、进给轴无法完成自动回参考点、伺服轴移动误差过大、刀库无法换刀、辅助装置故障诊断与维修。全书基于实际工作岗位需要，以实际工作工程为依据，按照“项目引入、任务驱动”的理念精选教学内容，内容全面、综合，深入浅出，实操性强，每个项目均含有典型的实施案例讲解，兼顾数控机床应用的实际情况和发展趋势。编写中力求做到“理论先进，内容实用，操作性强”，突出实践能力和创新素质的培养，利于理论与实践一体化的课程教学改革，是一本教、学、做合一的教材。

本书适合高等职业学院和普通高等院校智能制造装备技术及相关机电类专业的学生和教师使用，也可供广大工程技术人员学习参考。

为便于教学，本书配有相关教学资源（课件视频），选择本书作为教材的教师可登录 www.cmpedu.com 网站，注册、免费下载。

图书在版编目（CIP）数据

数控机床故障诊断与维修/石秀敏主编. —北京：机械工业出版社，2017.8（2024.8 重印）

教育部 财政部职业院校教师素质提高计划职教师资培养资源开发项目《机电技术教育》专业职教师资培养资源开发（VTNE016）

ISBN 978-7-111-57666-2

Ⅰ.①数… Ⅱ.①石… Ⅲ.①数控机床—故障诊断—师资培训—教材②数控机床—维修—师资培训—教材 Ⅳ.①TG659

中国版本图书馆 CIP 数据核字（2017）第 191480 号

机械工业出版社（北京市百万庄大街 22 号 邮政编码 100037）
策划编辑：汪光灿 责任编辑：王莉娜 责任校对：肖 琳
封面设计：张 静 责任印制：郜 敏
三河市宏达印刷有限公司印刷
2024 年 8 月第 1 版第 10 次印刷
184mm×260mm · 13.25 印张 · 350 千字
标准书号：ISBN 978-7-111-57666-2
定价：39.00 元

电话服务
客服电话：010-88361066
010-88379833
010-68326294

网络服务
机 工 官 网：www.cmpbook.com
机 工 官 博：weibo.com/cmp1952
金 书 网：www.golden-book.com
机工教育服务网：www.cmpedu.com

封底无防伪标均为盗版

关于“十四五”职业教育
国家规划教材的出版说明

为贯彻落实《中共中央关于认真学习宣传贯彻党的二十大精神的决定》《习近平新时代中国特色社会主义思想进课程教材指南》《职业院校教材管理办法》等文件精神，机械工业出版社与教材编写团队一道，认真执行思政内容进教材、进课堂、进头脑要求，尊重教育规律，遵循学科特点，对教材内容进行了更新，着力落实以下要求：

1. 提升教材铸魂育人功能，培育、践行社会主义核心价值观，教育引导学生树立共产主义远大理想和中国特色社会主义共同理想，坚定“四个自信”，厚植爱国主义情怀，把爱国情、强国志、报国行自觉融入建设社会主义现代化强国、实现中华民族伟大复兴的奋斗之中。同时，弘扬中华优秀传统文化，深入开展宪法法治教育。

2. 注重科学思维方法训练和科学伦理教育，培养学生探索未知、追求真理、勇攀科学高峰的责任感和使命感；强化学生工程伦理教育，培养学生精益求精的大国工匠精神，激发学生科技报国的家国情怀和使命担当。加快构建中国特色哲学社会科学学科体系、学术体系、话语体系。帮助学生了解相关专业和行业领域的国家战略、法律法规和相关政策，引导学生深入社会实践、关注现实问题，培育学生经世济民、诚信服务、德法兼修的职业素养。

3. 教育引导学生深刻理解并自觉实践各行业的职业精神、职业规范，增强职业责任感，培养遵纪守法、爱岗敬业、无私奉献、诚实守信、公道办事、开拓创新的职业品格和行为习惯。

在此基础上，及时更新教材知识内容，体现产业发展的新技术、新工艺、新规范、新标准。加强教材数字化建设，丰富配套资源，形成可听、可视、可练、可互动的融媒体教材。

教材建设需要各方的共同努力，也欢迎相关教材使用院校的师生及时反馈意见和建议，我们将认真组织力量进行研究，在后续重印及再版时吸纳改进，不断推动高质量教材出版。

机械工业出版社

教育部　财政部职业院校教师素质提高计划成果系列丛书

项目牵头单位　天津职业技术师范大学

项目负责人　阎　兵

项目专家指导委员会

主　任　刘来泉

副主任　王宪成　郭春鸣

成　员（按姓氏笔画排列）

刁哲军　王乐夫　王继平　邓泽民　石伟平　卢双盈

汤生玲　米　靖　刘正安　刘君义　沈　希　李仲阳

李栋学　李梦卿　孟庆国　吴全全　张元利　张建荣

周泽扬　姜大源　郭杰忠　夏金星　徐　流　徐　朔

曹　晔　崔世钢　韩亚兰

出版说明

《国家中长期教育改革和发展规划纲要（2010—2020年）》颁布实施以来，我国职业教育进入加快构建现代职业教育体系、全面提高技能型人才培养质量的新阶段。加快发展现代职业教育，实现职业教育改革发展新跨越，对职业学校“双师型”教师队伍建设提出了更高的要求。为此，教育部明确提出，要以推动教师专业化为引领，以加强“双师型”教师队伍建设为重点，以创新制度和机制为动力，以完善培养培训体系为保障，以实施素质提高计划为抓手，统筹规划，突出重点，改革创新，狠抓落实，切实提升职业院校教师队伍整体素质和建设水平，加快建成一支师德高尚、素质优良、技艺精湛、结构合理、专兼结合的高素质专业化“双师型”教师队伍，为建设具有中国特色、世界水平的现代职业教育体系提供强有力的师资保障。

目前，我国共有60余所高校正在开展职教师资培养，但由于教师培养标准的缺失和培养课程资源的匮乏，制约了“双师型”教师培养质量的提高。为完善教师培养标准和课程体系，教育部、财政部在“职业院校教师素质提高计划”框架内专门设置了职教师资培养资源开发项目，中央财政划拨1.5亿元，系统开发用于本科专业的职教师资培养标准、培养方案、核心课程和特色教材等系列资源，包括88个专业项目、12个资格考试制度开发等公共项目。该项目由42家开设职业技术师范专业的高等学校牵头，组织近千家科研院所、职业学校、行业企业共同研发，一大批专家学者、优秀校长、一线教师、企业工程技术人员参与其中。

经过三年的努力，培养资源开发项目取得了丰硕成果。一是开发了中等职业学校88个专业（类）职教师资本科培养资源项目，内容包括专业教师标准、专业教师培养标准、评价方案，以及一系列专业课程大纲、主干课程教材及数字化资源；二是取得了6项公共基础研究成果，内容包括职教师资培养模式、国际职教师资培养、教育理论课程、质量保障体系、教学资源中心建设和学习平台开发等；三是完成了18个专业大类职教师资资格标准及认证考试标准开发。上述成果，共计800多本正式出版物。总体来说，培养资源开发项目实现了高效益：形成了一大批资源，填补了相关标准和资源的空白；凝聚了一支研发队伍，强化了教师培养的“校—企—校”协同；引领了一批高校的教学改革，带动了“双师型”教师的专业化培养。职教师资培养资源开发项目是支撑专业化培养的一项系统化、基础性工程，是加强职教教师培养培训一体化建设的关键环节，也是对职教师资培养培训基地教师专业化培养实践、教师教育研究能力的系统检阅。

自2013年项目立项开题以来，各项目承担单位、项目负责人及全体开发人员做了大量深入细致的工作，结合职教教师培养实践，研发出很多填补空白、体现科学性和前瞻性的成果，有力推进了“双师型”教师专门化培养向更深层次发展。同时，专家指导委员会的各位专家以及项目管理办公室的各位同志，克服了许多困难，按照两部委对项目开发工作的总体要求，为实施项目管理、研发、检查等投入了大量时间和心血，也为各个项目提供了专业的咨询和指导，有力地保障了项目实施和成果质量。在此，我们一并表示衷心的感谢。

编写委员会

2016年10月

前　言

为适应国家大力发展职业教育的新形势，深入贯彻落实《国家中长期教育改革和发展规划纲要（2010—2020年）》中关于实施“职业院校教师素质提高计划”的精神，发挥职教师资的培养优势和特色，通过对职业院校和企业的广泛调研，针对机电技术教育专业培养职教师资的社会需求，我们努力构建既能体现机电一体化技术理论与技能，又能充分体现师范技能与教师素质培养要求的培养标准与培养方案；构建一种紧密结合本专业人才培养需要的一体化课程体系，基于CDIO开发核心课程与相应特色教材，为我国职业教育的发展做出贡献。

本书是以职业能力培养为核心，融合数控机床维修的工作任务，基于工作过程、项目驱动开发编写的。本书打破了课程的学科体系，打破了理论教学和实践教学的界限，每个项目都按一个数控机床典型故障进行，以数控机床的典型故障案例为切入点，按分析故障、确定故障到排除故障的思路展开，中间穿插所需知识点及故障诊断方法，突出了专业实践能力和问题解决能力的培养。

全书以FANUC 0i-MD系统为例，分为7个项目，分别是数控系统无法启动、主轴无法旋转、进给轴无动作、进给轴无法完成自动回参考点、伺服轴移动误差过大、刀库无法换刀、辅助装置故障诊断与维修。

本书参编人员多年从事数控机床装调维修专业的教学、科研和数控机床装调维修工的鉴定和竞赛工作。本书由天津职业技术师范大学石秀敏担任主编，蒋永翔、聂雅慧、张晓光任副主编，参编人员有天津职业技术师范大学刘朝华、张仕海、李彬、孙宏昌、张子淼、马骏。

本书是由教育部财政部职业院校教师素质提高计划职教师资培养资源开发项目（项目编号：VTNE016）资助的机电技术教育专业核心课程教材开发成果。编写过程中得到了天津职业技术师范大学机电工程系同仁的大力支持和帮助，在此深表谢意。

由于编者水平有限，书中难免存在不足之处，敬请读者批评指正。

编　者

目　录

出版说明

前言

项目1　数控系统无法启动

1.1　项目引入

1.1.1　故障现象

某车间进行 FANUC 0i-MD 三轴加工中心的机床装调，当完成数控系统电气柜的接线后，进行数控系统的开机测试，数控系统无法正常启动，数控面板的显示器无反应。

1.1.2　故障调查

观察到数控系统无法正常启动，即数控面板显示器无反应，观察开关电源指示灯亮，按下系统开按钮，继电器指示灯亮，伺服驱动单元无法上电。

1.1.3　维修前准备

1）技术手册：电气原理图、PMC 梯形图、操作手册等。

2）测量工具：万用表、示波器等。

3）螺钉旋具等。

1.2　项目分析

1.2.1　数控系统上电控制回路分析

本项目的数控系统无法启动故障，是由于数控系统未得到 24V 电压造成的。从总电源引入 380V 交流电后，系统电路经过了大量的电气元器件，如低压断路器、变压器、电源总开关、按钮、接线端子等，任何一个元器件的接线松动或元器件失效，均会引起上述故障现象的产生。为具体分析数控系统无法正常启动的故障原因，以本项目故障机床配置的 FANUC 0i-MD 数控系统为例，介绍与数控系统无法正常启动相关的所有强弱电电气连接原理图，如图 1-1~图 1-5 所示。

对数控系统上电控制回路的分析，可从图 1-4 所示数控系统控制回路接线图第 7 列的数控系统启、停按钮 SB1 和 SB2 开始。数控系统正常上电的过程为：

按下图 1-4 第 7 列数控系统启动按钮 SB1，其下方串联的继电器 KA1 的线圈得电，使得第 7 列与 SB1 并联的继电器 KA1 常开触点闭合，系统自锁。

由于继电器 KA1 线圈得电，图 1-4 中第 2 列继电器 KA1 常开触点闭合，其下方串联的接触器 KM1 的线圈得电，图 1-1 中第 6 列 KM1 主触点闭合，图 1-2 中第 6 列和第 8 列的主轴电动机风扇和伺服驱动风扇旋转，图 1-5 中第 2 列的 CX3 接口（伺服驱动控制电源 MCC）上电。

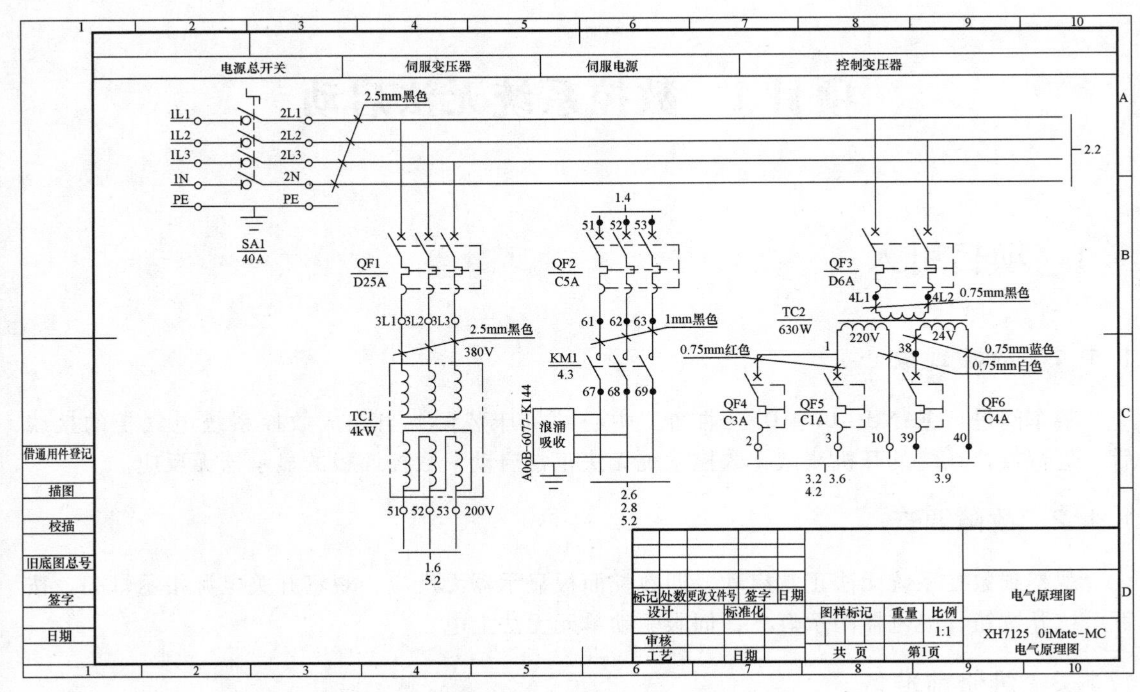

图 1-1 数控系统强电外部接入及变压电路

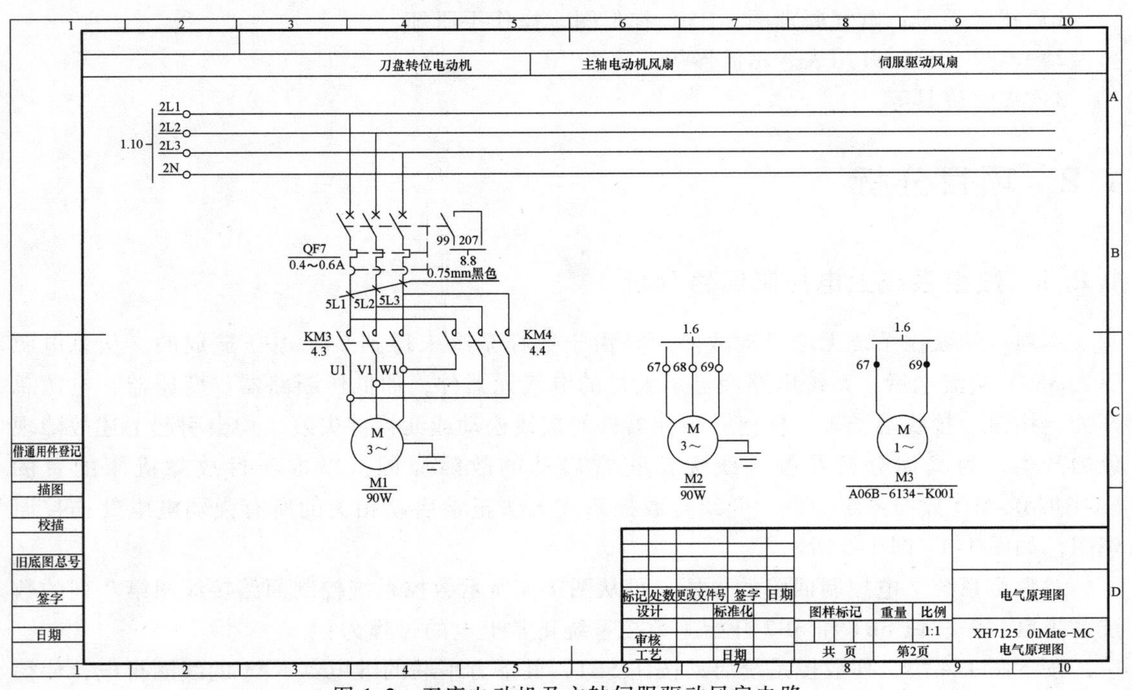

图 1-2 刀库电动机及主轴伺服驱动风扇电路

图 1-5 中第 2 列的 CX3 接口上电形成的回路中，接触器 KM2 线圈得电，进而带动其下方的 KM2 主触点闭合，380V 动力电源接入伺服驱动单元，实现了伺服驱动控制电源和动力电源的输入。

伺服驱动器输入有 3 类电源，即动力电源、控制电源和逻辑电源。其中，逻辑电源 DC24V 接入图 1-5 中第 2 列的 CXA2C 接口。

分析 24V 直流电是否能够输入伺服驱动器，可从 CXA2C 接口向 380V 交流输入倒推，其上方为图 1-3 中第 3 列的开关电源，经过机床电源总开关 SA1、图 1-1 中第 4 列的低压断路器 QF1、接入控制变压器 TC1。其中，控制变压器可将从电源总开关 SA1 输入的 380V 交流电转变为 220V 和 24V 的交流电。

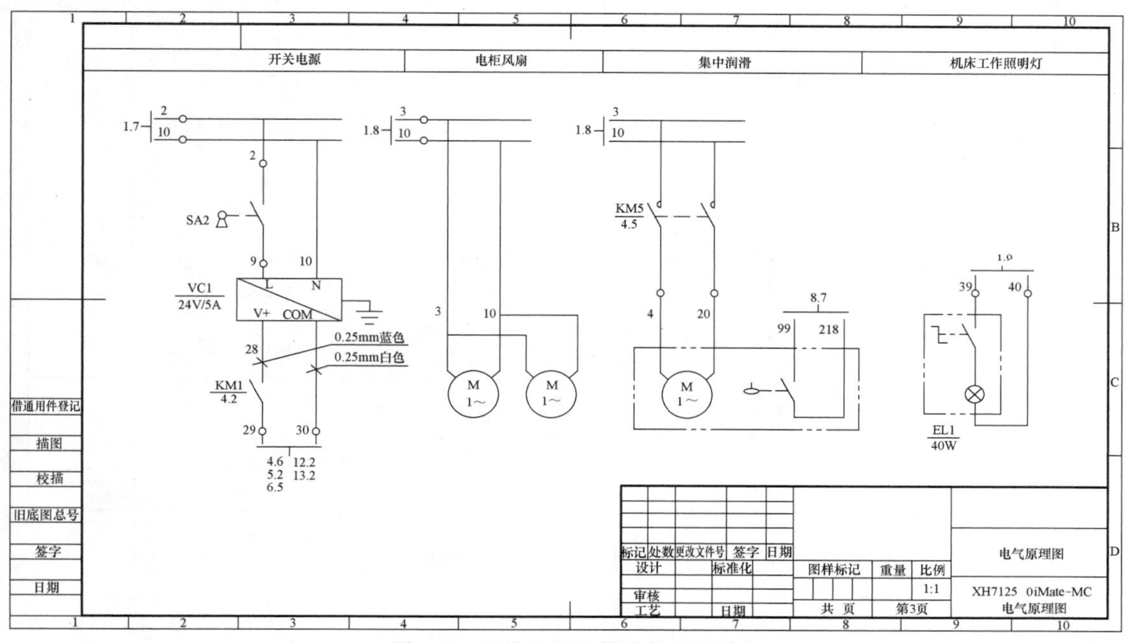

图 1-3　开关电源及辅助控制回路

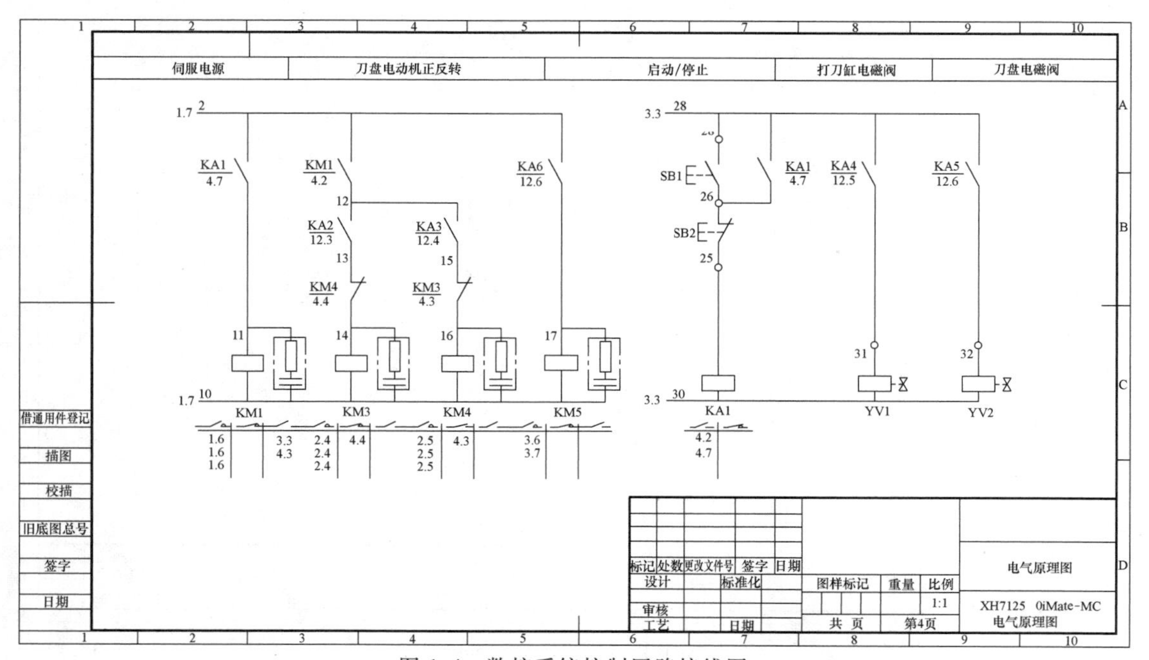

图 1-4　数控系统控制回路接线图

图 1-6 所示为数控系统接线图，接入 24V 直流电进行供电。

系统实物接线图如图 1-7 所示。

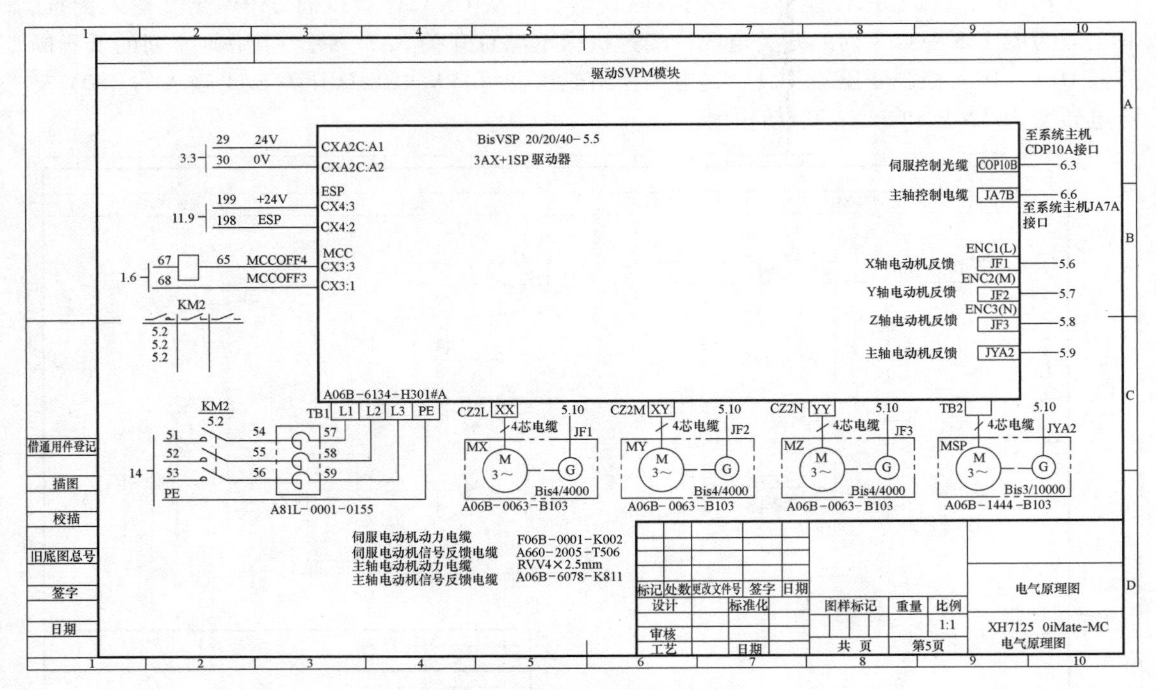

图 1-5 伺服驱动器接线图

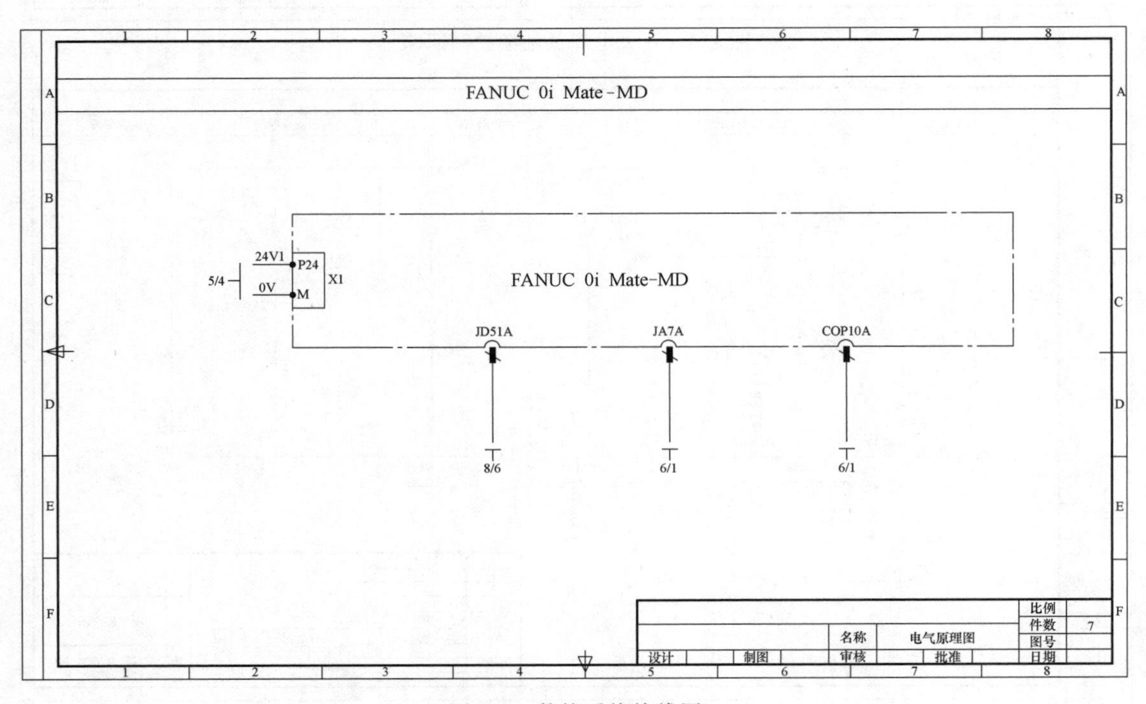

图 1-6 数控系统接线图

1.2.2　数控系统无法启动故障原因分析

图 1-7　数控系统实物接线图

由数控系统上电控制回路分析知，数控系统出现不上电故障的主要原因如下：

1）24V 直流电未接入数控系统（元器件损坏或接线松动）。

2）数控系统与显示屏间接线松动或损坏。

3）CNC 主控板损坏。

4）显示屏损坏。

通常来说，由于数控系统主控板和显示屏的可靠性相对元器件及其接线要稳定得多，故应重点考虑前两种故障。这就需要结合控制回路的分析，掌握外部 380V 交流电转变为 24V 直流电并接入数控系统的流程及其经过的元器件。

（1）24V 数控系统上电回路　图 1-1 中外部 380V 交流电→总开关 SA1→低压断路器 QF3→控制变压器 TC2→低压断路器 QF4→图 1-3 中的钥匙开关→开关电源 VC1→接触器 KM1 常开触点→图1-6中数控系统 24V 接入。

（2）数控系统启停控制回路　图 1-1 中外部 380V 交流电→总开关 SA1→低压断路器 QF3→控制变压器 TC2→低压断路器 QF4→图 1-3 中的钥匙开关→开关电源 VC1→图 1-4 中机床开按钮 SB1→机床关按钮 SB2→继电器 KA1 线圈→开关电源 VC1 的 0V 端。

1.3　项目实施

通常先进行易查的元器件的故障排查，如继电器指示灯亮，则表示从三相电输入至继电器的元器件及接线均无问题，若开关电源指示灯亮，则表示开关电源及其前端电路无故障。此外，前文分析表明，若数控系统以下回路无故障，则伺服驱动器可以正常上电，即图 1-1 中外部 380V 交流电→总开关 SA1→低压断路器 QF3→控制变压器 TC2→低压断路器 QF4→图 1-3 中的钥匙开关 SA2→开关电源 VC1→图 1-4 中机床开按钮 SB1→机床关按钮 SB2→继电器 KA1 线圈→继电器 KA1 常开触点→接触器 KM1 线圈→图 1-1 中接触器 KM1 主触点；图 1-1 低压断路器 QF1→变压器 TC1→低压断路器 QF2→接触器 KM1 主触点→图 1-5 中接触器 KM2 线圈→接触器 KM2 主触点→伺服驱动三相电流入。故通过检查伺服驱动器的状态，可反映数控系统的上电情况。

以下详细阐述任务实施的过程。

由于本故障机床为刚完成装调的新机床，故元器件损坏的可能性不大，重点考虑接线错误的问题。

1）将机床总开关及电控柜内的所有低压断路器均接通，万用表调至直流电压档，测试图 1-6 所示的数控系统接口 X1 的电缆是否输入 24V，测试结果表明未有 24V 输出，即数控系统无法启动的原因为 X1 接口无 24V 直流电输入。接下来将对 24V 直流电回路进行排查。

图 1-8 开关电源状态指示

2）观察开关电源 VC1，发现开关电源指示灯亮。开关电源的状态指示及接线如图 1-8 所示。将万用表调至直流电压档，测试 24V 电压输出端及公共端，电压分别为 24V 及 0V，表明从电源总开关 SA1 到开关电源 VC1（SA1→低压断路器 QF3→控制变压器 TC2→低压断路器 QF4→图 1-3 中的机床电源钥匙开关→开关电源 VC1），电路无故障。

3）按下数控机床操作面板上的启动按钮 SB1 并松开，观察继电器 KA1 指示灯，发现继电器指示灯常亮，表明图 1-4 所示的数控系统控制回路工作正常。

需要注意的是，如果按下 SB1 继电器 KA1 指示灯亮，松开 SB1 后 KA1 又断电，说明因 KA1 常开触点损坏或未接入控制回路，无法形成自锁回路，这也是数控系统无法启动的常见原因。

4）继续检查继电器 KA1 至数控系统 24V 接入间经过的元器件，即继电器 KA1 常开触点——接触器 KM1 线圈——接触器 KM1 常开触点——数控系统 24V 接入。按下机床开按钮 SB1 和系统关闭按钮 SB2 后，继电器发出由于线圈通电使主触点闭合和线圈断电使主触点抬起的声响，表明继电器 KM1 线圈可正常通断电，故故障问题集中在了接触器 KM1 常开触点上。

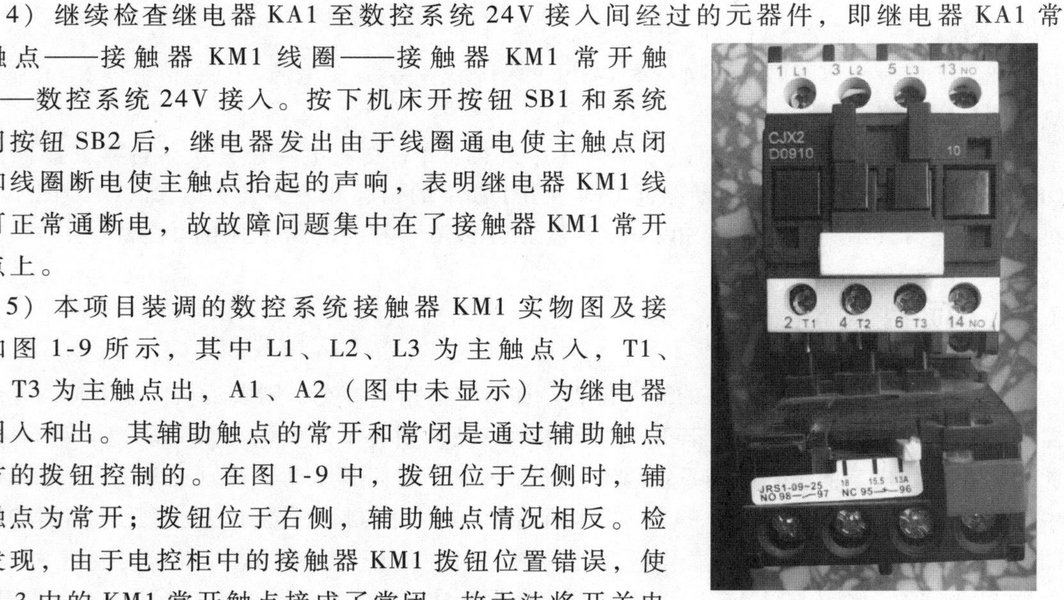

图 1-9 接触器 KM1 实物图

5）本项目装调的数控系统接触器 KM1 实物图及接口如图 1-9 所示，其中 L1、L2、L3 为主触点入，T1、T2、T3 为主触点出，A1、A2（图中未显示）为继电器线圈入和出。其辅助触点的常开和常闭是通过辅助触点下方的拨钮控制的。在图 1-9 中，拨钮位于左侧时，辅助触点为常开；拨钮位于右侧，辅助触点情况相反。检查发现，由于电控柜中的接触器 KM1 拨钮位置错误，使图 1-3 中的 KM1 常开触点接成了常闭，故无法将开关电源 VC1 的 24V 直流电通过 KM1 辅助触点接入数控系统 X1 接口。

6）将拨钮置于正确位置，按下机床开按钮 SB1，数控系统启动。至此，故障解决。

1.4 项目评估

项目结束，请各小组针对故障维修过程中出现的各种问题进行讨论，罗列出现的失误，并总结在今后的学习和操作过程中如何更好地发挥团队精神，如何提高水平及效率，并填写故障记录表和项目评估表，见附表 1 和附表 2。

1.5　项目拓展

1.5.1　项目引入

由于该数控系统为根据电气原理图进行接线装调的新机床，在数控系统无法启动故障排查完成后，系统虽能完成上电，但由于未导入或设置系统参数和 PMC 梯形图及参数，无法进入操作系统界面。

1.5.2　项目分析

FANUC 数控系统的备份方法有很多，常见的有两种：一种用存储卡（也称 CF 卡）在系统界面备份和恢复数据；另一种用计算机通过 RS232 接口备份和恢复数据。由于本项目所在的车间已完成了多套相同机床的状态设置，故本机床的系统参数及 PMC 参数可通过进入引导界面回装的方法完成。回装数据是从其他完全相同的数控系统备份获得的，以下将详细介绍系统备份和参数回装的方法。此外，熟悉 FANUC 数控系统的参数设定方法及各参数含义，对于数控机床的故障诊断与维修具有重要的意义，故本项目对系统上电全清后的各参数配置方法进行了详细的阐述。

图 1-10　CF 适配器及存储卡

1.5.3　项目实施

一、PMC 及参数的备份及回装

准备 CF 适配器及存储卡，如图 1-10 所示，并将存储卡插入图 1-11 所示的接口。

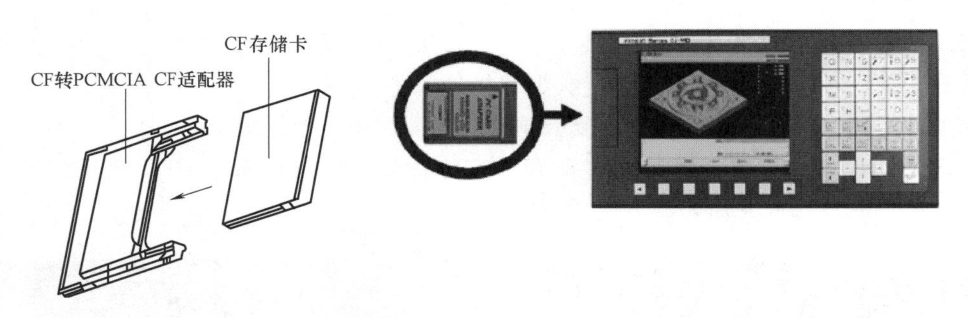

图 1-11　插入存储卡

1. 系统参数的备份

按下 LED 显示屏右下角的两个软键，同时按下“POWER ON”按钮，进入备份引导界面，如图 1-12 所示；单击［DOWN］软键将光标移动到“7 SRAM DATA UTILITY”处，单击［SELECT］软键，如图 1-13 所示，此时光标在“SRAM BACKUP”处，单击［SELECT］软键，如图 1-14 所示，会出现 YES 和 NO 两个选择，单击［YES］即开始备份，单击［NO］即取消备份。单击［YES］开始备份，备份成功后的界面如图 1-15 所示。

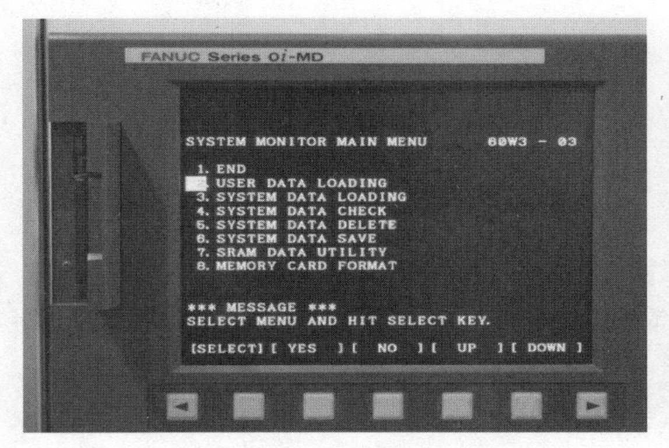

图 1-12 备份引导界面

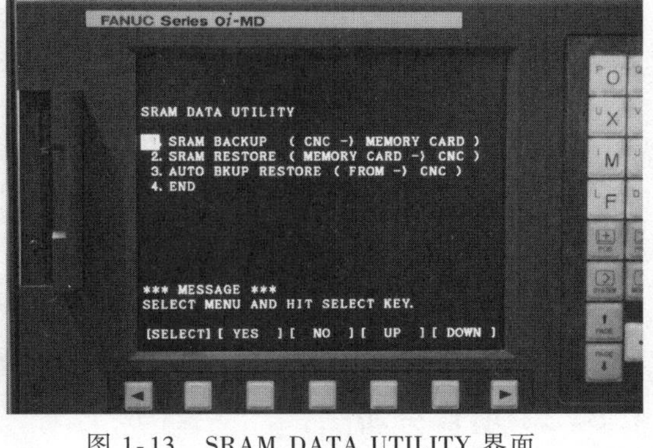

图 1-13 SRAM DATA UTILITY 界面

图 1-14 确认是否开始备份界面

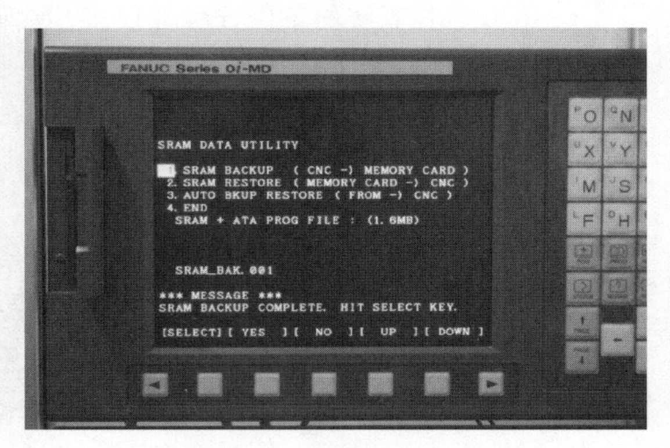

图 1-15 备份成功界面

2. 系统参数的回装

按与系统参数备份相同的操作，进入图 1-13 所示的 SRAM DATA UTILITY 界面，单击［DOWN］软键，将光标移动到“SRAM RESTORE”处，如图 1-16 所示。

再次单击［SELECT］软键，出现 YES 和 NO 两个选项，如图 1-17 所示，单击［YES］确认恢复数据，单击［NO］取消恢复数据。

单击［YES］确认恢复数据，恢复数据成功界面如图 1-18 所示。

单击［DOWN］软键，将光标移动到［END］处，单击［SELECT］软键，返回主界面，系统参数回装完成界面如图 1-19 所示。

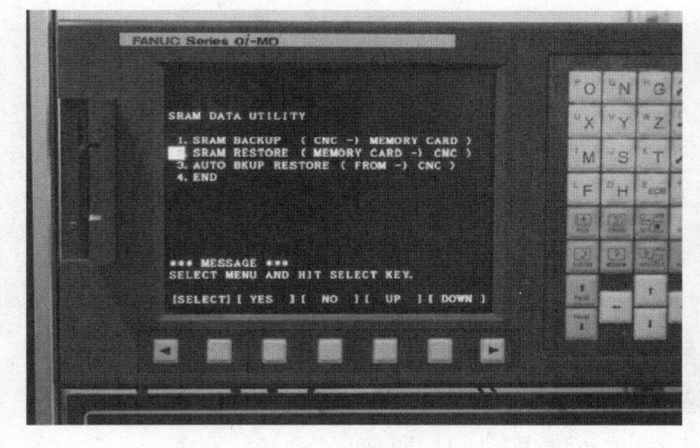

图 1-16 准备恢复数据界面

图 1-17 确认恢复数据界面

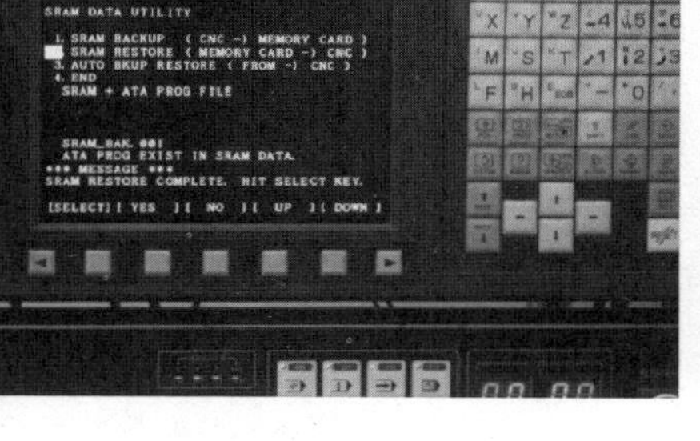

图 1-18　恢复参数成功界面

图 1-19　系统参数回装完成界面

3. PMC 的备份

按下 LED 显示屏右下角的两个软键，同时按下［POWER ON］按钮，进入备份引导界面，如图 1-12 所示。单击［DOWN］软键，将光标移动到“SYSTEM DATA SAVE”处，按两次右扩展键，再单击［DOWN］软键，将光标移动到“PMC1”处，如图 1-20 所示。

单击［SELECT］软键，出现 YES 和 NO 选项，单击［YES］确认备份 PMC，备份成功界面如图 1-21 所示。单击［DOWN］软键，将光标移动到［END］处，单击［SELECT］软键，返回主界面。

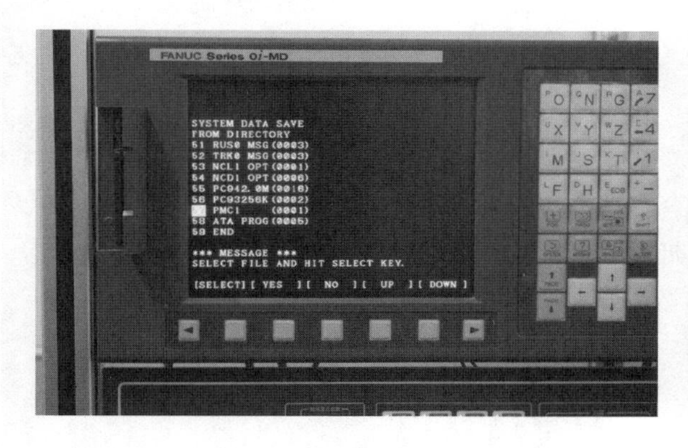

图 1-20　准备 PMC 备份界面

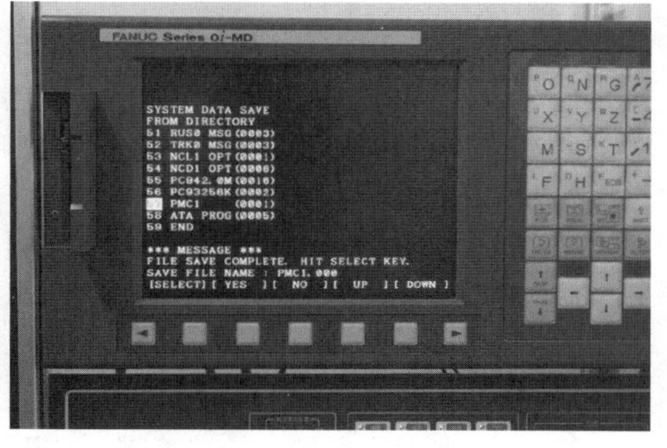

图 1-21　PMC 备份成功界面

4. PMC 的回装

在图 1-12 所示的备份引导界面处单击［DOWN］软键，将光标移动到“SYSTEM DATA LOADING”处，如图 1-22 所示，单击［SELECT］软键，将光标移动到“PMC1.000”处，如图 1-23 所示，再单击［SELECT］软键，出现 YES 和 NO 选项，如图 1-24 所示。

单击［YES］进行 PMC 参数的备份，备份成功界面如图 1-25 所示。

至此，数控系统正常启动，进入数控系统界面。

图 1-22　参数备份界面

图 1-23　选择回装参数界面

图 1-24　确认是否备份 PMC

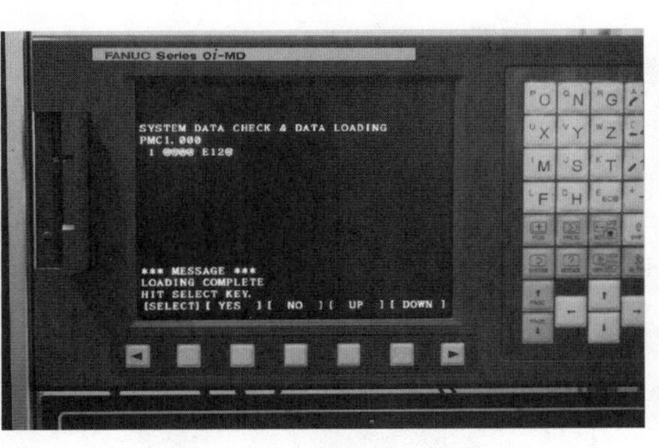

图 1-25　PMC 备份成功界面

二、FANUC 0i-MD 数控系统参数设定

1. 参数界面的显示及参数编辑基本操作

可按照以下步骤调用和显示系统参数。

1）按［SYSTEM］功能键，再按软键［参数］。

2）按［翻页］键或［光标］键，找到期望的参数。

3）输入参数号，再按软键［检索］。参数界面如图 1-26 所示。

2. 写保护修改

1）在 MDI 方式或急停情况下进行。

2）打开参数写保护：按功能键［OFFSET/SETTING］，再按［设定］软键，出现图 1-27 所示界面。将“写参数”一项设定为“1”（1：可以），按［INPUT］输入键确认参数输入，出现 100 号允许参数写入报警，如图 1-28 所示。

3）在输入重要参数如轴设定参数后，会出现如图 1-29 所示的 000 号请关闭电源报警，需关机重新启动数控系统。

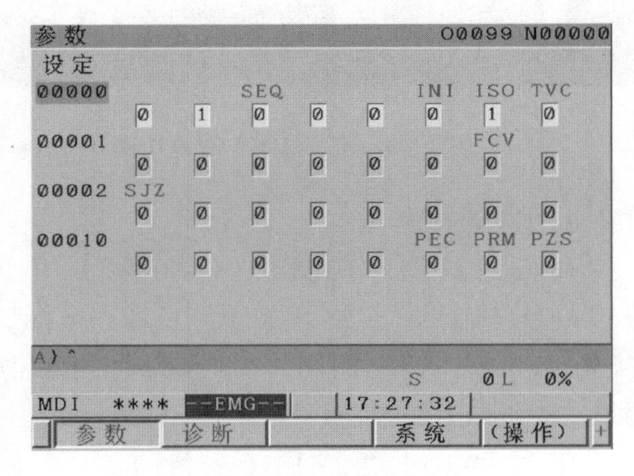

图 1-26　参数界面

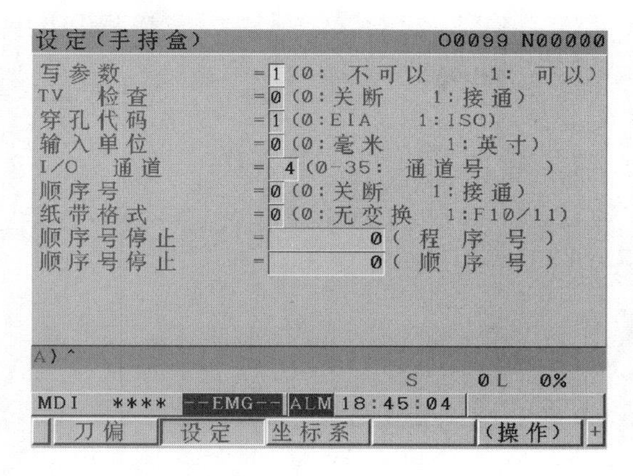

图 1-27　写保护修改界面

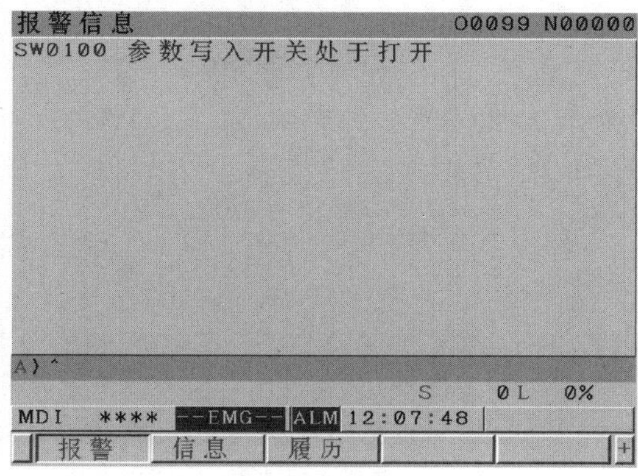

图 1-28　100 号允许参数写入报警界面

3. 存储器全清操作

同时按下［RESET］+［DELETE］按键，给系统上电，直到系统上电启动完成后松开两个按键，系统存储器全清（参数/偏置量和程序）完成，全清后一般会出现报警，如图1-30所示。

图 1-29　000 号报警界面

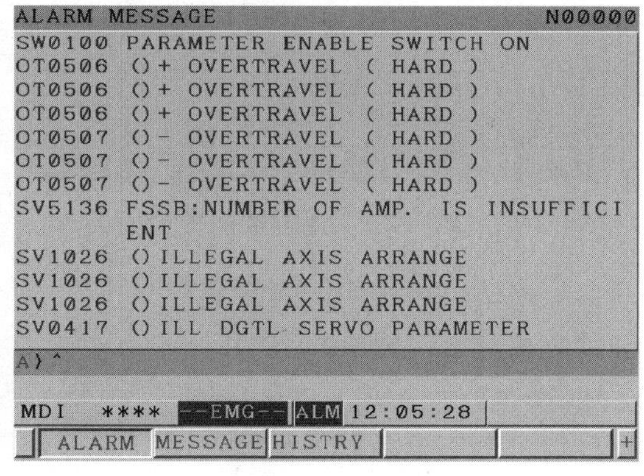

图 1-30　参数全清后报警界面

4. 设定系统语言

设定参数 PRM3280#7 = 15，如图 1-31 所示，重新上电启动，系统启动并显示简体中文。

5. 轴设定

运用参数设定帮助功能进行设定操作，按［SYSTEM］功能键会循环出现参数界面（图1-32）、诊断界面（图 1-33）、参数设定支援界面（图 1-34）。

在出现参数设定支援界面时按［(操作)］软键，再按［INIT］软键，出现“是否设定初始值?”信息，按［执行］软键，所有轴参数设定完成，被赋予初始值。

初始值设定完成后，按［选择］软键后，进入轴设定的内容界面，包括以下四个组：

基本组（BASIC）；

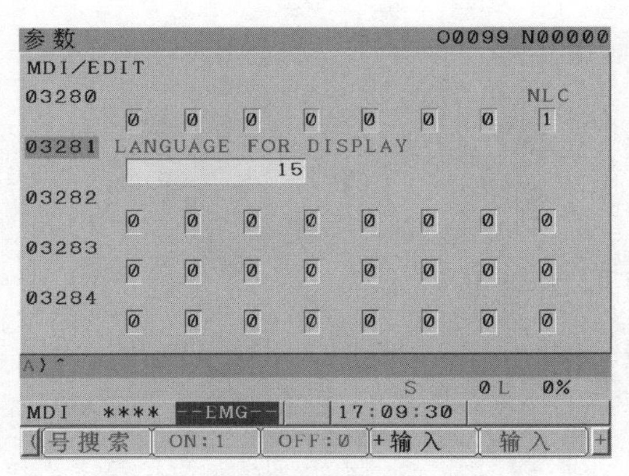

参数 O0099 N00000
MDI/EDIT
03280 NLC
0 0 0 0 0 0 0 1
03281 LANGUAGE FOR DISPLAY
15
03282
0 0 0 0 0 0 0 0
03283
0 0 0 0 0 0 0 0
03284
0 0 0 0 0 0 0 0
A)^
S 0L 0%
MDI **** --EMG-- 17:09:30
号搜索 ON:1 OFF:0 +输入 输入

图 1-31　中英文修改参数界面

参数 O0099 N00000
设定
00000 SEQ INI ISO TVC
0 1 0 0 0 0 1 0
00001 FCV
0 0 0 0 0 0 0 0
00002 SJZ
0 0 0 0 0 0 0 0
00010 PEC PRM PZS
0 0 0 0 0 0 0 0
A)^
S 0L 0%
MDI **** --EMG-- 17:27:32
参数 诊断 系统 (操作)

图 1-32　参数界面

诊断 O0099 N00000
0000
到位检测 0
进给倍率 0% 0
Jog 倍率0% 0
互锁/启动锁住接通 0
速度到达信号接通 0
等待1转信号 0
停止位置编码器 0
进给停止 0
A)^
S 0L 0%
MDI **** 18:48:24
参数 诊断 系统 (操作)

图 1-33　诊断界面

参数设定支援 O0099 N00000
菜单 1. 起刀
轴设定
FSSB(AMP)
FSSB(轴)
伺服设定
伺服参数
伺服增益调整
高精度设定
主轴设定
辅助功能
2. 调整
伺服调整
主轴调整
A)^
S 0L 0%
MDI **** 18:48:46
FSSB PRM设 (操作)

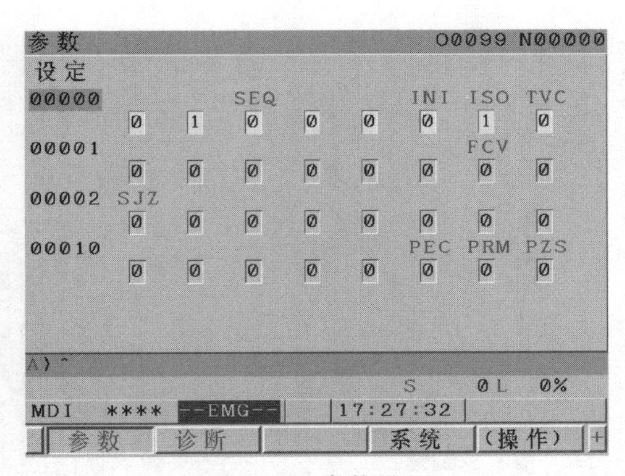

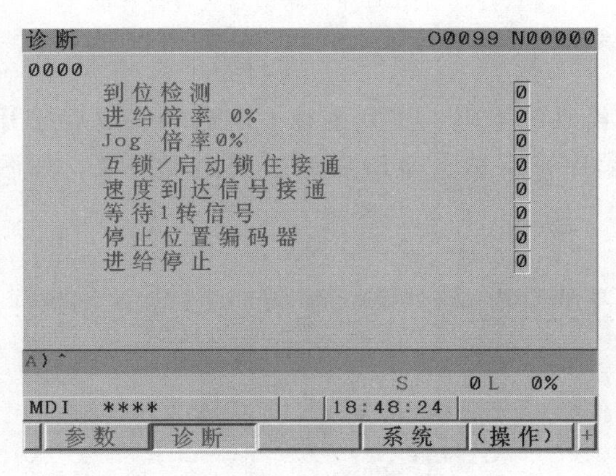

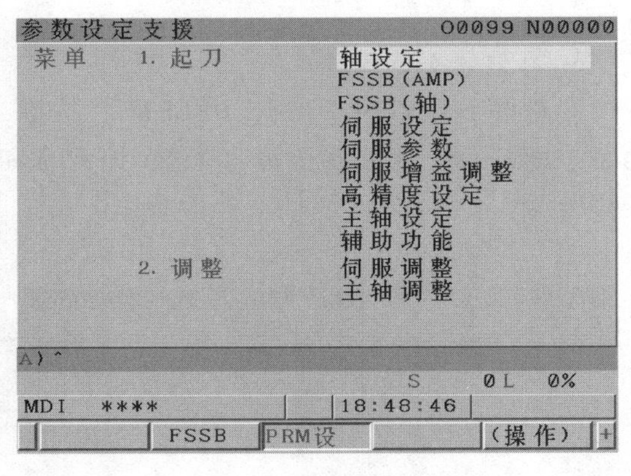

图 1-34　参数设定支援界面

坐标系组（COORDINATE）；

进给速度组（FEED RATE）；

加/减速组（ACC./DEC.）。

分别对每一组参数进行设定。可通过翻页根据机床需要设定相应参数，如图 1-35～图 1-52所示，各参数具体含义见 FANUC 0i-MD 参数说明书。

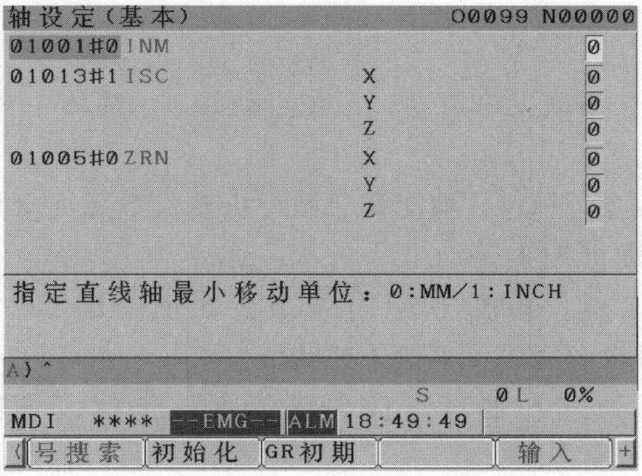

轴设定(基本) O0099 N00000
01001#0 INM 0
01013#1 ISC X 0
Y 0
Z 0
01005#0 ZRN X 0
Y 0
Z 0
指定直线轴最小移动单位：0:MM/1:INCH
A)^
S 0L 0%
MDI **** --EMG-- ALM 18:49:49
号搜索 初始化 GR初期 输入

图 1-35　基本组参数设定界面 1

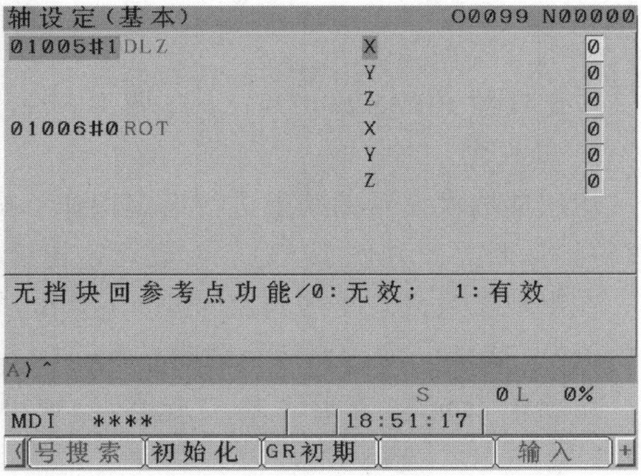

轴设定(基本) O0099 N00000
01005#1 DLZ X 0
Y 0
Z 0
01006#0 ROT X 0
Y 0
Z 0
无挡块回参考点功能/0:无效； 1:有效
A)^
S 0L 0%
MDI **** 18:51:17
号搜索 初始化 GR初期 输入

图 1-36　基本组参数设定界面 2

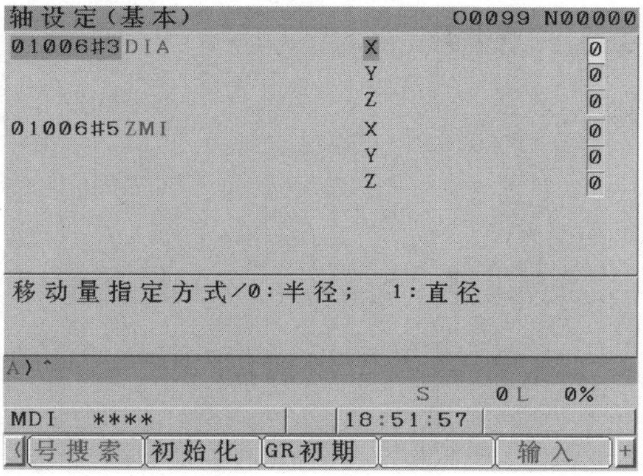

轴设定(基本) O0099 N00000
01006#3DIA X 0
Y 0
Z 0
01006#5ZMI X 0
Y 0
Z 0
移动量指定方式/0:半径; 1:直径
A)^
S 0L 0%
MDI **** 18:51:57
号搜索 初始化 GR初期 输入

图 1-37 基本组参数设定界面 3

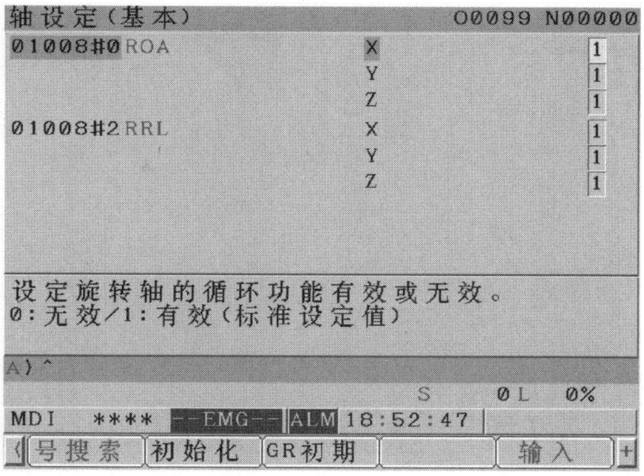

轴设定(基本) O0099 N00000
01008#0ROA X 1
Y 1
Z 1
01008#2RRL X 1
Y 1
Z 1
设定旋转轴的循环功能有效或无效。
0:无效/1:有效(标准设定值)
A)^
S 0L 0%
MDI **** --EMG-- ALM 18:52:47
号搜索 初始化 GR初期 输入

图 1-38 基本组参数设定界面 4

轴设定(基本) O0099 N00000
01020 AXIS NAME X 88
Y 89
Z 90
01022 AXIS ATTRIBUTE X 1
Y 2
Z 3
编程轴名: 第1=88, 第2=89, 第3=90
A)^
S 0L 0%
MDI **** 18:53:25
号搜索 初始化 GR初期 输入

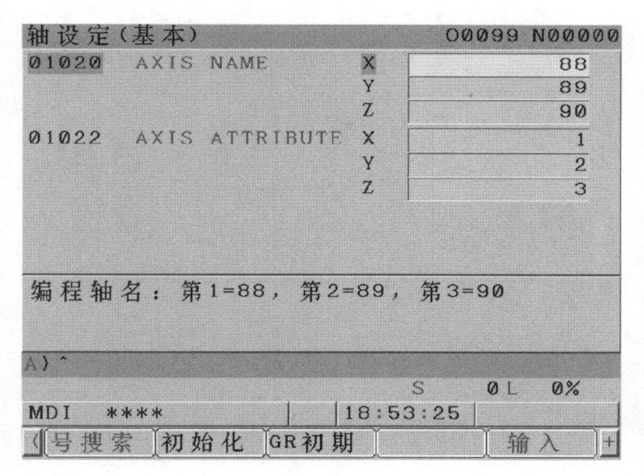

图 1-39 基本组参数设定界面 5

轴设定(基本) O0099 N00000
01023 SERVO AXIS NUM X 1
Y 2
Z 3
01815#1OPT X 0
Y 0
Z 0
伺服轴号设定
A)^
S 0L 0%
MDI **** --EMG-- ALM 18:54:25
号搜索 初始化 GR初期 输入

图 1-40 基本组参数设定界面 6

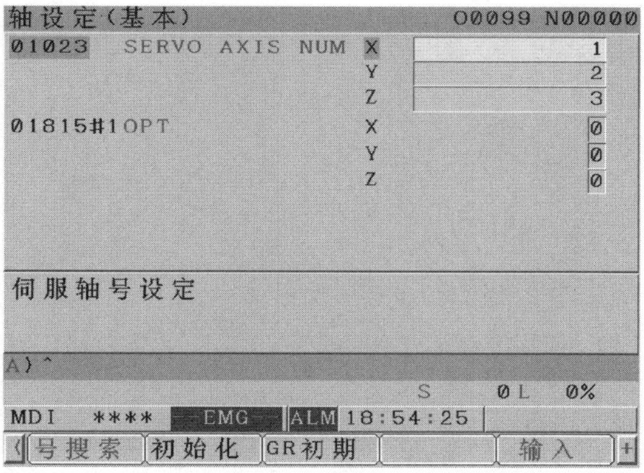

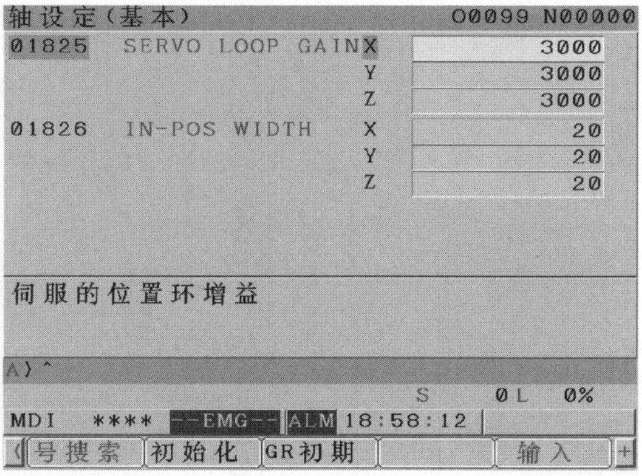

轴设定(基本) O0099 N00000
01825 SERVO LOOP GAIN X 3000
Y 3000
Z 3000
01826 IN-POS WIDTH X 20
Y 20
Z 20
伺服的位置环增益
A)^
S 0L 0%
MDI **** --EMG-- ALM 18:58:12
号搜索 初始化 GR初期 输入

图 1-41 基本组参数设定界面 7

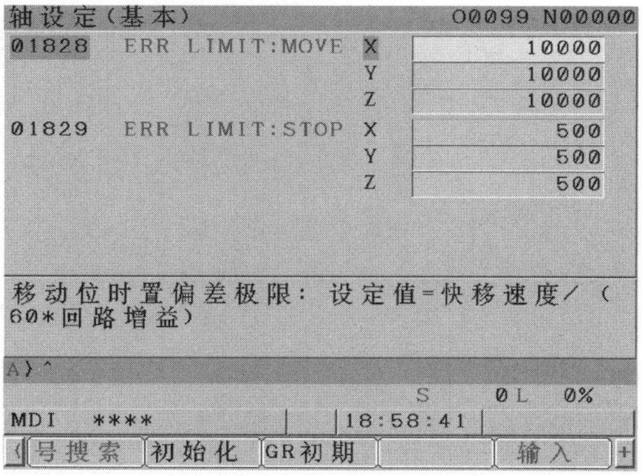

轴设定(基本) O0099 N00000
01828 ERR LIMIT:MOVE X 10000
Y 10000
Z 10000
01829 ERR LIMIT:STOP X 500
Y 500
Z 500
移动位时置偏差极限: 设定值=快移速度/ (60*回路增益)
A)^
S 0L 0%
MDI **** 18:58:41
号搜索 初始化 GR初期 输入

图 1-42 基本组参数设定界面 8

轴设定(坐标)　O0099 N00000
01240 REF. POINT#1 X 0.000
Y 0.000
Z 0.000
01241 REF. POINT#2 X 0.000
Y 0.000
Z 0.000
第1参考点位置值（机械坐标系）
A)^
S 0L 0%
MDI **** --EMG-- ALM 19:21:34
号搜索 初始化 GR初期 输入

图 1-43　坐标系组参数设定界面 1

轴设定(坐标)　O0099 N00000
01260 AMOUNT OF 1 ROT X 360.000
Y 360.000
Z 360.000
01320 LIMIT 1+ X 9999.999
Y 9999.999
Z 9999.999
设定旋转轴转1周的移动量。标准设定值:360.000
A)^
S 0L 0%
MDI **** 19:21:59
号搜索 初始化 GR初期 输入

图 1-44　坐标系组参数设定界面 2

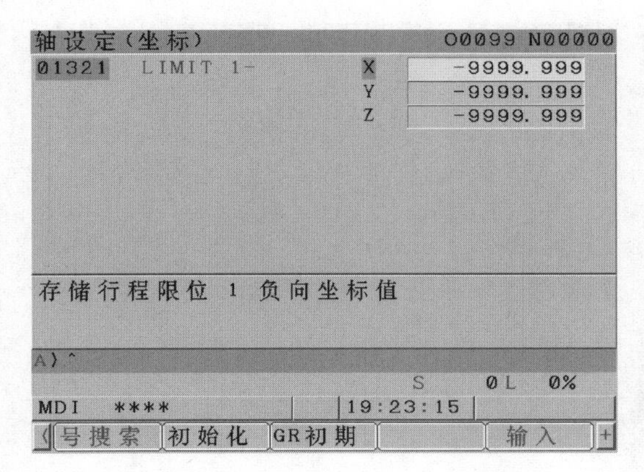

图 1-45　坐标系组参数设定界面 3

轴设定(进给速度)　O0099 N00000
01401#6 RDR 0
01410 DRY RUN RATE 5.000
01420 RAPID FEEDRATE X 5.000
Y 5.000
Z 5.000
01421 RAPID OVR F0 X 0.500
Y 0.500
Z 0.500
快速移动速度倍率F0
A)^
S 0L 0%
MDI **** --EMG-- ALM 19:24:49
号搜索 初始化 GR初期 输入

图 1-46　进给速度组参数设定界面 1

轴设定(进给速度)　O0099 N00000
01423 JOG FEEDRATE X 1.000
Y 1.000
Z 1.000
01424 MANUAL RAPID F X 5.000
Y 5.000
Z 5.000
手动连续进给速度（JOG速度）
A)^
S 0L 0%
MDI **** 19:26:12
号搜索 初始化 GR初期 输入

图 1-47　进给速度组参数设定界面 2

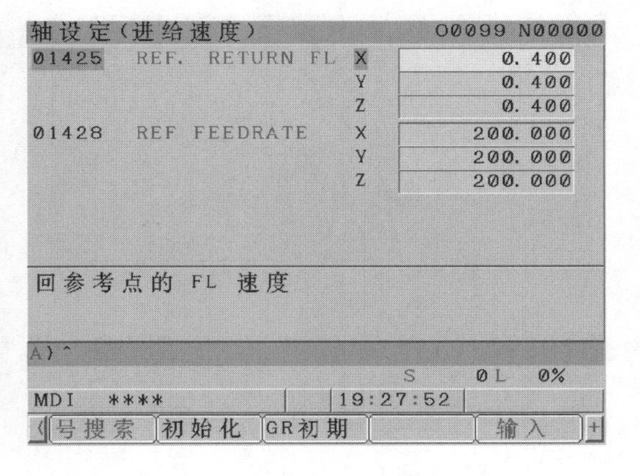

图 1-48　进给速度组参数设定界面 3

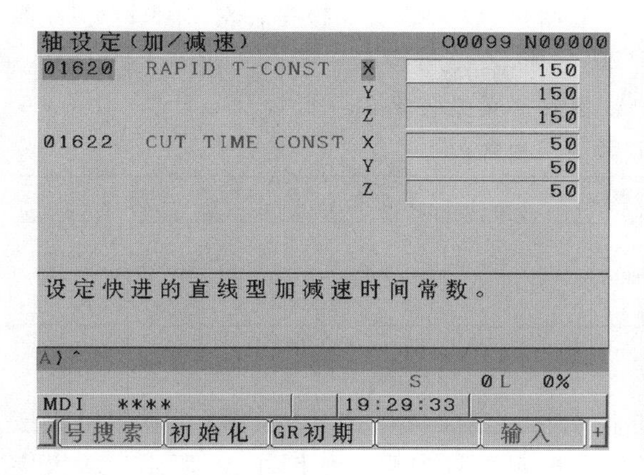

图 1-49 加/减速组参数设定界面 1

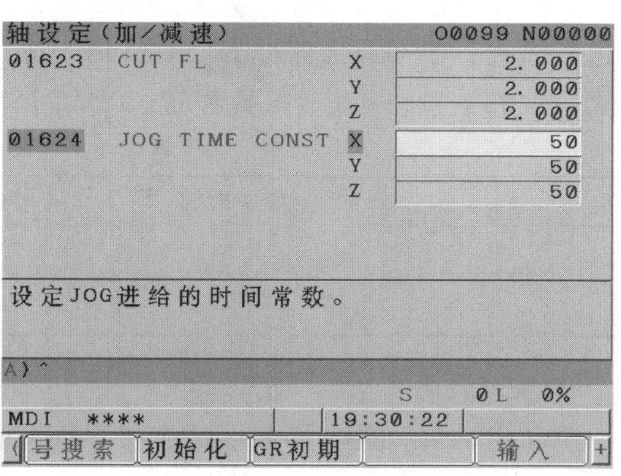

图 1-50 加/减速组参数设定界面 2

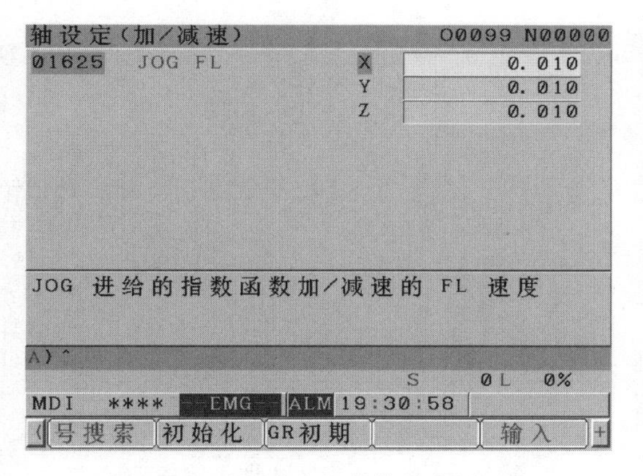

图 1-51 加/减速组参数设定界面 3

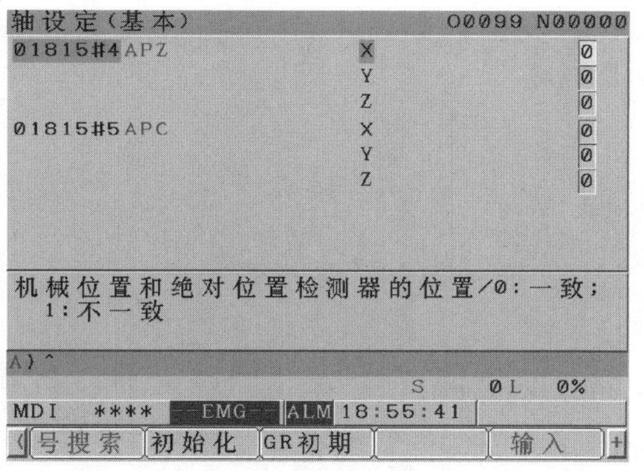

图 1-52 加/减速组参数设定界面 4

6. 伺服设定

重新启动完成后，进入参数设定支援界面，选择至伺服设定菜单，按［(操作)］软键，再按［选择］软键，进入伺服设定界面，按扩展软键［>］，再按［切换］软键，进入伺服设定界面，可根据机床要求设定伺服参数，如图 1-53、图 1-54 所示。

伺服设定 O0099 N00000

	X 轴	Y 轴
初始化设定位	00000000	00000000
电动机代码.	156	156
AMR	00000000	00000000
指令倍乘比	2	1
柔性齿轮比	1	1
(N/M) M	200	200
方向设定	111	111
速度反馈脉冲数.	8192	8192
位置反馈脉冲数.	12500	12500
参考计数器容量	5000	5000

A)^
S 0L 0%
MDI **** 19:40:04
ON:1 OFF:0 输入

图 1-53 伺服设定界面 1

伺服设定 O0099 N00000

	Z 轴
初始化设定位	00000000
电动机代码.	156
AMR	00000000
指令倍乘比	2
柔性齿轮比	1
(N/M) M	200
方向设定	111
速度反馈脉冲数.	8192
位置反馈脉冲数.	12500
参考计数器容量	5000

A)^
S 0L 0%
MDI **** --EMG-- ALM 19:46:46
ON:1 OFF:0 输入

图 1-54 伺服设定界面 2

设定完成后重启系统，会出现 466 号 Z 轴：电动机/放大器组合报警，对 PRM2165 号参数进行修改，根据放大器将 X、Y 值修改成“20”，将 Z 值修改成“40”，如图 1-55 所示。完成后关机重启，466 号报警解除。PRM2165 号参数含义见表 1-1。

表 1-1　PRM2165 号参数含义

参数号	参数名	参数含义	初始值	设定值
2165		放大器最大电流	X　25 Y　25 Z　25	X　20 Y　20 Z　40

7. 主轴设定

重新启动后，进入参数设定支援界面，选择主轴设定菜单，按［(操作)］软键，再按［选择］软键，进入主轴设定界面。根据机床要求设定主轴参数，如图 1-56 所示，输入完毕后，按软键［设定］，出现 000 号请关闭电源报警，重新上电启动系统后，主轴参数设定完成。

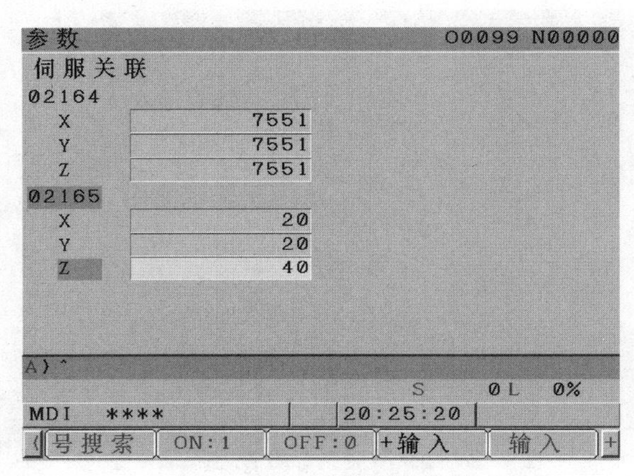

图 1-55　伺服参数设定界面

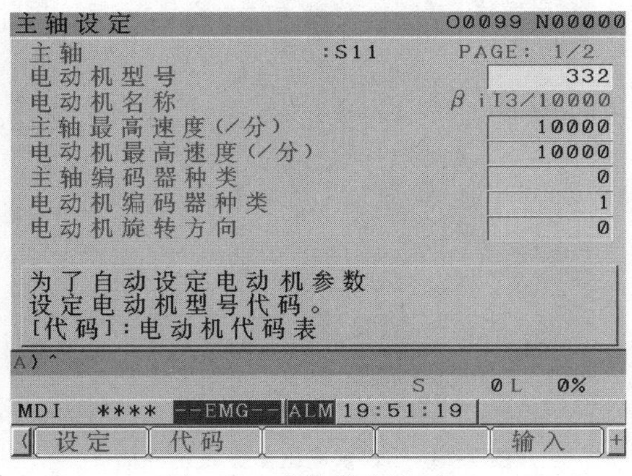

图 1-56　主轴设定界面

完成主轴设定后，将界面调至参数界面，对 PRM8133#0 号参数进行修改，将值修改为 1，如图 1-57 所示；对 PRM3003 号参数进行修改，设定 PRM3003 = 00001101，如图 1-58 所示，完成后关机重启。主轴参数含义见表 1-2。

图 1-57　主轴参数设定界面 1

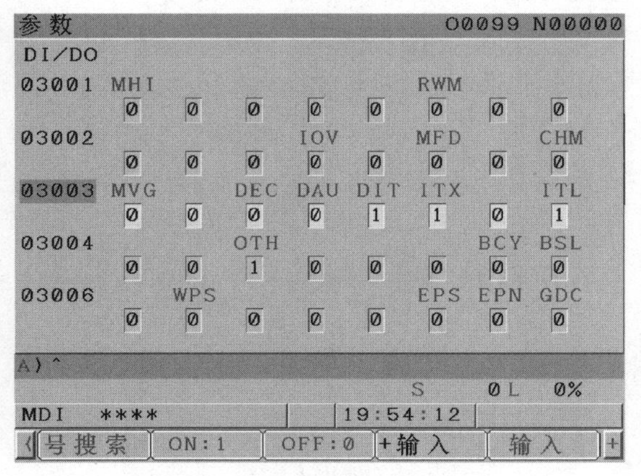

图 1-58　主轴参数设定界面 2

表 1-2　主轴参数含义

参 数 号	参 数 名	参 数 含 义	初 始 值	设 定 值
8133#0	SSC	是否使用恒线速控制功能	0	1
3003#0	ITL	互锁信号(1:无效)	0	1
3003#2	ITX	各轴互锁信号(1:无效)	0	1
3003#3	DIT	各轴方向互锁信号(1:无效)	0	1

8. 手轮设定

主轴设定完成后再进行手轮相关参数的设定，设定 PRM7113 = 100、PRM7114 = 100、PRM8131#0 = 1，如图 1-59、图 1-60 所示，设定完成后重启。手轮参数含义见表 1-3。

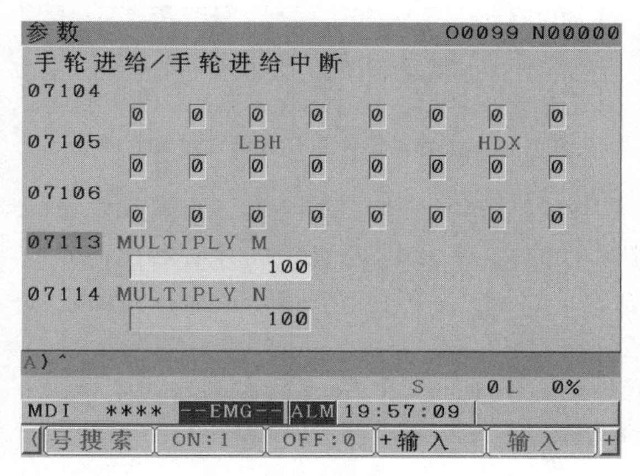

图 1-59　手轮参数设定界面 1

图 1-60　手轮参数设定界面 2

表 1-3　手轮参数含义

参 数 号	参 数 名	参 数 含 义	初 始 值	设 定 值
7113	MULTIPLY M	手轮进给倍率 M	0	100
7114	MULTIPLY N	手轮进给倍率 N	0	100
8131#0	HPG	手轮进给是否使用(1:使用)	0	1

重启完成后，系统应正常工作，无报警。

9. FANUC 0i 数控系统联机调试

(1) 主轴调整　根据机床机械结构要求，主轴的最高转速为 3000r/min，但主电动机的最高转速为 10000r/min，远远大于主轴的最高转速，所以要设定主轴的最高转速，设定 RPM = 2000，如图 1-61 所示，参数含义说明见表 1-4。

表 1-4　参数含义说明

参 数 号	参 数 名	参 数 含 义	初 始 值	设 定 值
3772	CSS MAX RPM	主轴上限转速	0	2000
4077		主轴定向停止位置偏移量	0	

根据主轴刀具的换刀要求，需要调整主轴 M19 定向的准确位置，需要根据实际情况设定此参数，如图 1-62 所示。可使主轴定位停止位置偏移，在 360°范围内，数据范围为 −4095～4095。

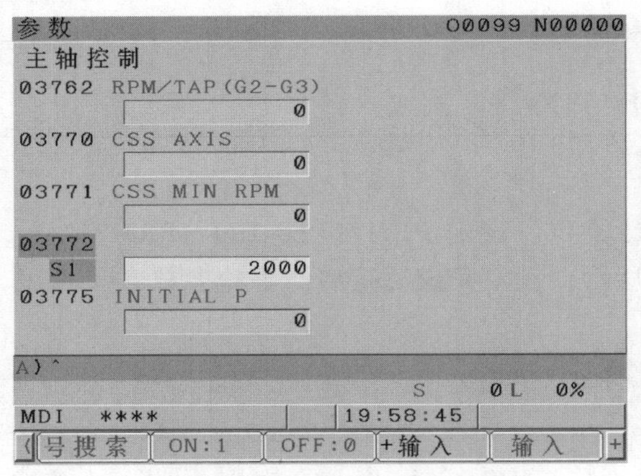

图 1-61　主轴最高转速设定界面

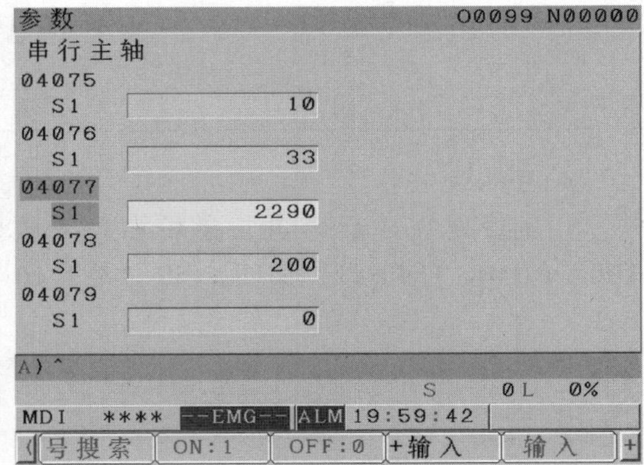

图 1-62　主轴定位停止位置偏移设定界面

（2）集中润滑调整　机床所配集中润滑需要系统的 PMC 程序进行控制，每隔一定时间（一般为 20min）使润滑泵工作一定时间（一般几秒钟）。在 PMC 功能中的计时器设定界面中设定润滑泵工作时间，在 No. 7 计时器中设定，以 ms 为单位，一般 3s 左右，设定为 2976ms，如图 1-63 所示。

在 PMC 功能中的计数器设定界面中设定润滑泵工作时间，在 No. 7 计数器中设定，以 s 为单位，一般 20min，设定为 1200s，如图 1-64 所示。

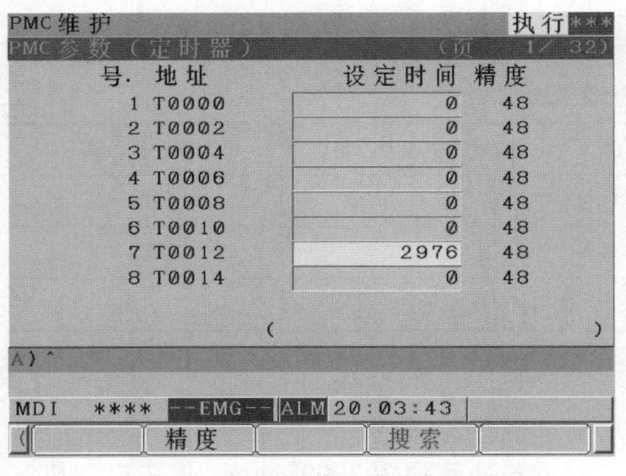

图 1-63　润滑计时器设定界面 1

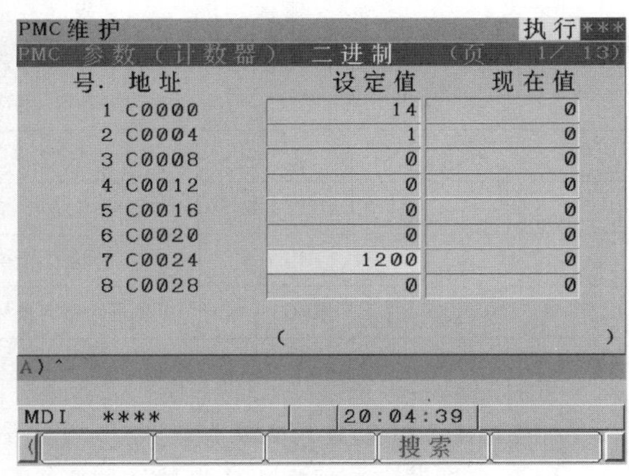

图 1-64　润滑计数器设定界面 2

（3）刀库调整　机床所配斗笠式刀库需要系统的 PMC 程序来控制，需要根据指令进行换刀。根据所配刀库容量设定 D0000 的 PMC 数据，在 PMC 功能中的数据设定界面中设定 D92＝24。

根据刀盘当前所在位置设定 No. 1 计数器的当前值，在 PMC 功能中的计数器设定界面中设定。

根据主轴上所装刀具的刀具号设定 D100 的 PMC 数据，在 PMC 功能中的数据设定界面中设定，如果主轴上没有装刀，则 D100=0。

如果刀盘电动机相序不对，会造成刀盘计数不正确。

（4）主轴刀具夹紧调整　机床主轴的刀具夹紧是靠气动打刀缸完成的，为了使 PMC 控制可靠，增加一定时器对打刀缸的夹紧检测开关进行一次延时处理，一般为 0.5s 左右。

在 PMC 功能中的计时器设定界面中设定打刀缸夹紧检测开关延时时间，在 No.6 计时器中设定，以 ms 为单位，一般 0.5s 左右，设定为 480ms，如图 1-65 所示。

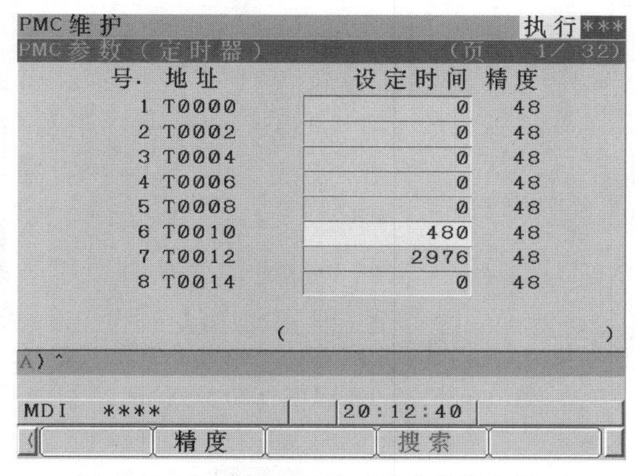

图 1-65　打刀缸夹紧计时器参数设定界面

（5）主轴箱换刀点调整　根据斗笠式刀库的换刀要求，主轴箱要有拔刀动作，这靠 Z 轴的移动完成，通过设定第二和第三参考点实现，第二参考点是抬刀点位置（图 1-66），第三参考点是换刀点位置（图 1-67）。这两个值均要设定准确，且每台机床都不一样。

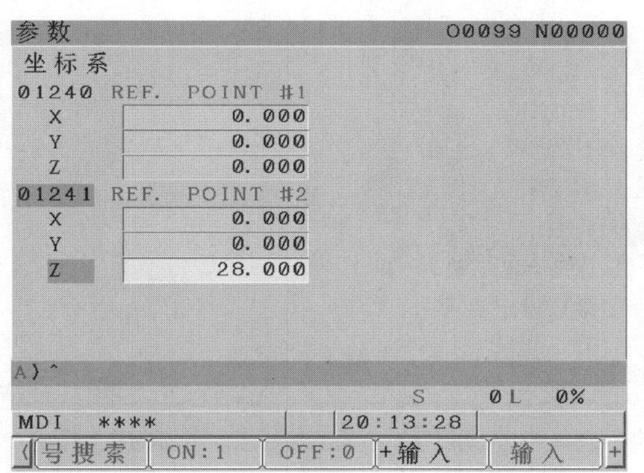

图 1-66　第二参考点参数设定界面

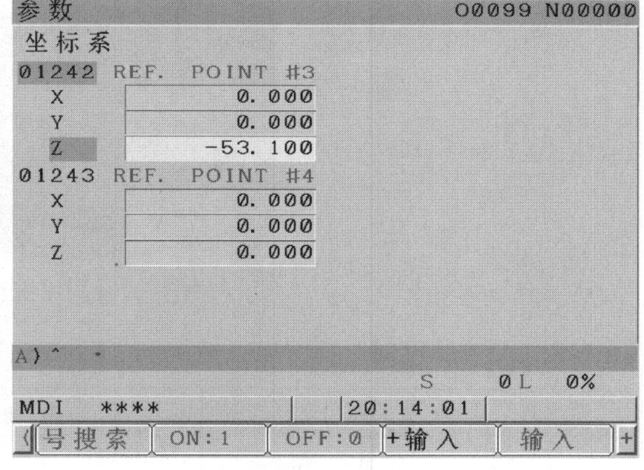

图 1-67　第三参考点参数设定界面

（6）换刀宏程序调整　机床斗笠式刀库的整个换刀动作需要通过换刀宏程序实现，具体如图 1-68、图 1-69 所示。其中，宏程序中的关键 M 代码如下：

M81 实现刀盘定位主轴上刀具号；

M82 实现刀盘定位 T 指令刀具号；

M83 实现刀盘前进推至主轴箱侧；

M84 实现刀盘回退至原位；

M85 实现 T 指令赋值给主轴刀具号；

M10 实现主轴刀具夹紧；

M11 实现主轴刀具松开。

换刀宏程序的调用靠 M06 辅助功能指令实现，也就是执行 M06 指令，系统自动执行换刀宏程序，这个功能是用参数设定来实现的，需要设定 PRM6071=6，如图 1-70 所示。其参数含义见表 1-5。

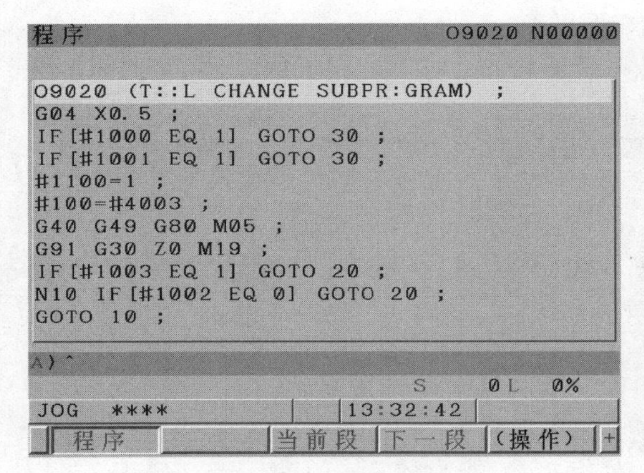

图 1-68 换刀宏程序 9020 界面 1

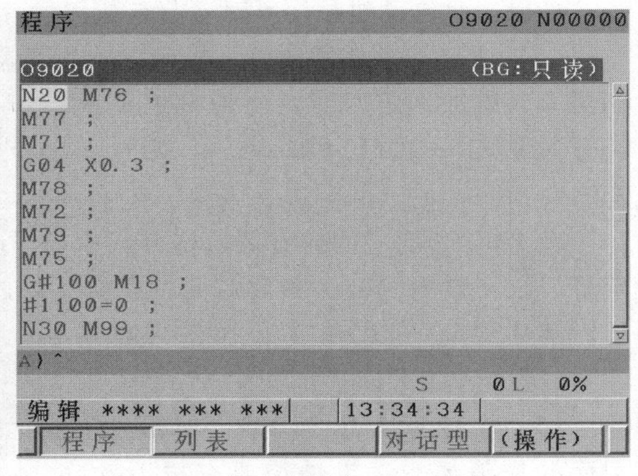

图 1-69 换刀宏程序 9020 界面 2

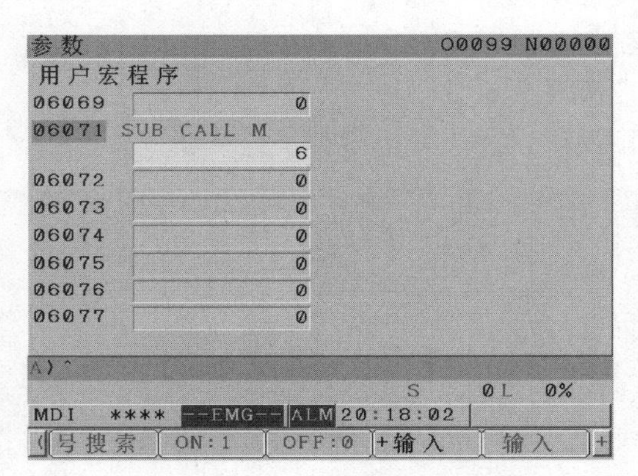

图 1-70 调用宏程序参数设定界面

表 1-5 参数含义

参 数 号	参 数 名	参 数 含 义	初 始 值	设 定 值
6071	SUB CALL M	调用 O9001 子程序的 M 代码	0	6

项目 2　主轴无法旋转

2.1　项目引入

2.1.1　故障现象

某 FANUC 0i-MD 三轴加工中心，主轴为数字串行主轴，指令发出后，主轴不能旋转。

2.1.2　故障调查

1）观察到系统无报警，主轴放大器 LED 状态显示［00］。

2）在“MDI”工作方式下，输入加工指令：“M03 S500;”，按下并松开机床操作面板上的“循环启动”按键时，观察到“循环启动”按键指示灯点亮，同时该程序段被执行。

3）执行结束后，“循环启动”按键指示灯随即熄灭。

4）机床操作面板上的主轴正转按键指示灯也点亮。

2.1.3　维修前准备

1）技术手册：参数手册、维修手册、操作手册等。

2）测量工具：万用表、示波器等。

3）螺钉旋具等。

2.2　项目分析

主轴驱动系统也叫主传动系统，是系统中完成主运动的动力装置。主轴驱动系统通过传动机构将主轴电动机的切削力矩和切削速度转变成主轴上安装的刀具或工件的切削力矩和切削速度，配合进给运动，加工出理想的零件。它是零件加工的成形运动之一，其精度对零件的加工精度有较大的影响。

2.2.1　主轴驱动系统介绍

一、数控机床对主轴驱动系统的要求

机床的主轴驱动和进给驱动有较大的差别。机床主轴的工作运动通常是旋转运动，不像进给驱动需要丝杠或其他直线运动装置做往复运动。数控机床通常通过主轴的回转与进给轴的进给实现刀具与工件的快速相对切削运动。在 20 世纪六七十年代，数控机床主轴一般采用三相感应电动机配多级齿轮变速箱实现有级变速的驱动方式。随着刀具技术、生产技术、加工工艺的不断发展及生产率的不断提高，上述传统的主轴驱

动方式已不能满足生产的需要。

现代数控机床对主轴传动提出了更高的要求。

1. 调速范围宽并可实现无级调速

为保证加工时选用合适的切削用量，以获得最高的生产率、加工精度和表面质量，特别对于具有自动换刀功能的数控加工中心，为适应各种刀具、工序和各种材料的加工要求，对主轴的调速范围要求更高，要求主轴能在较宽的转速范围内根据数控系统的指令自动实现无级调速，并减少中间传动环节，简化主轴箱。

目前主轴驱动装置的恒转矩调速范围可达 1∶100，恒功率调速范围也可达 1∶30，一般过载 1.5 倍时可持续工作 30min。

主轴变速分为有级变速、无级变速和分段无级变速三种形式，其中有级变速仅用于经济型数控机床，大多数数控机床均采用无级变速或分段无级变速。在无级变速中，变频调速主轴一般用于普及型数控机床，交流伺服主轴则用于中高档数控机床。

2. 恒功率范围要宽

主轴在全速范围内均能提供切削所需功率，并尽可能在全速范围内提供主轴电动机的最大功率。受主轴电动机与驱动装置的限制，主轴在低速段均为恒转矩输出。为满足数控机床低速、强力切削的需要，常采用分段无级变速的方法（即在低速段采用机械减速装置），以扩大输出转矩。

3. 具有 4 象限驱动能力

要求主轴在正、反向转动时均可进行自动加、减速控制，并且加、减速时间要短，目前一般伺服主轴可以在 1s 内由静止加速到 6000r/min。

4. 具有位置控制能力

即具有进给功能（C 轴功能）和定向功能（准停功能），以满足加工中心自动换刀、刚性攻螺纹、螺纹切削以及车削中心的某些加工工艺的需要。

5. 具有较高的精度与刚度，传动平稳，噪声低

数控机床加工精度的提高与主轴系统的精度密切相关。为了提高传动件的制造精度与刚度，采用齿轮传动时齿轮齿面应采用高频感应淬火工艺以增加耐磨性，且最后一级一般采用斜齿轮传动，以使传动平稳。采用带传动时应采用同步带。应采用精度高的轴承及合理的支撑跨距，以提高主轴组件的刚性。在结构允许的条件下，应适当增加齿轮宽度，提高齿轮的重合度。变速滑移齿轮一般都用花键传动，采用内径定心。侧面定心的花键对降低噪声更为有利，因为这种定心方式传动间隙小，接触面大，但加工时需要专门的刀具和花键磨床。

6. 良好的抗振性和热稳定性

数控机床加工时，可能由于持续切削、加工余量不均匀、运动部件不平衡以及切削过程中的自振等原因引起冲击力和交变力，使主轴产生振动，影响加工精度和表面粗糙度，严重时甚至可能损坏刀具和主轴系统中的零件，使其无法工作。主轴系统的发热使其中的零部件产生热变形，降低传动效率，影响零部件之间的相对位置精度和运动精度，从而造成加工误差。因此，主轴组件要有较高的固有频率，较好的动平衡，且要保持合适的配合间隙，并要

进行循环润滑。

二、不同类型主轴系统的特点和使用范围

1. 普通笼型异步电动机配齿轮变速箱

这是最经济的一种主轴配置方式，但只能实现有级调速，因为电动机始终工作在额定转速下，经齿轮减速后，在主轴低速下输出力矩大，重切削能力强，非常适合粗加工和半精加工的要求。如果加工产品比较单一，对主轴转速没有太高的要求，配置在数控机床上也能起到很好的效果。它的缺点是噪声比较大，由于电动机工作在工频下，主轴转速范围不大，不适合非铁金属的加工和需要频繁变换主轴速度的加工场合。

2. 普通笼型异步电动机配简易型变频器

可以实现主轴的无级调速，主轴电动机只有工作在约 500r/min 以上才能有比较满意的力矩输出，否则，特别是车床很容易出现堵转的情况，一般会采用两档齿轮或传动带变速，但主轴仍然只能工作在中高速范围。另外，因为受到普通电动机最高转速的限制，主轴的转速范围受到较大的限制。

这种方案适用于需要无级调速但对低速和高速都无要求的场合，如数控钻铣床。国内生产的简易型变频器较多。

3. 普通笼型异步电动机配通用变频器

目前进口的通用变频器，除了具有 V/f 曲线调节功能，一般还具有无反馈矢量控制功能，会对电动机的低速特性有所改善，配合两级齿轮变速，基本上可以满足车床低速（100~200r/min）小加工余量的加工，但同样受最高电动机速度的限制。这是目前经济型数控机床比较常用的主轴驱动系统。

4. 专用变频电动机配通用变频器

它一般采用有反馈矢量控制，低速甚至零速时都可以有较大的转矩输出，有些还具有定向甚至分度进给的功能，是非常有竞争力的产品。以先马 YPNC 系列变频电动机为例，电压：三相 200V、220V、380V、400V 可选；输出功率：1.5~18.5kW；变频范围 2~200Hz；30min 内 150%过载能力；支持 V/f 控制、V/f+PG（编码器）控制、无 PG 矢量控制、有 PG 矢量控制。提供通用变频器的厂家以国外公司为主，如西门子、安川、富士、三菱、日立等。中档数控机床主要采用这种方案，主轴传动采用两档变速甚至仅一档即可。

可实现转速在 100~200r/min 时车、铣的重力切削，一些有定向功能的还可以应用于要求精镗加工的数控镗铣床，若应用在加工中心上，还不很理想，必须采用其他辅助机构完成定向换刀功能，而且也不能达到刚性攻螺纹的要求。

5. 伺服主轴驱动系统

伺服主轴驱动系统具有响应快、速度高、过载能力强的特点，还可以实现定向和进给功能，当然价格也是最高的，通常是同功率变频器主轴驱动系统的 2~3 倍。伺服主轴驱动系统主要应用于加工中心上，用以满足系统自动换刀、刚性攻螺纹、主轴 C 轴进给功能等对主轴位置控制性能要求很高的场合。

6. 电主轴

电主轴是主轴电动机的一种结构形式，驱动器可以是变频器或主轴伺服，也可以不要驱动器。电主轴由于电动机和主轴合二为一，没有传动机构，因此大大简化了主轴的结构，并且提高了主轴的精度，但是抗冲击能力较弱，而且功率还不能太高，一般在 10kW 以下。由于结构上的优势，电主轴主要向高速方向发展，一般在 10000r/min 以上。

安装电主轴的机床主要用于精加工和高速加工，如高速精密加工中心。另外，在雕刻机和有色金属以及非金属材料加工机床上应用较多，这些机床由于只对主轴高转速有要求，因此往往不用主轴驱动器。

三、交流主轴驱动系统常见故障

1）电动机过热报警。

2）速度误差过大报警。

3）直流侧熔丝烧断报警。

4）断相报警。

5）主轴超速。

6）单元过载报警。

7）主轴振动或噪声太大。

8）主轴电动机不转。

9）主轴电动机旋转方向与指令方向相反。

10）主轴电动机转速不上升。

2.2.2 数字串行主轴

一、串行主轴与模拟主轴的差别

在 CNC 中，主轴转速通过 S 指令进行编程，S 指令通过数控系统处理可以转换为模拟电压或者数字量信号输出，因此主轴转速有两种控制方式：利用模拟量进行控制（简称模拟主轴）和利用串行总线进行控制（简称串行主轴）。

使用模拟主轴时，CNC 通过内部附加的数-模转换器自动将 S 指令转换为-10~10V 的模拟电压。CNC 所输出的模拟电压可通过主轴驱动装置实现主轴的速度控制。主轴驱动装置总是严格地保证给定的速度信号与电动机输出转速之间的对应关系。

在数控铣床中，模拟量主轴驱动装置主要应用于中低档数控铣床，一般采用通用变频器来实现主轴电动机控制。所谓的通用变频器包含两层含义：一是该变频器可以和通用的笼型异步电动机配套使用；二是具有多种可供选择的功能。

为了提高主轴控制精度和可靠性，适应现代信息技术发展的需要，从 CNC 输出的控制指令通过网络进行传输，在 CNC 与主轴驱动装置之间建立通信，这种通信一般使用 CNC 的串行接口，因而称为串行主轴控制。主轴模拟量控制和串行主轴控制的区别见表 2-1。

表 2-1 主轴模拟量控制与串行主轴控制的区别

项　目	主轴模拟量控制	串行主轴控制
主轴转速输出	0~10V 的模拟量	通过串行通信传输的内部数字信号
主轴驱动装置	模拟量控制的主轴驱动单元(如变频器)	数控系统专用的主轴驱动装置
主轴电动机	普通的三相异步电动机或变频电动机	数控系统专用的主轴伺服电动机
主轴参数设定	在主轴驱动装置上审定与调整	在 CNC 上设定与调整，并利用串行总线自动传送到主轴驱动装置中

（续）

项　　目	主轴模拟量控制	串行主轴控制
主轴位置检测连接	直接由编码器连接到 CNC	从编码器到主轴驱动装置，再由主轴驱动装置到 CNC
主轴正、反转启动与停止控制	利用主轴驱动装置上的外部接点输入信号进行控制	利用 CNC 和 PMC 之间的内部信号进行控制

二、FANUC 串行主轴连接

由图 2-1 可知，FANUC 串行主轴的工作过程：CNC 侧输出主轴速度指令（M03/M04 S×××），将其以串行数据方式传送给主轴驱动单元。但同时 FANUC 主轴单元还要受控于外围的 PMC 信号，如 I/O 信号，这些 I/O 信号最终控制主轴的启、停（但是不能控制主轴的速度），这些外围的 PMC 信号提高了主轴的安全性和外围接口的可控性。

第 1 次执行数控加工程序中的 S 指令时，CNC 将首先以二进制代码形式把 S 代码信号输出到 PMC 特定的代码寄存器 F22～F25 中。第 1 次之后，CNC 再执行 S 指令时将不再发出 S 指令选通信号 SF；然后经过 S 代码延时时间 TMF（由系统参数设定，标准设定时间为 16ms）后发出 S 指令选通信号 SF 到 PMC；当 PMC 接收到 SF 信号为 1 时，向 CNC 输入结束信号 FIN，CNC 接收到结束信号 FIN 后，经过结束延时时间 TFIN（由系统参数设定）先切断 S 指令选通信号 SF，再切断结束信号 FIN，S 指令执行结束，CNC 将读取下一条指令并继续执行。同时，CNC 根据编程转矩 S 值和主轴倍率信号（G30.0～G30.7），计算出实际指定的主轴转速值；CNC 将实际指定的主轴转速值以 12 位二进制代码形式，通过 12 位实际指定转速输出信号输出到 PMC 中；CNC 将实际指定的主轴转速值通过 CNC 串行主轴接口 JA7A（JA41）向主轴放大器发出串行主轴转速命令。

根据串行主轴的工作过程，由图 2-2 可知，主轴旋转的条件有两个：①内部条件，包含 CNC 准备就绪和主轴无报警；②外部条件，包括主轴上刀具夹紧，主轴外部不急停，主轴与驱动器的连接、主轴电源连接正确，无机械传动故障等。从图 2-2 可以推出，主轴不能旋转故障原因：① CNC 和 PMC 部分故障；②主轴驱动系统电气部分故障；③机械传动部分及主轴组件本身故障。

与普通机床相比，数控机床的机械部分大大简化，很大程度上降低了机械部分的故障率，所以出现故障时应将维修的重点放在数控系统和电气部分，按照“先系统、再电气、最后机械”的思路进行维修，即出现故障时，首先考虑数控系统和 PMC 部分，其次考虑电气部分，最后考虑机械传动部分和主轴组件本身。

2.2.3　CNC 和 PMC 部分故障

一、FANUC 0i-MD 数控系统配置

FANUC 0i-MD 数控系统，如果没有主轴电动机，伺服放大器是单轴型（SVU）；如果包括主轴电动机，放大器是一体型（SVPM）。下面仅介绍数控系统相关的硬件连接，图 2-3 所示为 FANUC 0i-MD 系统硬件配置图。

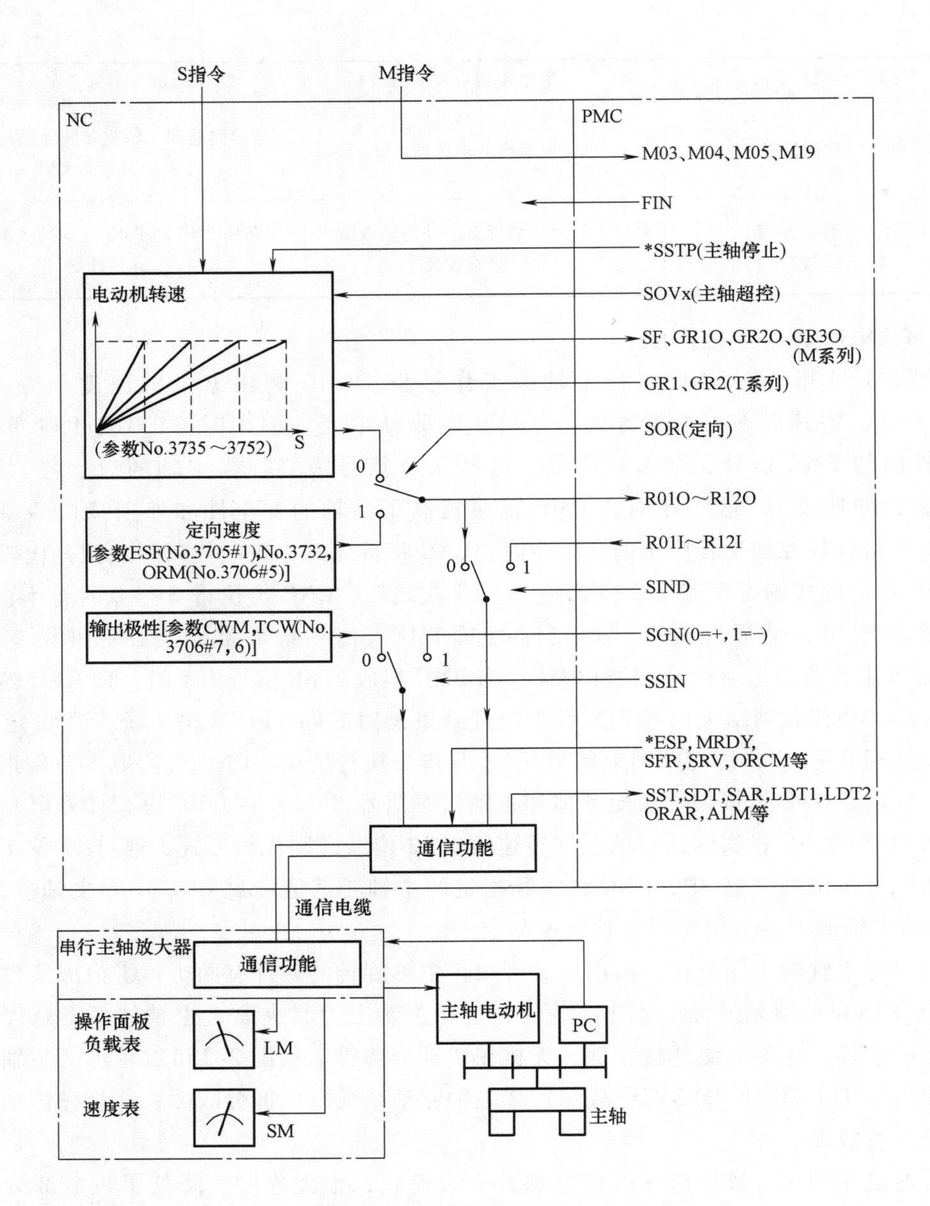

图 2-1 串行主轴的工作过程

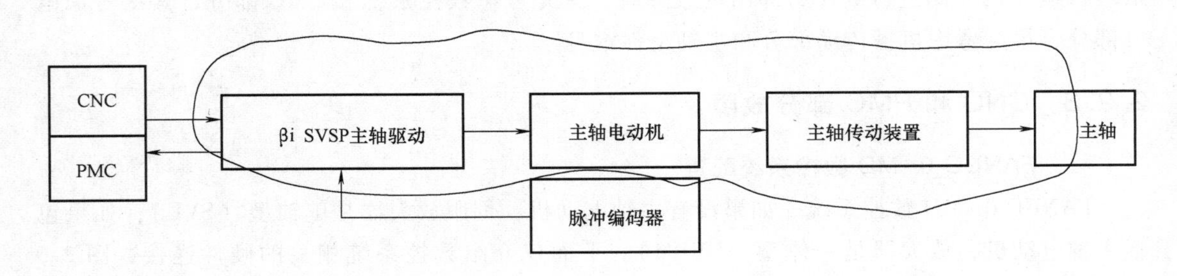

图 2-2 主轴不能旋转故障结构示意图

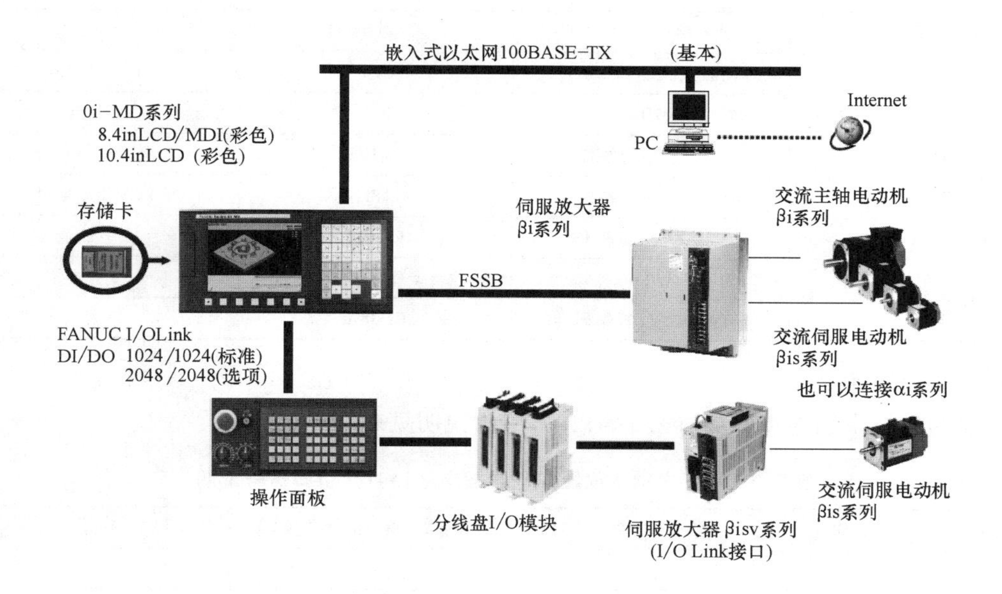

图 2-3　FANUC 0i-MD 系统硬件配置图

本文介绍的系统的驱动系统为 βi SVSP 一体型伺服单元，主轴电动机的型号为 βiI 3/10000。

二、FANUC 数控系统接口

1. 主板接口

FANUC 系统的各接口如图 2-4 所示，接口的功能见表 2-2。

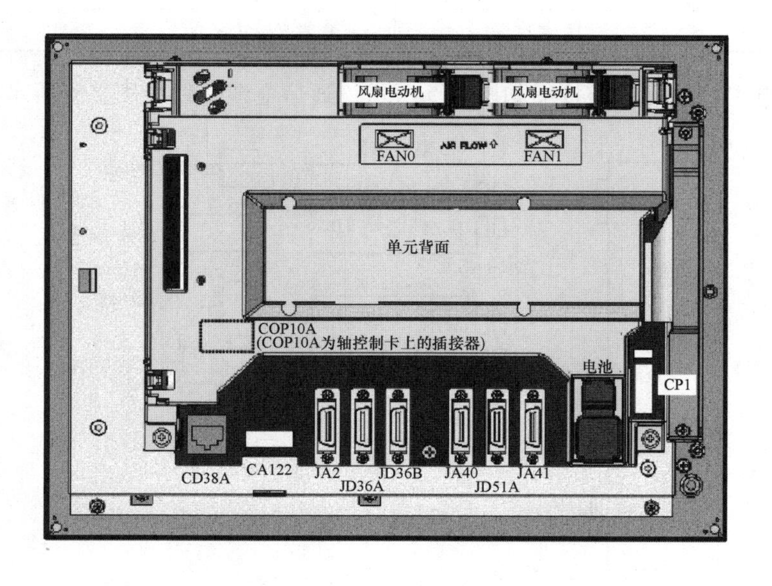

图 2-4　FANUC 系统接口图

表 2-2　系统接口说明

插接器号	用　途	插接器号	用　途
COP10A	伺服放大器(FSSB)	CP1	DC21C-LN
JA2	MDI	JGA	后面板接口
JD36A	RS232-C 串行端口 1	CA79A	视频信号接口
JD36B	RS232-C 串行端口 2	CA88A	PCMCIA 接口
JA40	模拟主轴/高速 DI	CA122	软键
JD51A	I/O Link	CA121	变频器
JA41	串行主轴/位置编码器	CD38A	以太网

2. 系统与主轴连接

系统与串行主轴连接的接口为 JA41，其引脚说明见表 2-3。

表 2-3　串行主轴或位置编码器插座（JA41）引脚信号说明

引脚	信号名称	信号说明	引脚	信号名称	信号说明
1	(SIN)		11		
2	(*SIN)		12	0V	0V 电压
3	(SOUT)		13		
4	(*SOUT)		14	0V	
5	PA	位置编码器 A 相脉冲	15	SC	位置编码器 C 相脉冲
6	*PA	位置编码器*A 相脉冲	16	0V	
7	PB	位置编码器 B 相脉冲	17	*SC	位置编码器*C 相脉冲
8	*PB	位置编码器*B 相脉冲	18	+5V	
9	+5V	5V 电压	19		
10			20	+5V	

数控系统与主轴单元的连接图如图 2-5 所示，通信电缆接线如图 2-6 所示。

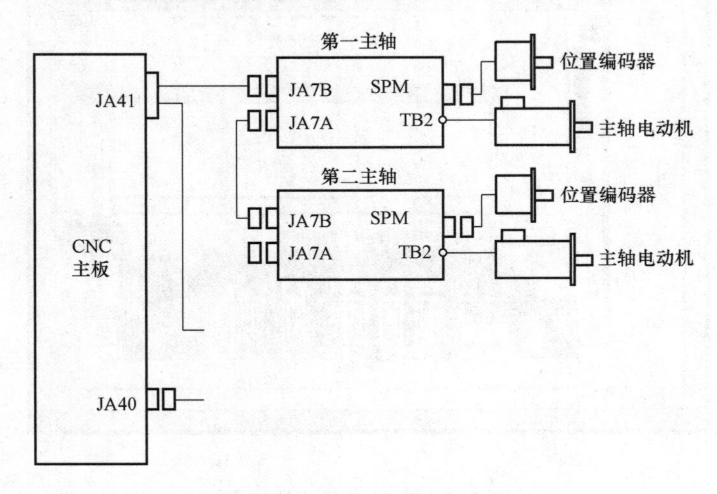

图 2-5　数控系统与主轴单元连接图

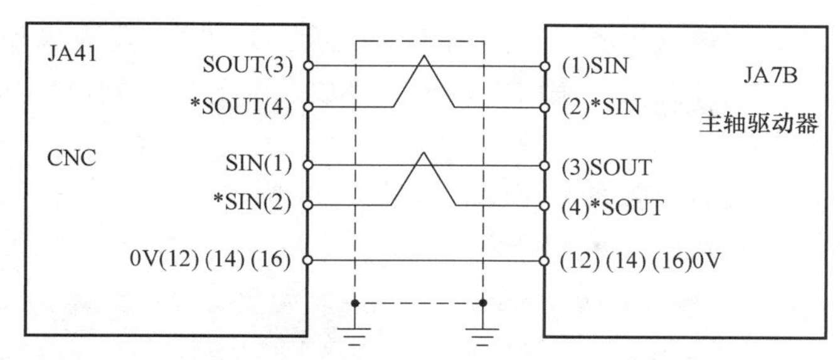

图 2-6　NC 与主轴放大器的通信电缆连接

3. 与主轴控制相关的关键信号及参数

(1) 与主轴控制相关的 PMC 关键信号　见表 2-4。

表 2-4　与主轴控制相关的 PMC 信号

序号	符号	地址	信号名称	备　注
1	* SSTP	G29.6	主轴停止信号	
2	SRVA	G70.4	反向旋转指令信号(串行主轴)	主轴反转信号
3	SFRA	G70.5	正向旋转指令信号(串行主轴)	主轴正转信号
4	MRDYA	G70.7	机械准备就绪信号(串行主轴)	该信号为 0,主轴不能旋转
5	* ESPA	G71.1	紧急停止信号(串行主轴)	该信号为 0,主轴不能旋转
6	SIND	G33.7	主轴电动机速度指令选择信号	
7	R011~R121	G32.0~G33.3	主轴电动机速度指令信号	

(2) 与主轴控制相关的关键参数

1) 3701#1 (ISI) #4 (SS2): 设定路径内的主轴数，如图 2-7 所示。

具体设置见表 2-5。

表 2-5　3701 参数设置

SS2	ISI	路径内的主轴数
0	1	0
1	1	0
0	0	1
1	0	2

注意：该参数在主轴串行输出有效的情况下 [参数 SSN (8133#5) = “0”] 有效。

2) 3716#0 (A/S): 设定主轴电动机的种类，如图 2-8 所示。0: 模拟主轴；1: 串行主轴。

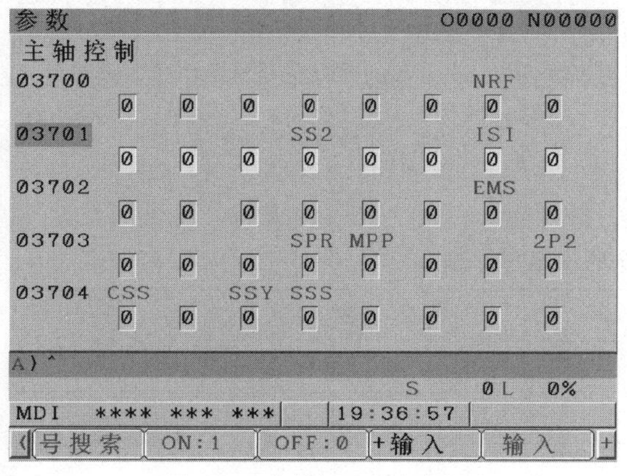

图 2-7　参数 3701 设定界面

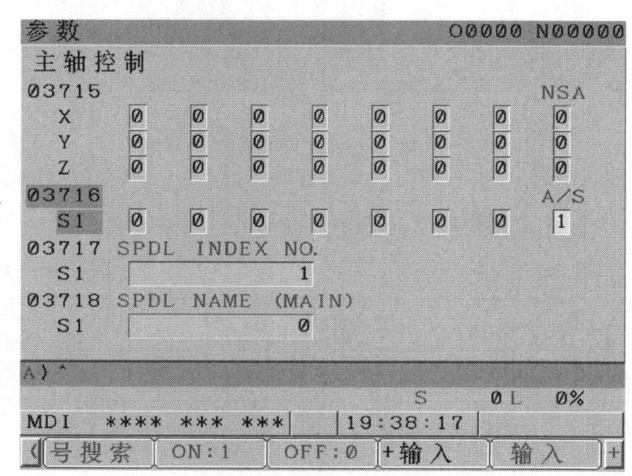

图 2-8　参数 3716 设定界面

3）3717：各主轴的主轴放大器号，如图 2-9 所示。0：放大器尚未设定；1：使用连接于 1 号放大器号的主轴电动机；2：使用连接于 2 号放大器号的主轴电动机；3：使用连接于 3 号放大器号的主轴电动机。

4）3736：主轴电动机的最高钳制速度，如图 2-10 所示。设定值 =（主轴电动机的最高钳制速度/主轴电动机的最大速度）×4095。

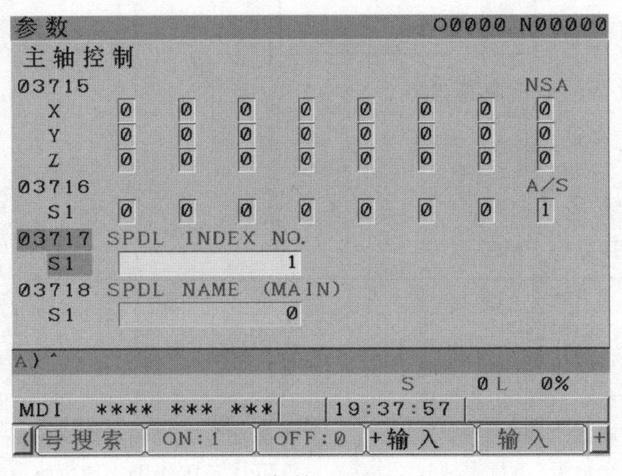

图 2-9 参数 3717 设定界面

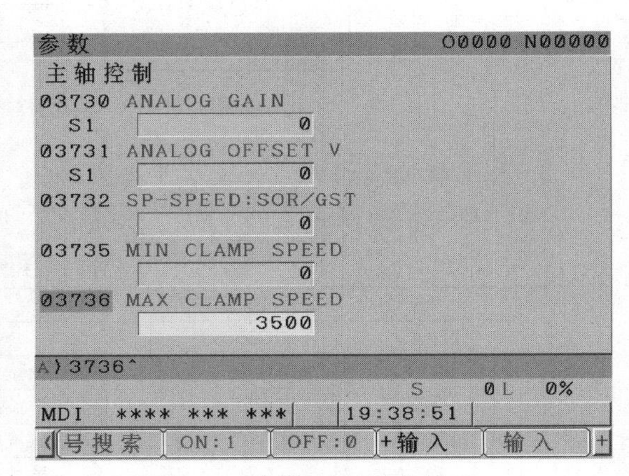

图 2-10 参数 3736 设定界面

5）3741：与齿轮 1 对应的各主轴的最大转速，如图 2-11 所示。

6）8133#5（SSN）：主轴的构成设定参数，如图 2-12 所示。

SSN 表示是否使用主轴串行输出，0：使用；1：不使用。

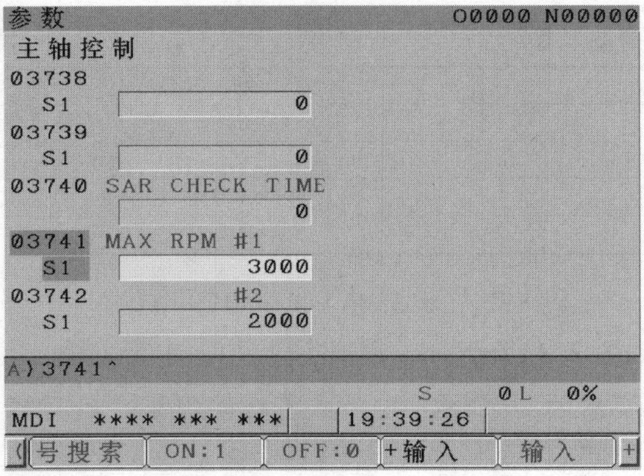

图 2-11 参数 3741 设定界面

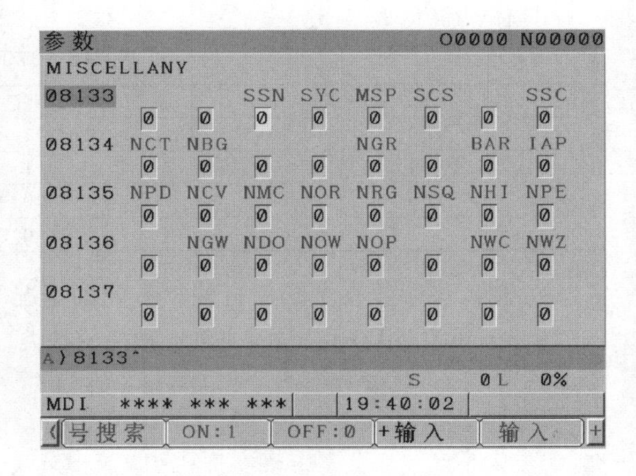

图 2-12 参数 8133 设定界面

可参照表 2-6 进行设定。

表 2-6 8133 的设定

主轴的构成	参数 SSN
系统的主轴全部都是串行的情况	0
系统的主轴是串行的和模拟混合的情况	0
系统的主轴全部都是模拟的情况	1

三、主轴的 PMC 程序

1. 主轴控制的功能说明

M 指令用来控制机床的辅助操作，数控机床在执行数控加工程序中的 M 指令时，CNC 将以 BCD 码或二进制代码形式把 M 代码信号输出到 PMC 特定的代码寄存器中。PMC 需要通过译码才能将 M 代码信号转换成具有特定功能含义的一位逻辑状态，从而识别相应的辅助功能控制。

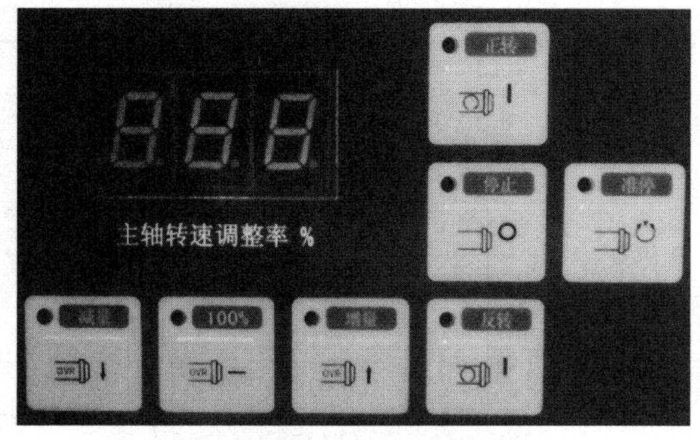

图 2-13 主轴控制面板

主轴正转即主轴正向旋转。在 CNC 处于手动连续进给工作方式时，按下主轴正转按键，或者在 CNC 处于自动、远程运行和手动数据输入中的任一工作方式时，执行 M03 和 M13 任一指令，或者在 CNC 处于自动、远程运行和手动数据输入中的任一工作方式时，执行 M00 指令或按下选择停止按键，执行 M01 指令，中断主轴正转时，再次按下循环启动按键，主轴将正转。

主轴反转即主轴反向旋转。在 CNC 处于手动连续进给工作方式时，按下主轴反转按键，或者在 CNC 处于自动、远程运行和手动数据输入中的任一工作方式时，执行 M04 和 M14 任一指令，或者在 CNC 处于自动、远程运行和手动数据输入中的任一工作方式时，执行 M00 指令或按下选择停止按键，执行 M01 指令，中断主轴反转时，再次按下循环启动按键，主轴将反转。

主轴停止即主轴停止旋转。当主轴正在正转或反转时，若执行 M02、M05、M30 中的任一指令，或者在 CNC 处于手动连续进给工作方式时，按下主轴停止按键，主轴都将停止；执行 M00 指令或者按下选择停止按键，执行 M01 指令时，主轴将中断旋转，暂时停止，再次按下循环启动按键，主轴将恢复旋转。

主轴控制面板如图 2-13 所示，主轴控制的主要信号见表 2-7。

表 2-7 主轴控制的主要信号

	信号地址	信号名	信号含义
X 信号	X0003.0	JIND-I	紧刀状态输入信号
Y 信号	Y0002.7	SONGD-C	松刀命令信号
	Y0031.0	SPCW-L	主轴正转指示灯信号
	Y0031.1	SPOFF-L	主轴停止指示灯信号
	Y0031.2	SPCCW-L	主轴反转指示灯信号
F 信号	F0001.3	DEN	系统分配结束信号
	F0001.7	MA	CNC 准备就绪信号
	F0007.0	MFEFD	M 指令选通信号
	F0045.0	ALMA	串行主轴报警信号
G 信号	G0070.4	SRVA	串行主轴反转命令信号
	G0070.5	SFRA	串行主轴正转命令信号

（续）

	信号地址	信号名	信 号 含 义
R 信号	R0250.3	DM03	M03 译码信号
	R0250.4	DM04	M04 译码信号
	R0250.5	DM05	M05 译码信号
	R0260.3	M03	M03 代码信号
	R0260.4	M04	M04 代码信号
	R0260.5	M05	M05 代码信号
	R0270.0	SPON	主轴启动条件满足信号
	R0270.2	SPOFF	主轴停止条件满足信号
	R0270.4	SPCCW	主轴反转条件满足信号
	R0270.5	SPCW	主轴正转条件满足信号

2. M 代码译码梯形图及说明

数控机床在执行数控加工程序中的 2 位 M 指令时，CNC 将首先以二进制代码的形式把 M 代码信号输出到 PMC 特定的代码寄存器 F10 中，然后经过 M 代码延时时间 TMF（由系统参数设定，标准设定时间为 16ms）后发出 M 指令选通信号，PMC 通过二进制译码指令 DECB 来实现 M 指令的译码控制，把 F10 中的 M 代码信号转换成具有特定功能含义的某内部继电器为 1，从而识别相应的代码类型，进行相应的辅助功能控制。

M 代码译码梯形图如图 2-14 所示，当正在执行数控加工程序中的 M03 指令时，CNC 将首先以二进制代码形式把 M 代码信号输出到 PMC 的 F10 中。当 MF 信号为 1，即 CNC 发出 M 指令选通信号时，PMC 执行二进制译码指令 DECB，此时 F10 中的内容为二进制 M 代码 00000011，M03 译码信号 DM03 将为 1，M03 代码信号 M03 输出有效，PMC 可以利用该信号进行主轴的正转控制。同理，当 F10 中的内容为二进制 M 代码 00000100，即正在执行 M04 指令时，M04 译码信号 DM04 为 1，M04 代码信号 M04 输出有效，PMC 可以利用该信号进行主轴的反转控制；当 F10 中的内容为二进制 M 代码 00000101，即正在执行 M05 指令时，M05 译码信号 DM05 为 1，同时若系统分配结束信号 DEN 为 1，即若移动指令 M05 指令在同一程序段中，保证执行完移动指令后再执行 M05 指令时，M05 代码信号 M05 输出有效，PMC 可以利用该信号进行主轴的停止控制。

3. 主轴的 PMC 控制梯形图及说明

主轴正转指令 M03PMC 控制过程如图 2-15 所示，当 AUTO 信号、MDI 信号、DNC 信号中的任一信号为 1 时，M03 代码信号为 1，即在 CNC 处于自动、远程运行和手动数据输入中的任一工作方式时，执行 M03 指令，SPON 信号为 1，即满足主轴启动条件；SPCCW 信号为 0，即不满足主轴反转的条件时，SPCW 信号输出有效自锁，满足主轴正转条件。

当 SPCW 信号为 1，即满足主轴正转条件时，串行主轴正转命令信号 SFRA 输出有效，PMC 通过 CNC 的串行主轴接口 JA4A 向主轴放大器发出串行主轴正转命令，使主轴开始正转，同时主轴正转指示灯 SPCW-L 输出有效，主轴正转指示灯亮。

主轴反转 M04 指令 PMC 控制过程如图 2-15 所示，当 AUTO 信号、MDI 信号、DNC 信号中的任一信号为 1 时，M04 代码信号为 1，即在 CNC 处于自动、远程运行和手动数据输入

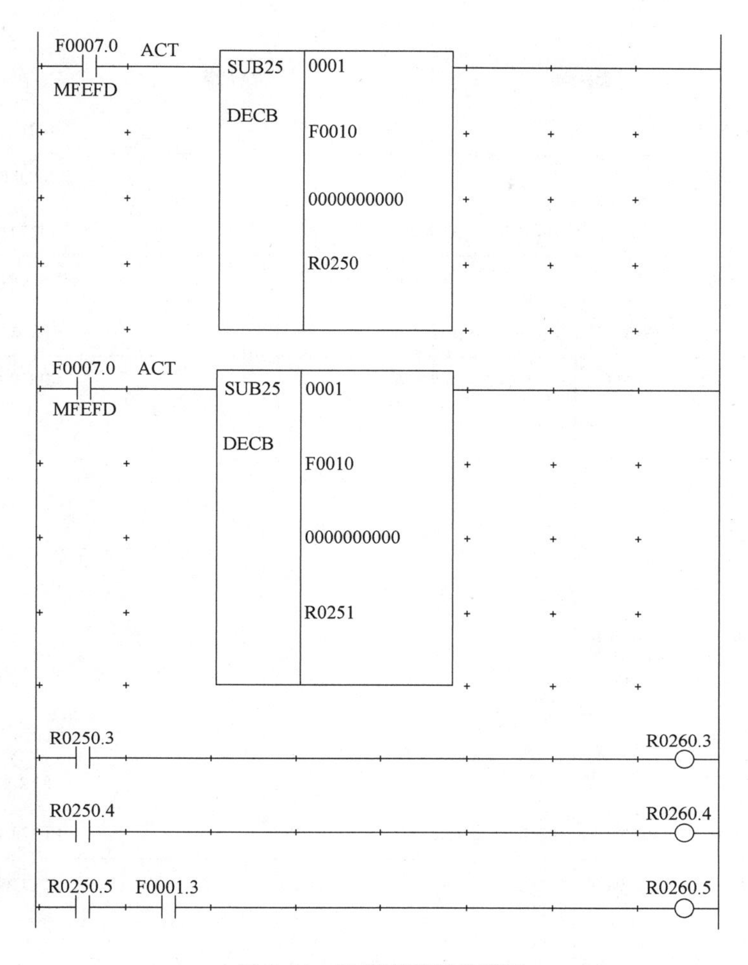

图 2-14　M 代码译码梯形图

中的任一工作方式时，执行 M04 指令，SPON 信号为 1，即满足主轴启动条件；SPCW 信号为 0，即不满足主轴反转的条件时，SPCCW 信号输出有效自锁，满足主轴反转条件。

当 SPCCW 信号为 1，即满足主轴反转条件时，串行主轴反转命令信号 SRVA 输出有效，PMC 通过 CNC 的串行主轴接口 JA7A 向主轴放大器发出串行主轴反转命令，使主轴开始反转，同时主轴反转指示灯 SPCCW-L 输出有效，主轴反转指示灯亮。

主轴停止指令 M05PMC 控制过程：当 SPOFF 信号为 1，即满足主轴停止条件时，主轴启动条件满足信号 SPON 输出无效，不满足主轴启动条件。

当主轴正在正转时，若 SPON 为 0，即不满足主轴启动条件，SPCW 信号输出无效，不满足主轴正转条件，串行主轴正转命令信号 SFRA 输出无效，停止向主轴放大器发出串行主轴正转命令，主轴将停止，同时主轴停止指示灯 SPOFF-L 输出有效，主轴停止指示灯亮。

当主轴正在反转时，若 SPON 为 0，即不满足主轴启动条件，SPCCW 信号输出无效，不满足主轴反转条件，串行主轴反转命令信号 SRVA 输出无效，停止向主轴放大器发出串行主轴反转命令，主轴将停止，同时主轴停止指示灯 SPOFF-L 输出有效，主轴停止指示灯亮。

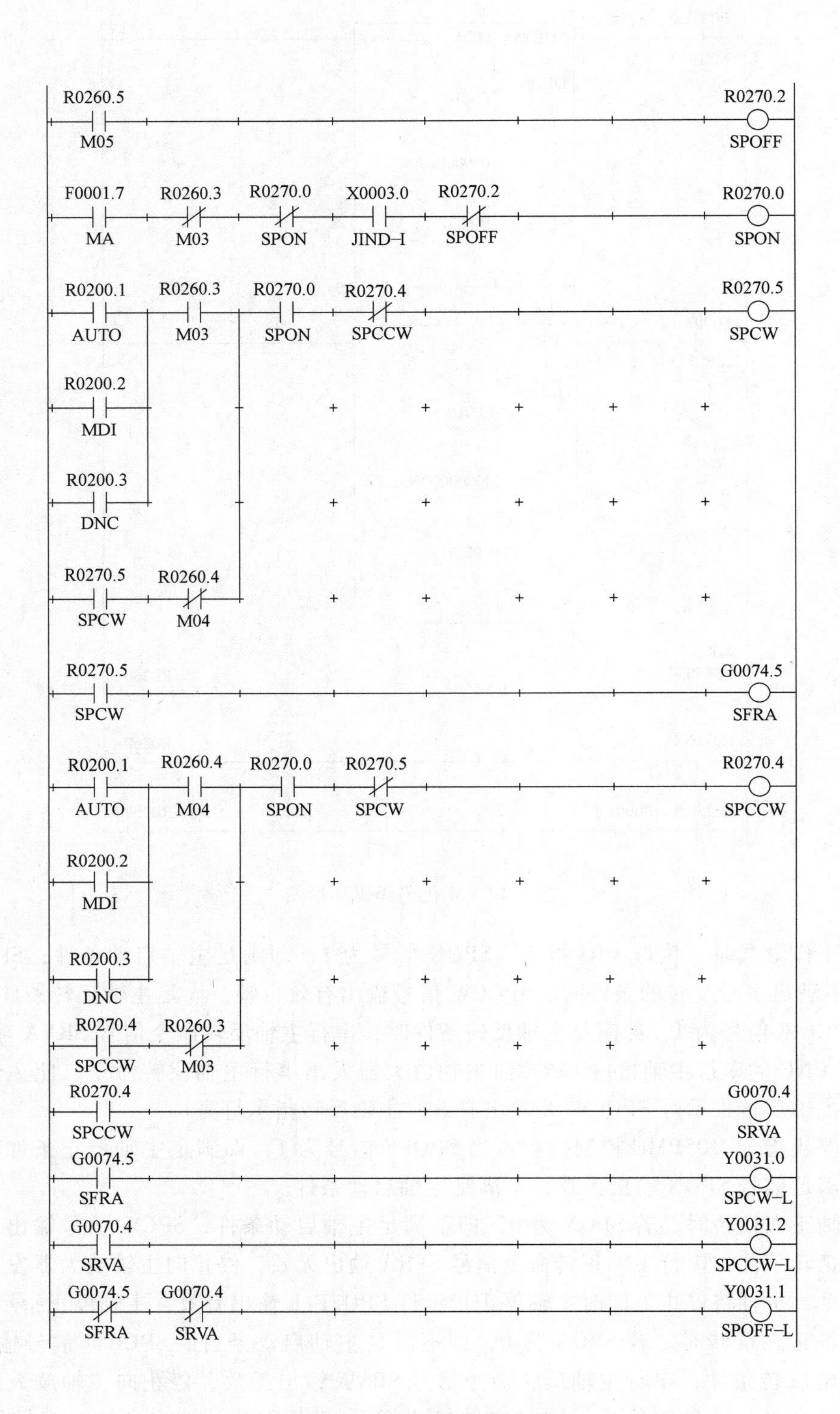

图 2-15　主轴控制梯形图

四、主轴设定及显示

1）确认参数设定。

3111#1 SPS 参数表示是否显示用来显示主轴设定界面的软键，如图 2-16 所示。0：不予显示；1：予以显示。

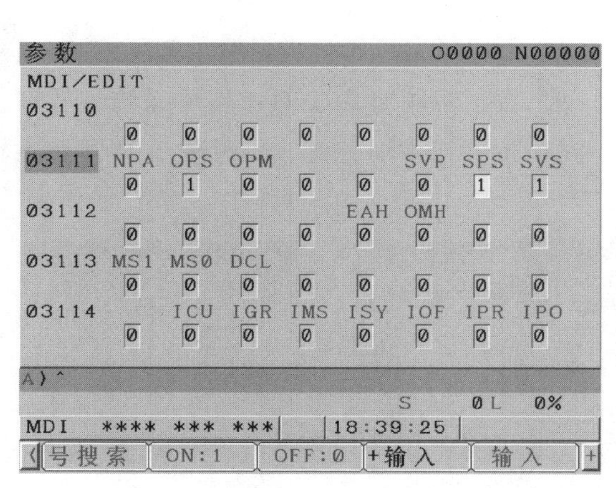

图 2-16　参数 3111 设定界面

2）按功能键，再按扩展软键，然后按下［主轴］键，出现主轴设定调整界面，如图 2-17 所示。

3）图 2-17 所示界面有三个软键选择：

① 按下［SP 设定］，选择主轴设定界面，如图 2-18 所示。

② 按下［SP 调整］，选择主轴调整界面，如图 2-19 所示。

③ 按下［SP 监测］，选择主轴监控界面，如图 2-20 所示。

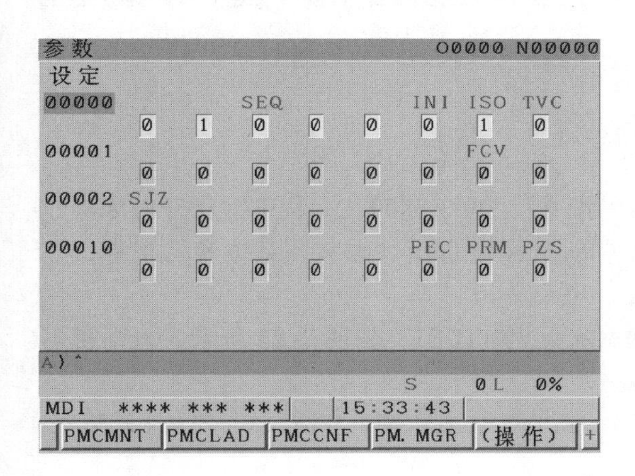

图 2-17　主轴设定调整界面

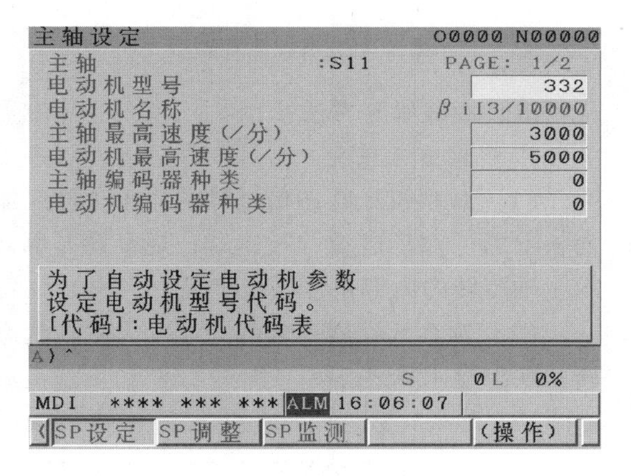

图 2-18　主轴设定界面

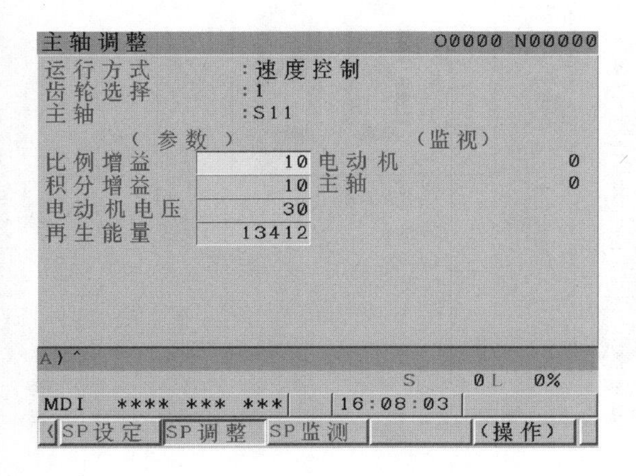

图 2-19　主轴调整界面

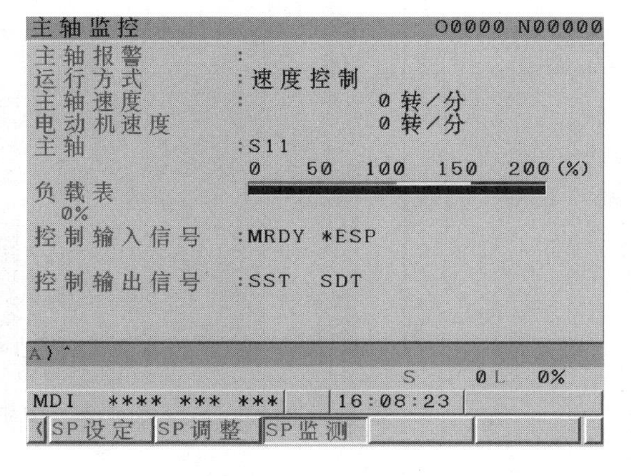

图 2-20　主轴监控界面

4）若有多个主轴，可以通过翻页键PAGE↑、PAGE↓显示不同的主轴。

5）按下功能键SYSTEM，再按下［系统］软键，出现图2-21所示界面。

6）按下［主轴］键，出现图2-22所示主轴信息界面。

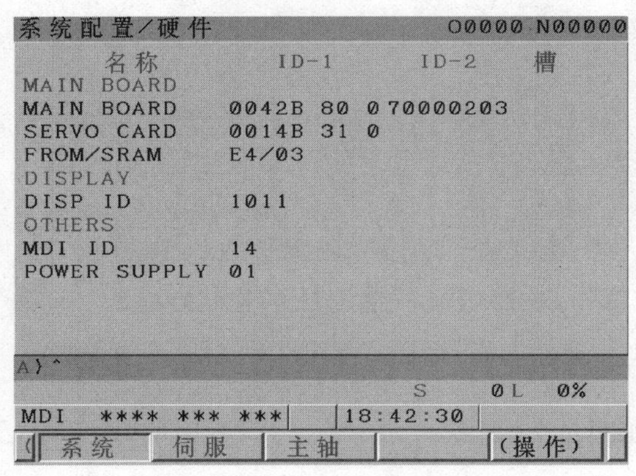

图2-21 系统配置界面

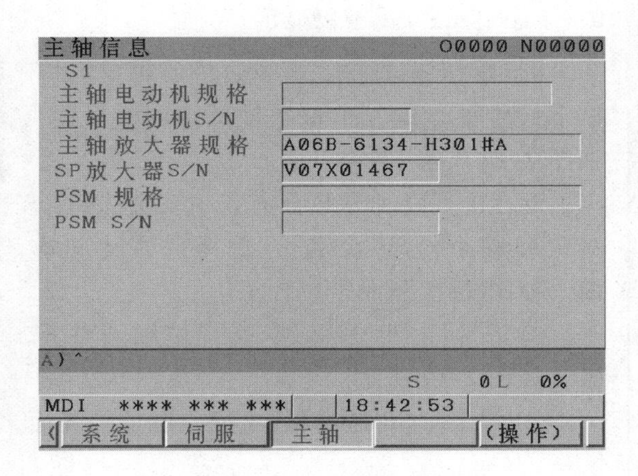

图2-22 主轴信息界面

五、故障排除方法

1. 观察有无报警

（1）观察机床状态信息栏的显示 输入加工指令："M03 S500;"，按下并松开机床操作面板上的［循环启动］按键时，观察到［循环启动］按键指示灯点亮，系统没有报警，表示主轴旋转的内部条件已经满足。

（2）观察放大器主轴状态显示 主轴状态显示为STATUE1，如图2-23所示。电动机不转的状态显示见表2-8。

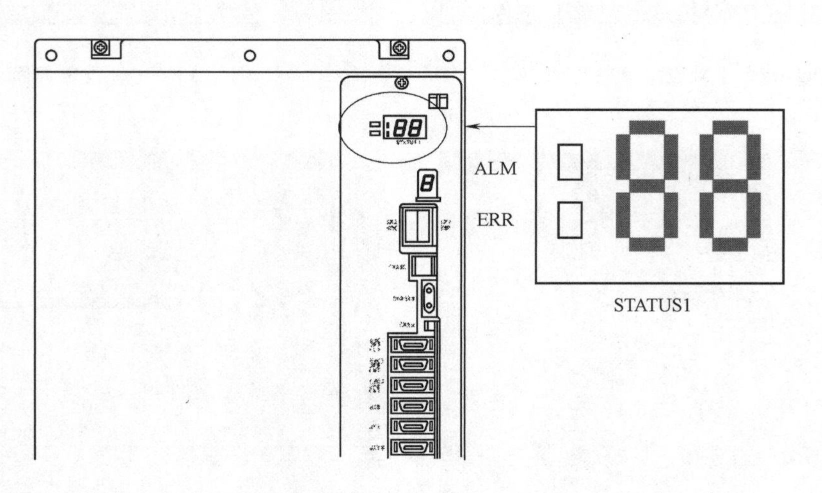

图2-23 主轴状态显示位置

（3）查看参数 看参数设定是否有误。

表 2-8　电动机不转的状态显示

编号	ALM	ERR	STATUS1	内　容	故障排除方法
1			—— 闪烁	(CNC 通信报警时)通信电缆未连通	查看并确认参数 3701#1 是否为 1
2			—— 点亮	参数加载结束,电动机没有被激活, 确认控制主轴的输入信号是否输入	检查主轴励磁信号 G70.4/G70.5 是否为 1
3		点亮	显示 01~	错误状态, 顺序不合适或参数设定有误	
4			00	电动机没有被激活,说明尚未 输入主轴速度指令	1) G29.6 若为 1 2) G33.7 = 1? G32 ~ G33.4 = ? 3) 参数 3741 = 0? 参数 3736 = 0?

2. 观察 PMC 状态及主轴控制的 PMC 梯形图运行状态

(1) PMC 状态监测

1) 按 [OFFSETTING] 功能键，出现图 2-24 所示界面。

2) 按下扩展软键，显示 PMC 界面，如图 2-25 所示。

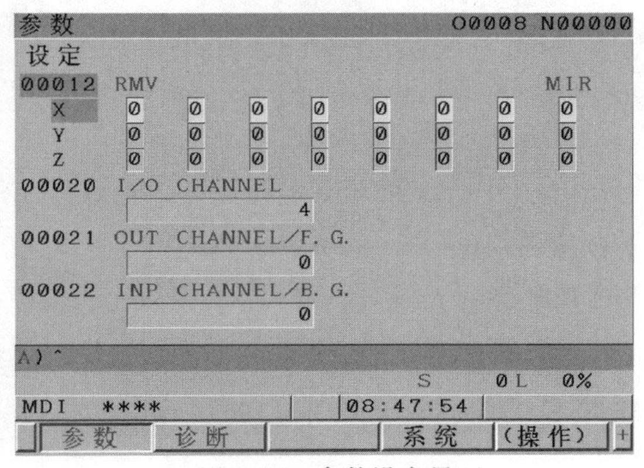

图 2-24　参数设定界面

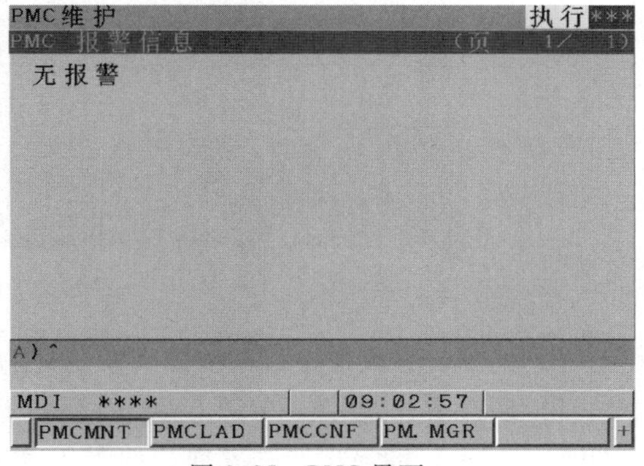

图 2-25　PMC 界面

3) 梯形图界面 (PMCLAD)。在 PMC 界面的基础上按 [PMCLAD] 软键，显示界面如图 2-26 所示。

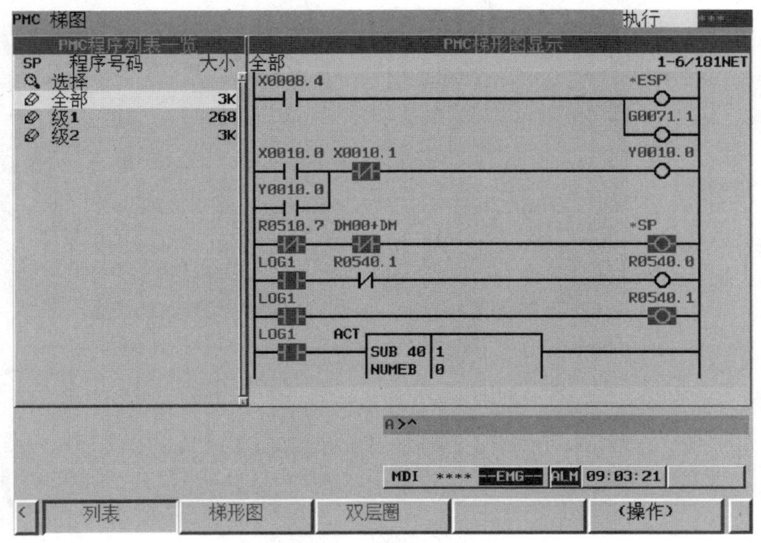

图 2-26　梯形图界面

4）PMC 监控界面（PMCMNT）。在 PMC 界面的基础上按［PMCMNT］软键，显示界面如图 2-27 所示。

PMC维护　执行 ***

PMC 信号状态

地址	7	6	5	4	3	2	1	0	16进
A0000	0	0	0	0	0	0	0	0	00
A0001	0	0	0	0	0	0	0	0	00
A0002	0	0	0	0	0	0	0	0	00
A0003	0	0	0	0	0	0	0	0	00
A0004	0	0	0	0	0	0	0	0	00
A0005	0	0	0	0	0	0	0	0	00

A0000 : ( )

A>^

MDI ****　09:01:51

信号　I/OLink　报警　I/O　(操作)

图 2-27　PMCMNT 界面

（2）PMC 的状态跟踪　可以观察信号的时序关系以及瞬间变化信号的记录。

1）跟踪界面显示。在图 2-27 所示的 PMCMNT 界面的基础上按下扩展软键两次，按［TRACE］键，即显示跟踪界面，如图 2-28 所示。

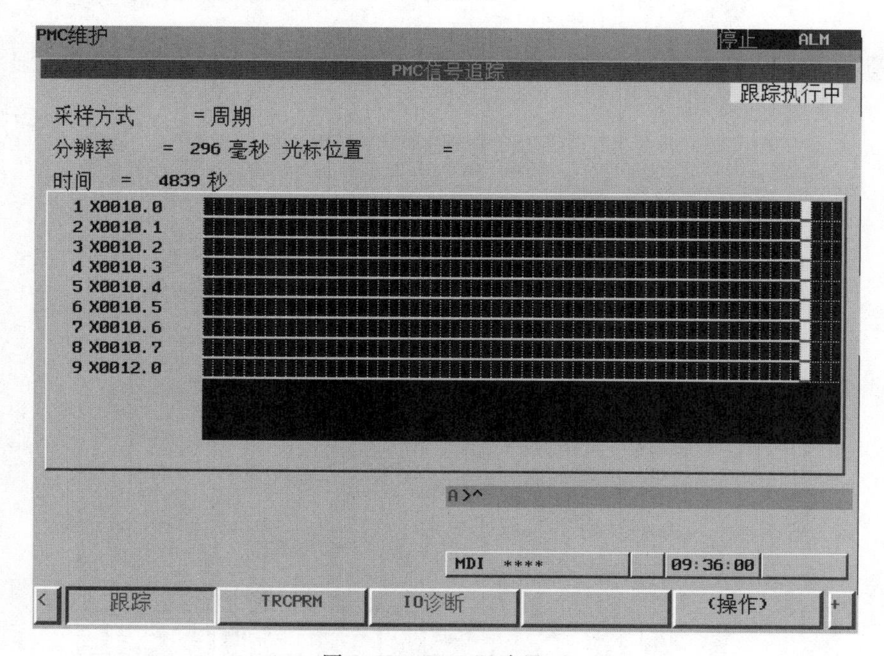

图 2-28　PMC 跟踪界面

2）跟踪设定。按［TRCPRM］键，显示跟踪参数设定界面，如图 2-29 所示。其各项参数的意义见表 2-9。

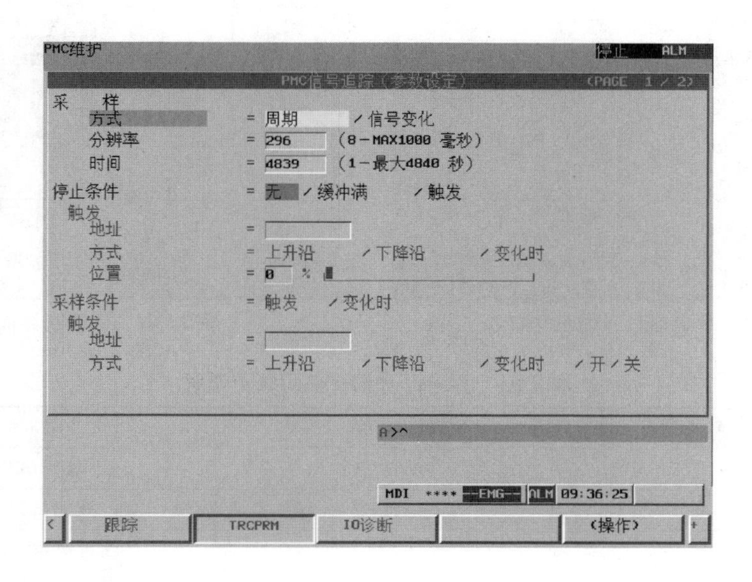

图 2-29 跟踪参数设定界面

表 2-9 PMC 跟踪参数的含义

组	项目		含义
采样	方式	周期	每隔一定时间记录信号
		信号变化	信号变化时记录
	分辨率		采样周期的设定
	时间		设定周期方式的采样时间
	祯		设定信号变化方式下的记录次数
停止条件	条件	无	用软键停止
		缓冲区满	用时间或祯指定的次数停止
		触发	指定信号的状态变化时停止
	触发		设定触发停止条件时的信号状态
取样条件			设定信号变化方式下的采样条件

设定参数界面的第 2 页如图 2-30 所示，可以在此设定采样信号，最多设定 32 个信号。按下 IO 诊断按钮，如图 2-31 所示，可以查看跟踪的各个点的状态。

2.2.4 电气部分故障

一、βi SVSP 一体型伺服单元（SVSP）端子说明

βi SVSP 一体型伺服单元端子如图 2-23 所示，其端子说明见表 2-10。

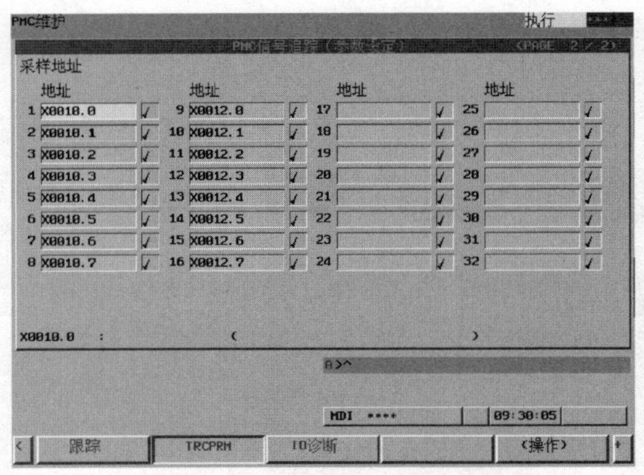

图 2-30　设定参数界面的第 2 页

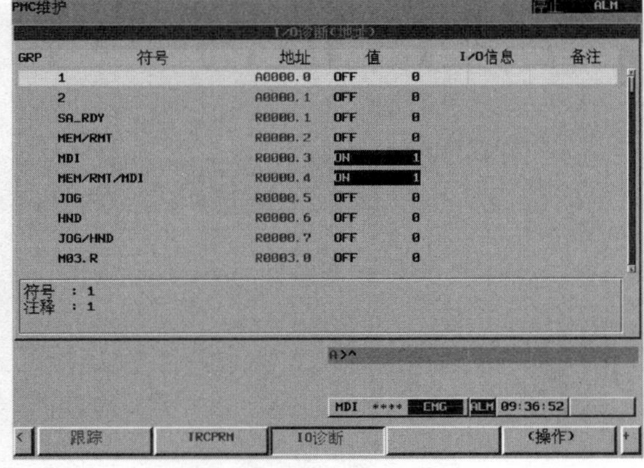

图 2-31　IO 诊断界面

表 2-10　βi SVSP 伺服单元端子说明

序　号	名　称	备　注
1	STATUE1	状态 LED:主轴
2	STATUE2	状态 LED:伺服
3	CX3	主电源 MCC 控制信号
4	CX4	急停信号(ESP)
5	CXA2C	DC24V 电源输入
6	COP10B	伺服 FSSB 1/F
7	CX5X	绝对脉冲编码器电池
8	JF1	脉冲编码器:L 轴
9	JF2	脉冲编码器:M 轴
10	JF3	脉冲编码器:N 轴
11	JX6	后备电源模块
12	JY1	负载表、速度表、模拟倍率
13	JA7B	主轴接口:输入
14	JA7A	主轴接口:输出
15	JYA2	主轴传感器:Mi、Mzi
16	JYA3	α 位置编码器,外部一转信号
17	JYA4	未使用
18	TB3	DC Link 接口端子
19	LED	DC Link 放电 LED(危险)
20	TB1	主电源接线端子板
21	CZ2L	伺服电动机动力线:L 轴
22	CZ2M	伺服电动机动力线:M 轴
23	CZ2N	伺服电动机动力线:N 轴
24	TB2	主轴电动机动力线
25	地线	地线抽头

二、βi SVSP 一体型伺服单元（SVSP）连接

βi SVSP 一体型伺服单元（SVSP）连接如图 2-32 所示。

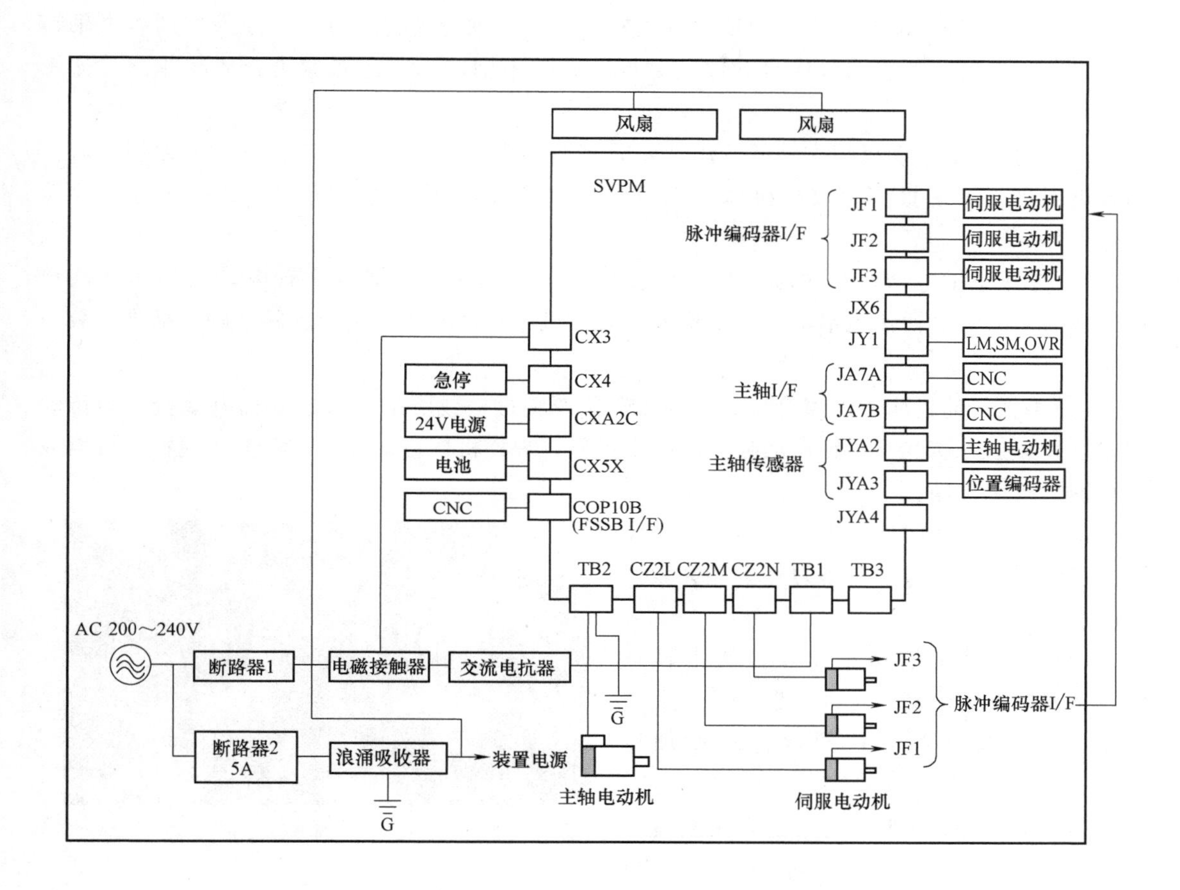

图 2-32　βi SVSP 一体型伺服单元（SVSP）连接

三、故障排除方法

1）主轴驱动放大器的 LED 状态显示有报警时，先排除报警。

2）根据主轴驱动器的测量、检测端的信号状态，逐一对照检查信号的电压与波形，看是否有不正常数据。

3）检查主轴急停 G29.6，若为 1，则检查以下各项。

① 主轴外部是否存在急停。

② 主轴与驱动器的连接是否松动或错误。

③ 主轴电源连接是否正确。

④ 主轴上刀具是否夹紧。

4）伺服放大器本身故障，用替换法将同种型号的伺服驱动器换上，看故障是否排除。

2.2.5 机械传动部分及主轴组件本身故障

一、主轴强力切削时停转故障及处理

1）连接主轴电动机与主轴的传动带过松，造成主轴传动转矩过小，强力切削时主轴转矩不足，产生报警，数控机床自动停机。重新调整主轴传动带的张紧力，故障排除，如图2-33所示。

2）连接主轴电动机与主轴的传动带表面有油，造成传动时传动带打滑，强力切削时主轴转矩不足，产生报警，数控机床自动停机。用汽油或酒精清洗传动带并擦干净，故障排除。

3）连接主轴电动机与主轴的传动带因使用过久而失效，造成主轴电动机转矩无法传递，强力切削时主轴转矩不足，产生报警，数控机床自动停机。更换新的主轴传动带，故障排除。

4）主轴传动机构中的离合器、联轴器连接调整过松或磨损，造成主轴电动机转矩传动误差过大，强力切削时主轴振动强烈，产生报警，数控机床自动停机。调整、更换离合器或联轴器，故障排除。

二、主轴不转时主轴部件故障

主轴部件的故障主要是刀具不能夹紧造成的主要原因如下：

1）碟形弹簧位移量太小，使主轴抓刀、夹紧装置无法到达正确位置，刀具无法夹紧，通过调整碟形弹簧行程长度加以排除。

图2-33 调节同步带

2）弹簧夹头损坏，使主轴夹紧装置无法夹紧刀具，通过更换新弹簧夹头加以排除。

3）碟形弹簧失效，使主轴抓刀、夹紧装置无法运动到正确位置，刀具无法夹紧，通过更换新碟形弹簧加以排除。

4）刀柄上拉钉过长，顶撞到主轴抓刀、夹紧装置，使其无法运动到正确位置，刀具无法夹紧，通过调整或更换拉钉，并正确安装加以排除。

2.3 项目实施

1. 检查系统是否有报警信息

观察到系统无报警信息，说明CNC准备就绪。

2. 主轴驱动状态显示内容

“MDI”工作方式下，主轴指令执行完毕，指令已经发到驱动器。主轴放大器LED状态显示[00]，无报警信息，说明主轴旋转的内部条件满足，而外部条件不满足。

3. 确定刀具是否夹紧

若刀具未夹紧或不能夹紧，排除夹紧故障。

经检查，刀具已经夹紧。

4. 检查 G29.6 是否为 1，确定主轴外部是否属急停状态

检查发现，G29.6 处于接通状态，说明外部无急停。

5. 检查是否属于电气故障

检查主轴与驱动器的连接及电源连接情况等，用万用表检查系统与主轴电动机之间的电源供给回路（TB1、TB2）、信号控制回路是否存在断路（主要是 24V）；各连线间的触点是否接触不良；交流接触器、直流继电器是否有损坏；检查热继电器是否过电流；检查熔断器是否烧毁等。

用相序表检查发现，主轴电动机动力线相序异常。

6. 故障排除

排除故障后重启系统，主轴恢复正常。

2.4　项目评估

项目结束，请各小组针对故障排除过程中出现的各种问题进行讨论，罗列出现的失误，并总结在今后的学习和操作过程中如何更好地发挥团队精神，如何提高水平及效率，并填写故障记录表和项目评估表，见附表 1 和附表 2。

2.5　项目拓展

2.5.1　项目引入

任务现象：某 FANUC 0i-MD 三轴加工中心，主轴为模拟主轴，指令发出后，主轴不能旋转。手动单击机床操作面板上的正转或反转按钮，发现显示灯都亮。

2.5.2　项目分析

一、通用变频器的工作原理

变频器即电压频率变换器，是一种将固定频率的交流电变换成频率、电压连续可调的交流电，以供给电动机运转的电源装置。交流电动机变频调速与控制技术已经在数控机床、纺织、印刷、造纸、冶金、矿山以及工程机械等各个领域得到了广泛应用，特别是在数控机床领域，变频器的使用使得主轴系统的控制更加简便与可靠。

目前，通用变频器几乎都是交-直-交型变频器，因此本节以电压型交-直-交变频器为例，介绍变频器的基本构成。变频器主要由整流器、逆变器和控制电路组成，如图 2-34 所示。

1. 主电路

电压型交-直-交变频器的主电路由整流电路、中间直流电路和逆变器电路三部分组成，

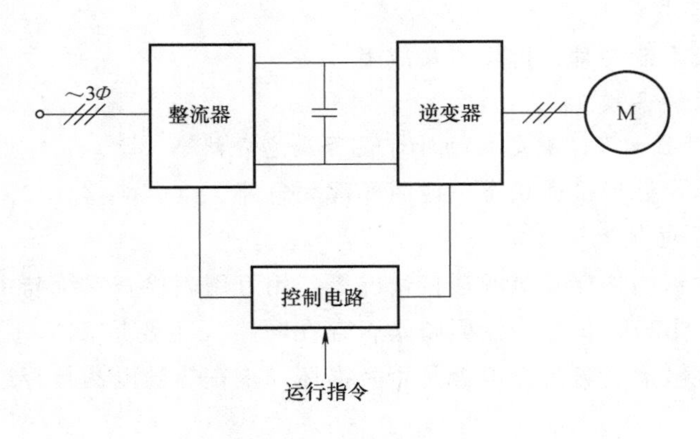

图 2-34　变频器的基本组成

如图 2-35 所示。

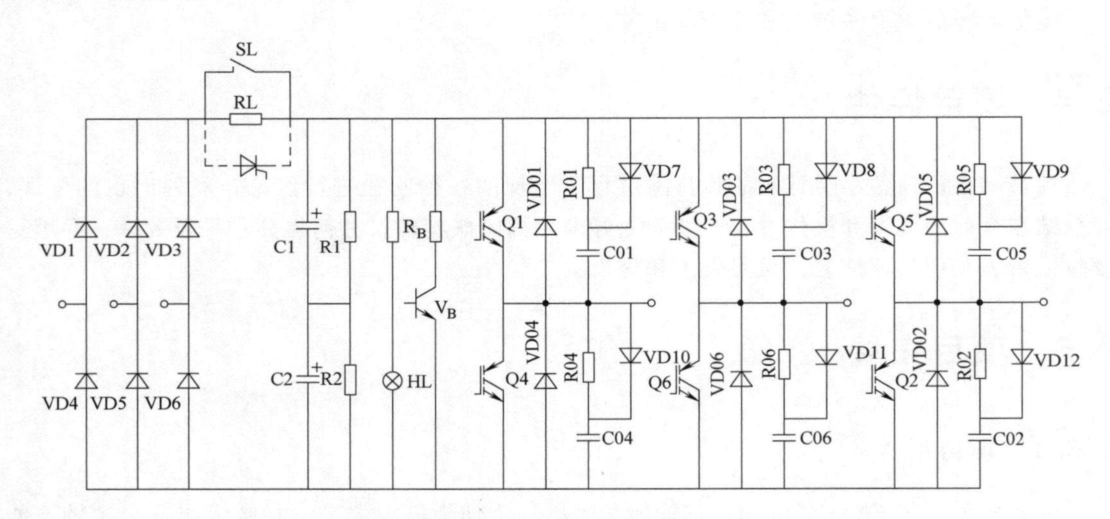

图 2-35　电压型交-直-交变频器主电路的基本结构

(1) 整流部分　作用是将频率固定的三相交流电转变成直流电，由整流电路和滤波环节组成。主电路可以采用桥式全波整流电路来整流。在中、小容量的变频器中，整流器件采用不可控的整流二极管或二极管模块，如图 2-35 中的 VD1 ~ VD6。当三相线电压为 380V 时，整流后的峰值电压为 537V，平均电压为 515V。

由于受到电解电容的电容量和耐压能力的限制，滤波电路通常由若干只电容器并联成一组，可以将两只电容器 C1 和 C2 串联而成。为了使 U_{VD1} 和 U_{VD2} 相等，在 C1 和 C2 旁各并联一只阻值相等的均压电阻 R1 和 R2。

(2) 控制电路　主要任务是完成对逆变器开关器件的开关控制和提供多种保护功能。控制方式分为模拟控制和数字控制两种。目前广泛采用以微处理器为核心的全数字控制技术。硬件电路应尽可能简单，各种控制功能主要靠软件来完成。

如果整流电路中电容的容量很大，会使电源电压瞬间下降而形成对电网的干扰。限流电阻 RL 就是为了削弱该冲击电流而串接在整流桥和滤波电容之间的。短路开关 SL 的作用：

限流电阻 RL 如长期接在电路内，会影响直流电压和变频器输出电压的大小，所以当电流增大到一定程度时，令短路开关 SL 接通，把 RL 切出电路。SL 大多由晶闸管构成，在容量较小的变频器中，也常由接触器或继电器的触点构成。

（3）逆变部分　逆变部分的基本工作原理：将直流电转变为交流电的过程称为逆变，完成逆变功能的装置称为逆变器，它是变频器的重要组成部分。

交-直变换电路就是整流和滤波电路，其任务是把电源的三相（或单相）交流电转变成平稳的直流电。由于整流后的直流电压较高，且不允许再降低，因此其在电路结构上具有特殊性。

三相逆变桥电路的功能是把直流电转变成三相交流电，由图 2-35 中的开关器件 VD7～VD12 构成。目前中小容量的变频器中，开关器件大部分使用 IGBT 管，并可为电动机绕组的无功电流返回直流电路时提供通路，当频率下降从而使同步转速下降时，为电动机的再生电能反馈至直流电路提供通路。

2. 控制电路

控制电路的基本结构如图 2-36 所示，主要由电源板、主控板、键盘与显示板、外接控制电路等构成。主控板是变频器运行的控制中心，其主要功能如下：

1）接收从键盘输入的各种信号。

2）接收从外部控制电路输入的各种信号。

3）接收内部的采样信号，如主电路中电压与电流的采样信号、各部分温度的采样信号、各逆变管工作状态的采样信号等。

4）完成 SPWM 调制，对接收的各种信号进行判断和综合运算，产生相应的 SPWM 调制指令，并分配给各逆变管的驱动电路。

5）发出显示信号。向显示板和显示屏发出各种显示信号。

6）发出保护指令。变频器必须根据各种采样信号随时判断其工作是否正常，一旦发现异常工况，必须发出保护指令进行保护。

7）向外电路发出控制信号及显示信号，如正常运行信号、频率到达信号、故障信号等。

二、日立 SJ100 变频器面板

图 2-37 所示为 SJ100 变频器操作面板各按键名称。

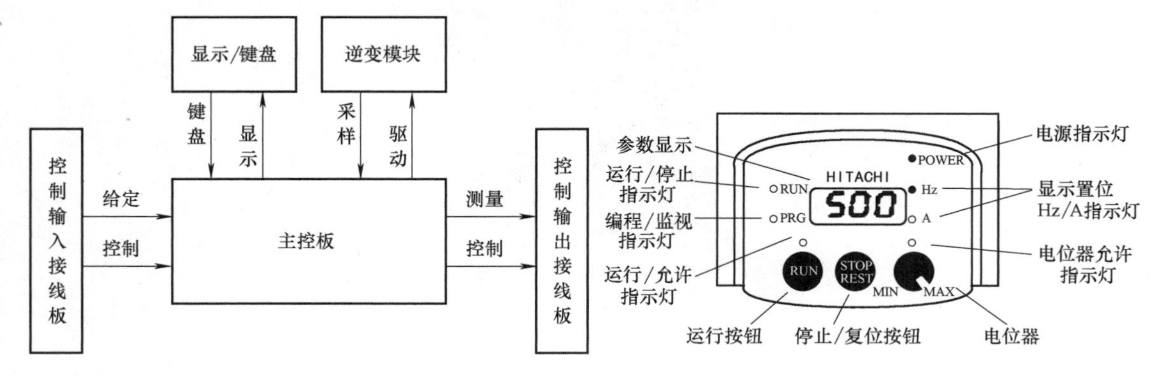

图 2-36　控制电路的基本结构　　图 2-37　SJ100 变频器操作面板

运行/停止指示灯——当变频器输出驱动电动机（运行模式）时亮，而当变频器输出关闭（停止模式）时灭。

编辑/监视指示灯——当变频器已准备好进行参数编辑（编辑模式）时灯亮，当参数显示器正在监视数据（监视模式）时灯灭。

运行/允许指示灯——当变频器已准备好响应运行命令时灯亮，而运行指令不能执行时灯灭。

操作面板上各个按键（图 2-38）的作用如下：

RUN 键——按此键可启动电动机，前提是变频器处在键盘控制方式下。

STOP/RESET 键——按此键可以停止电动机的运转，前提是变频器处在键盘控制方式下。此键同时可在跳闸后使报警器复位。

电位器——运行操作者在一定范围内选择输入一个与变频器输出频率相应的量程值。

电位器运行指示灯——当电位器运行输入量值时灯亮。

电源指示灯——当变频器通电时灯亮。

FUN（功能键）——此键用于设置和监测参数时搜索参数和功能菜单。

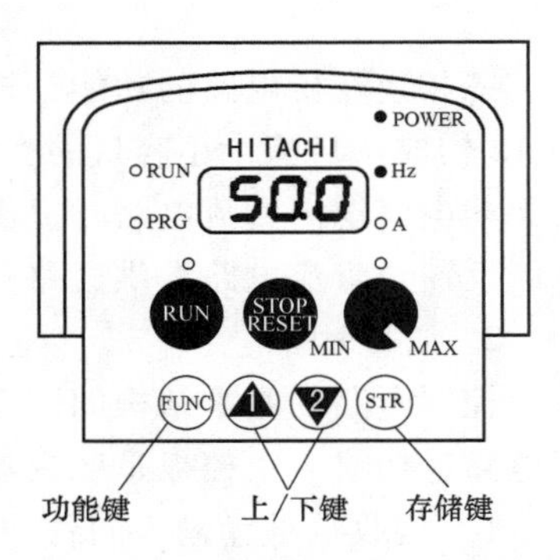

图 2-38 变频器操作面板

①、②——交替使用这两个键可以增大或减小参数值。

STR（存储键）——当变频器处于编辑模式时，可以对变频器的修改参数进行保存。

三、变频器接线端子及连接

1）变频器电源及电动机强电接线端子排列如图 2-39a 所示。

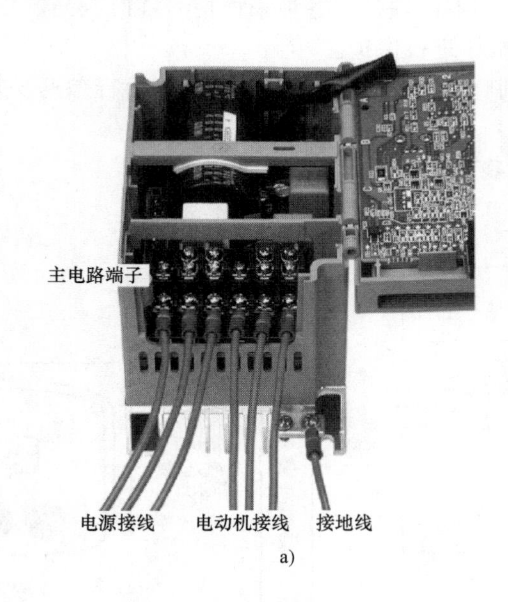

a)

图 2-39 接线端子

a）主电路接线端子

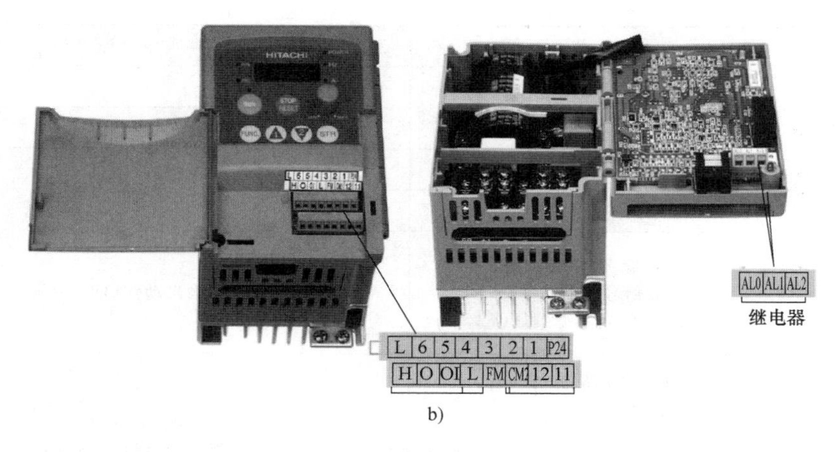

图 2-39　接线端子（续）

b）控制电路接线端子

主电路端子见表 2-11。

表 2-11　主电路端子

端子符号	端子名称	功　　能	
L1、L2、L3	主电源输入端子	接入主电源	短接片 上 +1 + − 下 L1 L2 L3/N U/T1 V/T2 W/T3 电动机 电源输入（电源） 接地
T1、T2、T3	变频器输出端子	连接电动机	
+、+1	直流电抗器连接端子	连接直流电抗器以抑制噪声，提高功率因数	
+、−	外部电抗器连接端子	连接再生制动单元（选件），以获得所需制动力矩	
+、RB	外部制动电阻连接端子	连接再生制动电阻（选件），以获得所需制动力矩	
G⏚	接地端子	接地（接地以防雷击）抑制噪声	

2）变频器控制电路接线端子排列如图 2-39b 所示，控制电路接线端子功能见表 2-12。

表 2-12　控制电路接线端子功能

端子符号	信号	端 子 功 能	注　　释
FM	输入监视信号	监视端子（频率、电流等）	PWM 输出
L		监视频率命令公共端	—
P24		智能输入端子公共端	VC24D
6		智能输入端子，选择如下：正转命令（FW），反转命令（RV），多段速度命令 1~4（CF1~CF4），2 级加、减速（2CH），自由停车（FRS），外部跳闸（EXT），USP 功能（USP），寸动（JG），模拟量输入选择（AT），软件锁（SFT），复位（RS），初始化设定（STN），热敏保护（PTC），外部直流制动命令（DB），第二设定（SET），远程控制加、减速（UP/DOWN）	触点输出 P24 SW 1～6 SW（闭合）操作
5			
4			
3			
2			
1			

（续）

端子符号	信号	端子功能	注　　释
H	频率命令	频率命令电源(DC10V)	—
O		频率命令输入端(电压命令)(DC0~10V)	输入抗阻 10kΩ
OI		频率命令输入端(电流命令)(DC4~20mA)	输入抗阻 250Ω
L		频率命令公共端	—
12	输出信号	智能输出端，选择如下： 运转(RUN)，过载信号(OL)，报警(AL)， 频率到达(FA1)，设定频率到达(FA2)	集电极开路输出动作(ON)时为低电平
11			
CM2			
AL2	报警输出	报警输出端： AL0 AL1 AL2 1C触电(继电器)输出 <初始设定> 正常：AL0~AL1 闭合 异常、断电：AL0~AL2 闭合	触点额定值 AC250V 2.5A(阻性负载) 0.2A($\cos\theta=0.4$) DC30V 3.0A(阻性负载) 0.7A($\cos\theta=0.4$)
AL1			
AL0			

四、CNC 系统与变频器接线

1. 数控装置与模拟主轴连接信号原理

数控装置通过主轴控制接口和 PLC 输入/输出接口，连接各种主轴驱动器，实现正反转、定向、调速等控制，还可以外接主轴编码器，实现螺纹车削和铣床上的刚性攻螺纹功能。

（1）主轴启停　以 FANUC 系统为例，假如使用数控系统的输出信号 Y1.0、Y1.1 输出即可控制主轴装置的正、反转及停止，一般定义接通有效；当 Y1.0 接通时，可控制主轴装置正转；Y1.1 接通时，主轴装置反转；二者都不接通时，主轴装置停止旋转。在使用某些主轴变频器或主轴伺服单元时，也用 Y1.0、Y1.1 作为主轴单元的使能信号。

部分主轴装置的运转方向由速度给定信号的正、负极性控制，这时可将主轴正转信号用作主轴使能控制，主轴反转信号不用。

部分主轴控制器有速度到达和零速信号，由此可使用主轴速度到达和主轴零速输入，实现 PLC 对主轴运转状态的监控。

（2）主轴速度控制　数控系统通过主轴接口中的模拟量输出可控制主轴转速，当主轴模拟量的输出范围为-10~10V 时，用于双极性速度指令输入主轴驱动单元或变频器，这时采用使能信号控制主轴的启、停。当主轴模拟量的输出范围为 0~10V 时，用于单极性速度指令输入的主轴驱动单元或变频器，这时采用主轴正转、主轴反转信号控制主轴的正、反转。模拟电压的值由用户 PLC 程序送到相应接口的数字量决定。

（3）主轴编码器连接　通过主轴接口可外接主轴编码器，用于螺纹切削、攻螺纹等，数控装置可接入两种输出类型的编码器，即差分 TTL 方波或单极性 TTL 方波。一般使用差分编码器，确保长的传输距离的可靠性及提高抗干扰能力。数控装置与主轴编码器的接线图如图 2-40 所示。

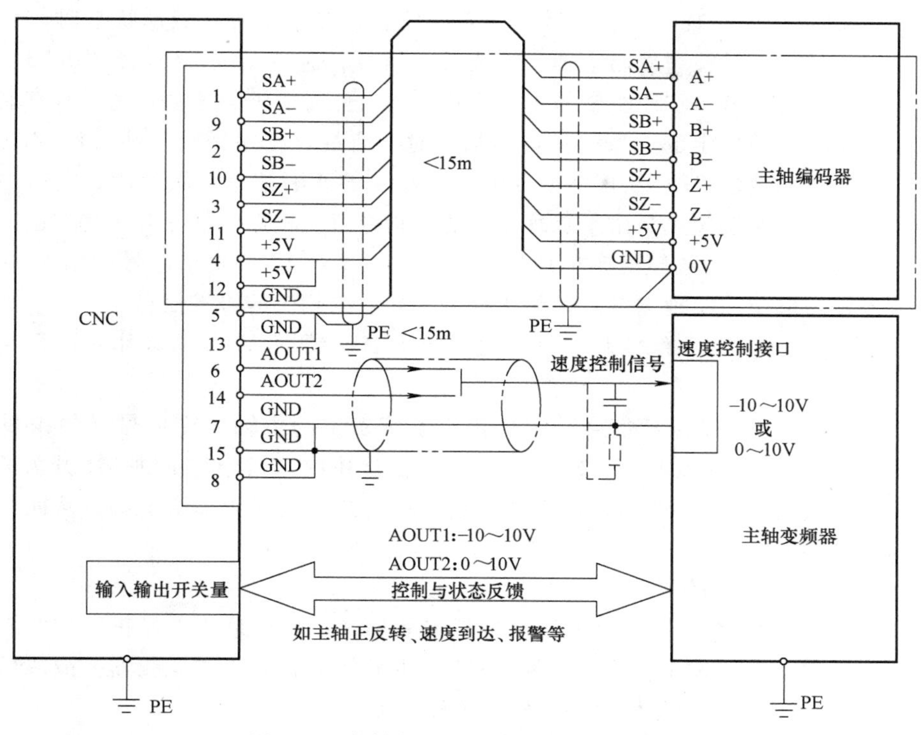

图 2-40　数控装置与主轴编码器的接线图

2. 数控装置与变频器的连接

下面以数控机床（系统为 FANUC 0i-MD）为例，具体说明 CNC 系统、数控机床与变频器的信号流程及其功能。图 2-41 所示为数控车床主轴驱动装置（日立变频器）的接线图。

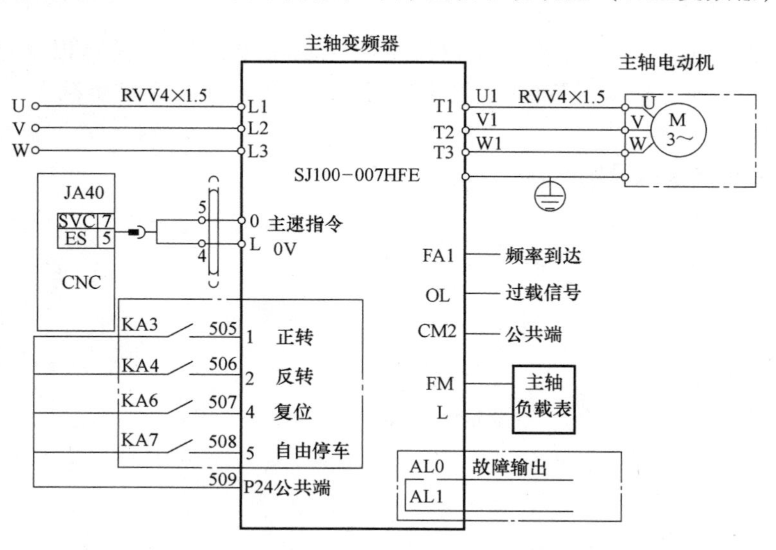

图 2-41　数控车床主轴驱动装置的接线图

（1）CNC 到变频器的信号

1）主轴正转信号、主轴反转信号。用于手动操作（JOG 状态）和自动状态（自动加工

M03、M04、M05）中，实现主轴的正转、反转及停止控制。系统在点动状态时，利用机床面板上的主轴正转和反转按钮发出主轴正转或反转信号，通过系统PMC控制KA3、KA4的通断，向变频器发出信号，实现主轴的正、反转控制，此时主轴的速度是由系统存储的S值与机床主轴的倍率开关决定的。系统在自动加工时，通过对程序辅助功能代码M03、M04、M05的译码，利用系统的PMC实现继电器KA3、KA4的通断控制，从而达到主轴的正反转及停止控制，此时的主轴速度是由系统程序中的S指令值与机床的倍率开关确定的。

2）系统故障输入。当数控机床出现故障时，通过系统PMC发出信号控制KA6获电动作，使变频器停止输出，实现主轴自动停止控制，并发出相应的报警信息。

3）系统复位信号。当系统复位时，通过系统PMC控制KA7获电动作，进行变频器的复位控制。

4）主轴电动机速度模拟量信号。用来接收系统发出的主轴速度信号（模拟量电压信号），实现主轴电动机的速度控制。FANUC系统将程序中的S指令与主轴倍率开关的乘积转换成相应的模拟量电压（0~10V），输入到变频器的模拟量电压频率给定端，从而实现主轴电动机的速度控制。

（2）变频器到CNC的信号

1）变频器故障输入信号。当变频器出现任何故障时，数控系统也停止工作并发出相应的报警（机床报警灯亮并发出相应的报警信息）。主轴故障信号通过变频器的故障输出端发出，再通过PMC向系统发出急停信号，使系统停止工作。

2）主轴频率到达信号。数控机床自动加工时，主轴频率到达信号实现切削进给开始条件的控制。当系统的功能参数（主轴速度到达检测）设定为有效时，系统执行进给切削指令前要进行主轴速度到达信号的检测，即系统通过PMC检测来自变频器发出的频率到达信号。系统只有检测到该信号，切削进给才能开始，否则系统进给指令一直处于待机状态，使用SU作为信号的输入。

（3）变频器到机床侧的信号　变频器将实际输出电流转换成模拟量电压信号（0~10V），通过变频器输出接口（FM-L）输出到机床操作面板上的主轴负载表（模拟量或数显表），实现主轴负载监控。

五、变频器基本参数设定

1. 基本参数定义

（1）控制方式设定（频率来源设定）：A01

00：键盘电位器控制。

01：控制端子控制。

02：功能F01设定。

（2）运行选择（运行指令来源设定）：A02

01：控制端子。

02：数字操作器。

（3）基频设定：A03

设置电动机的运行基频，通常为50Hz或60Hz。

（4）最大频率设定：A04

允许变频器输出的最大频率，默认为50Hz。

（5）电动机电压等级选择：A82

设置值范围：200~460V。

选择电动机的额定电压，要根据电动机的额定电压进行设置，另外此项功能还具有稳压的功能，可以在变频器电源电压出现较大波动时保持输出电压不变。

（6）输出频率设定：F01

确定电动机恒定转速的频率。

（7）加速时间：F02；减速时间：F03

加速时间就是输出频率从 0 上升到最大频率所需的时间；减速时间是指从最大频率下降到 0 所需的时间。通常用频率设定信号上升、下降来确定加/减速时间。在电动机加速时须限制频率设定的上升率以防止过电流，减速时则限制下降率以防止过电压。

加速时间设定要求：将加速电流限制在变频器过电流容量以下，不因过电流失速而引起变频器跳闸；减速时间设定要点是：防止平滑电路电压过大，不因再生过电压失速而使变频器跳闸。加/减速时间可根据负载计算出来，但在调试中常按负载和经验先设定较长加/减速时间，通过启、停电动机观察有无过电流、过电压报警；然后将加/减速设定时间逐渐缩短，以运转中不发生报警为原则，重复操作几次，便可确定出最佳加/减速时间。

（8）电动机转向设定：F004

00：正转。

01：反转。

（9）频率上限设定：A061；频率下限设定：A062

A061：设置小于最大频率（A04）的频率上限，为 0.5~360Hz，0.0 表示设置无效；大于 0.1 表示设置生效。

A062：设置大于 0 的频率下限，为 0.5~360Hz，0.0 表示设置无效；大于 0.1 表示设置生效。

即变频器输出频率的上、下限幅值。频率限制是为防止误操作或外接频率设定信号源出故障，引起输出频率过高或过低，从而损坏设备的一种保护功能，在应用中按实际情况设定即可。此功能还可做限速使用，如有的带输送机，由于输送物料不太多，为减少机械和带的磨损，可采用变频器驱动，并将变频器上限频率设定为某一频率值，这样就可使带输送机运行在一个固定、较低的工作速度上。

（10）电动机极数选择：H004—4 种选择：2、4、6、8。

（11）自整定选择：H001—可以设定整定时电动机运转或不运转。

00：自整定关闭。

01：自整定（旋转电动机）。

02：自整定（不旋转，测量电动机电阻和电感）。

（12）电动机容量选择：H003

9 种选择：0.2、0.4、0.75、1.5、2.2、3.7、5.5、7.5 和 11。

2. 基本功能设定

变频器的 3 种控制方式设定方法如下。

1）面板控制。这种方式通过变频器的操作键盘或变频器本身提供的控制参数来对变频器进行控制，具体操作步骤如下：

① 将参数 A01 设为“02”，A02 设为“02”。

② 改变参数 F01（变频器频率给定）的参数值来增加或减小给定频率。

③ 完成上述步骤后，变频器已经进入待命状态。按“RUN”键，电动机运转。

④ 按“STOP/RESET”键，电动机停止。

⑤ 设置参数 F04 的值为“00”（正转）或“01”（反转），可改变电动机的旋转方向。

⑥ 按“RUN”键，电动机运转，但旋转方向已经改变。

2）电位器控制。SJ100 日立变频器面板上配有调速电位器，可通过其旋钮来调节变频器所需要的指令电压，从而控制变频器的输出频率，改变电动机的运行速度。采用这种控制方式的具体操作步骤如下：

① 将参数 A01 设为“00”，A02 设为“02”，A04 设为“60”。

② 通过调节电位器来控制电动机的运行转速，将电位器旋过一定的角度。

③ 按“RUN”键，这时电动机应该可以旋转，通过改变电位器的旋转角度来改变变频器的输出频率，控制电动机的旋转速度。

3）外部端子控制。这里用数控系统作为外部端子控制的上位控制器，变频器上的频率给定与运行指令给定都是利用数控系统进行控制的，具体做法如下：

① 接通各部分电源。

② 参照手操键盘给定方式的步骤，将参数 A01 和 A02 均恢复为“01”（默认值）。

③ 通过 FANUC 的主轴控制命令控制变频器的运行。例如，在 MDI 方式下执行 M03S500，电动机就会以 500r/min 运转。

六、变频主轴不转的故障处理

1. 机械传动故障

检查传动带有无断裂或机床是否挂了空档。

2. 主轴的三相电源断相

用万用表检查电源，调换任两条电源线。

3. 数控系统的变频器控制参数未打开

进行数控系统参数设定。

1）3701#1（ISI）设定为 0；#4（SS2）设定为 0。

2）3716#0（A/S）设定为 0。

3）3717 设定为 1。

4）3736：主轴电动机的最高钳制速度。

5）3741：与齿轮 1 对应的各主轴的最大转速。

6）8133#5（SSN）：主轴的构成设定参数。

4. 系统与变频器的线路连接错误

参照图 2-41 所示系统与变频器的连线说明书，用万用表测定，确保连线正确。

5. 模拟电压输出不正常

用万用表检查系统输出的模拟电压（变频器为 O-L 端）是否正常；检查模拟电压信号线连接是否正确或接触不良，变频器接收的模拟电压是否匹配。

6. 强电控制部分断路或元器件损坏

检查主轴供电这一线路各触点连接是否可靠，线路有否断路，直流继电器是否损坏，熔断器是否烧坏。

7. 变频器参数未调好

变频器内含有控制方式选择，分为变频器面板控制主轴方式、NC系统控制主轴方式等。若不选择NC系统控制方式，则无法用系统控制主轴，修改这一参数，检查相关参数设置是否合理。数控系统控制属于外部控制模式，A01和A02均恢复为“01”（默认值）。

2.5.3　项目实施

1. 机械部分检查

通过观察，主轴机械部分无卡死现象。

2. 电气部分检查

1）用万用表交流电压档，测试变频器主回路输入电压及输出电压，发现无断相情况，将输出电压任两相颠倒，发现电动机仍然无法旋转。

2）用万用表直流电压档测试控制回路的24V电压，发现电压正常。

3）通过CNC操作面板操作或手动按主轴正转或反转按钮，指示灯亮，但是主轴不动，说明PMC的正、反转信号输入正常。在这两种情况下，用万用表直流电压档测试O-L端子，发现电压不为零，且在正常范围内，也是正常的。

3. 检查CNC与主轴相关参数

发现ISI=0，SS2=0，A/S=0，3717=1，SSN=1，说明CNC参数设置正常，模拟主轴已打开。

4. 检查变频器参数

发现A01和A02均恢复为“02”，属于面板控制模式，将这两个参数都恢复为“01”，重新上电启动，故障解除。

项目 3　进给轴无动作

3.1　项目引入

3.1.1　故障现象

某企业一台配备 FANUC 0i-MD 系统的机床出现故障，故障现象为正常使用加工中心加工工件时，由于突然停电，造成系统突然断电，电力恢复后，给加工中心按照规定顺序上电，数控系统正常启动，但 X 轴无法正常运行，驱动 X 轴运行的伺服电动机不转，屏幕出现“SV0401：X 轴伺服没有准备好”报警。

3.1.2　故障调查

报警状态下机床无法动作，根据报警信息“SV0401：X 轴伺服没有准备好”得出初步诊断结果：机床的 X 轴伺服进给系统出现故障。

3.1.3　维修前准备

1）机床 X 轴伺服进给系统的组成。

2）技术手册：参数手册、维修手册、操作手册等。

3）测量工具：万用表、示波器等。

4）拆装工具：螺钉旋具等。

3.2　项目分析

对机床 X 轴伺服进给系统故障的产生原因进行分析，首先需要明确数控机床伺服驱动系统的组成，才能进一步分析故障可能产生的位置。下面，将对数控机床伺服驱动系统的组成进行介绍。

3.2.1　数控机床伺服驱动系统的组成

金属切削数控机床的驱动系统包括伺服驱动系统和主轴驱动系统两大部分，如图 3-1 所示，伺服驱动系统用于刀具运动轨迹的控制，主轴驱动系统用于刀具或工件旋转的切削运动控制。

全功能数控系统的 CNC 需要实现实时监控、动态调整刀具的运动速度和位置，其坐标轴的位置、速度直接由 CNC 计算并输出给伺服驱动系统，进而产生相应的位移，因此两者密不可分。数控系统所发出的控制指令，是通过进给驱动系统来驱动机械执行部件，最终实现机床精确的进给运动的。数控机床的进给驱动系统是一种位置随动与定位系统，其作用是快速、准确地执行由数控系统发出的运动命令，精确控制机床进给传动链的坐标运动。它的

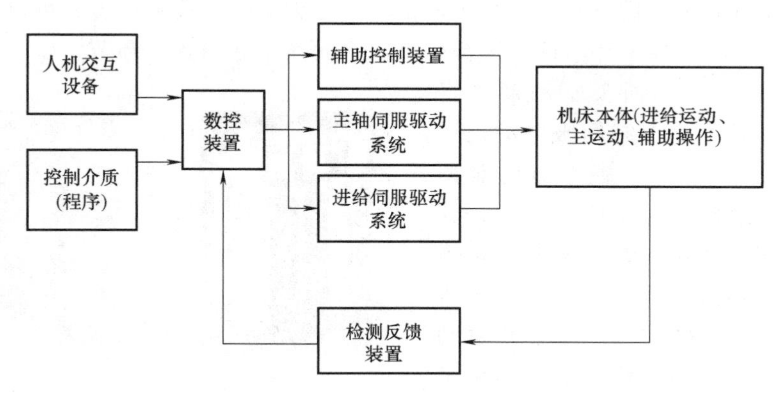

图 3-1 机床数控系统的组成

性能决定了数控机床的许多性能，如最高移动速度、轮廓跟随精度、定位精度等，并直接影响加工工件的精度。

为分析伺服驱动系统的组成，绘制如图 3-2 所示的数控机床进给驱动系统的一般结构图。由图可见，数控机床进给驱动系统由数控系统、伺服驱动器、伺服电动机、进给传动机构和检测反馈装置等组成。一般加工中心的数控系统（CNC 控制单元）根据待加工工件的信息或指令信息发出控制信号给伺服驱动器，CNC 与伺服连接采用的是 FSSB（FANUC Serial Servo Bus，FANUC 串行伺服总线）总线，其传输介质为光缆。驱动器对该指令信号进行运动控制解析，驱动信号功率放大器等将驱动信号输送至伺服电动机。伺服电动机在驱动信号驱动下由励磁作用产生磁场，进而产生旋转运动。通过机械结构使该旋转运动与其他轴配合运动，实现工件的加工。加工时由于受到加工力等的干扰，会导致进给传动机构（X 轴滑板）的输出位移以及电动机的转速与给定值不同，通过反馈检测环节测量电动机的转速或者 X 轴滑板的位移，并反馈回伺服驱动器或者 CNC 控制单元，形成半闭环或全闭环的反馈控制。

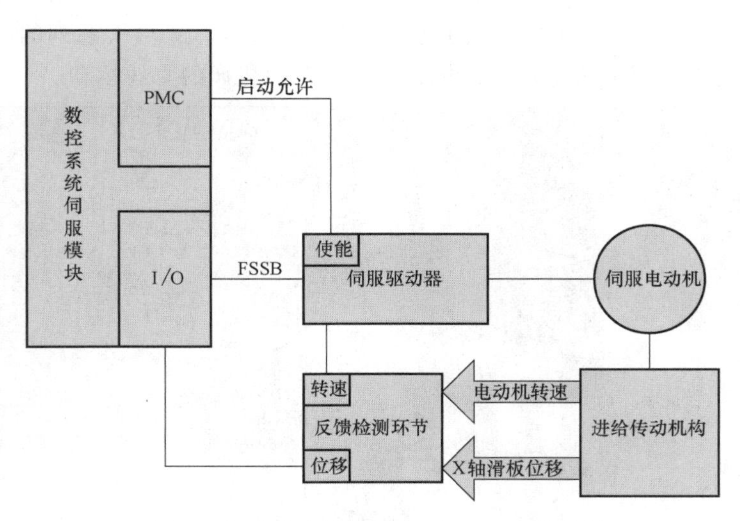

图 3-2 数控机床进给驱动系统的一般结构图

根据图 3-2 所示进给伺服系统的结构可以判断出，系统的各个环节互相影响，X 轴无法正常运行，故障可能出在进给驱动系统的各个环节。为了确定故障位置，可以按照驱动系统的结构图对驱动系统的各个环节逐一进行排查。下面简单介绍各个环节。

（1）伺服驱动器　伺服驱动器是将CNC的指令信号转换为控制伺服电动机运行的电压、电流信号的装置，全功能型CNC的位置、速度控制通过CNC实现，其伺服模块主要用于PWM信号放大和转矩控制，故又称为伺服放大器。如图3-3所示，FANUC的伺服驱动器有αi系列驱动器和βi系列驱动器。αi系列驱动器属于FANUC公司的高性能、标准驱动产品，驱动器采用了典型的模块化结构，由电源模块、伺服驱动模块、主轴驱动模块等组成，电源模块为公用，伺服驱动模块、主轴驱动模块可根据实际电动机的规格选用。βi系列驱动器属于FANUC公司的普及型驱动产品，从产品结构上分伺服驱动器和伺服/主轴一体型驱动器两大类，目前尚无独立的βi系列主轴驱动器器产品。βi伺服驱动器有单轴驱动、2轴驱动两种产品，其电源、驱动模块组合成一体，驱动器可独立安装。伺服/主轴一体型驱动器分2轴加主轴和3轴加主轴两种结构，驱动器的伺服、主轴、电源等控制电路采用一体化设计，整个驱动器为整体安装。

a)

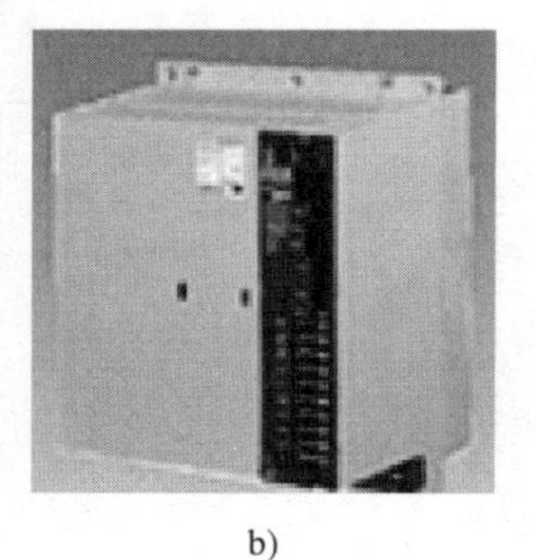
b)

图3-3　进给驱动系统的伺服驱动器
a）αi系列驱动器　b）βi系列驱动器

（2）伺服电动机　电动机是驱动系统的执行部件，驱动器与电动机都需要配套使用。按驱动元件不同，伺服系统可分为步进电动机驱动系统、直流伺服驱动系统和交流伺服驱动系统三大类。FANUC伺服驱动电动机主要有标准交流永磁同步电动机、转台直接驱动电动机和直线电动机三大类产品。图3-4所示为FANUC公司的标准伺服电动机系列，本书中所介绍的系统采用标准电动机驱动伺服进给系统，其具有结构简单、使用方便、制造成本低等一系列优点。与驱动器配套，FANUC的电动机也分为αi和βi两大系列的产品。伺服电动机需要通过滚珠丝杠螺母副将电动机的旋转运动转变为机床的直线运动。

图3-4　FANUC标准伺服电动机系列

（3）进给传动机构　伺服电动机输出的运动形式为转动，进给驱动系统需要的运动形式为直线运动，因此一般进给驱动系统都会配备进给传动的机械结构，用于将伺服电动机输出的转动转变为进给驱动系统需要的直线运动。大部分机床使用螺旋传动完成运动形式的转变。

数控机床常用滚珠丝杠螺母副完成螺旋传动，实现进给传动中运动和动力的传递。滚珠丝杠螺母副是保证进给精度的主要部件，其结构如图3-5所示。

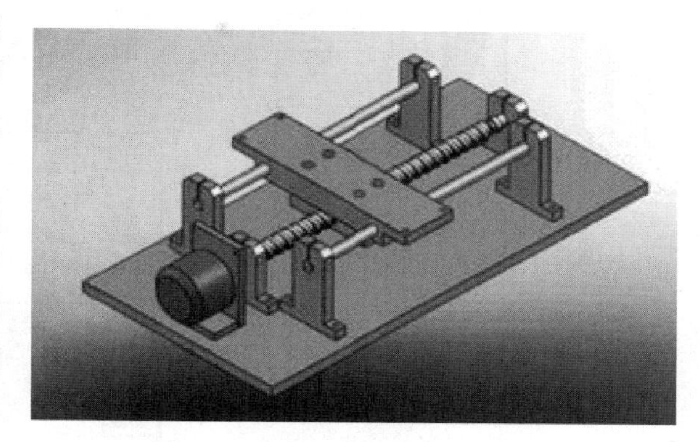

图3-5　滚珠丝杠螺母副的结构图

（4）检测反馈装置　检测反馈装置是数控机床中的伺服系统实现位置检测的装置，一般直线轴进给驱动系统采用直线光栅，回转轴驱动系统采用编码器，如图3-6所示。伺服驱动系统不仅可通过伺服电动机内置编码器构成半闭环系统，还可使用光栅尺、直接检测编码器构成全闭环系统。检测反馈装置一般用于实现伺服驱动系统的闭环或者半闭环反馈。普通的数控机床多使用半闭环反馈，精密或者高精密的数控机床一般使用全闭环反馈。一般FANUC公司会提供分离型检测单元，用于全闭环系统的检测反馈装置与数控系统的连接，它可以将光栅、编码器的检测信号转变为FSSB总线信号，传送到数控系统上，实现闭环位置、速度控制。

a)　　　　　　b)

图3-6　典型的检测反馈装置（光栅型）

a）测量直线位移的光栅　b）测量角度的旋转编码器

根据前面的介绍，机床的进给伺服系统是由数控系统、伺服驱动器、伺服电动机、进给传动机构和检测反馈装置等组成的。因此，如图3-7所示，X轴如果无法进给，可能是X轴进给伺服系统中的任何一个环节发生故障引起的，并且很难直接判断故障的位置。为了判断引起X轴无法正常动作的故障及其位置，可以对X轴的伺服进给系统进行排查。本项目以进给伺服系统为基础，在介绍相关知识的基础上，对进给伺服系统的各个部分进行分析和测试，判断各部分是否出现故障，最终实现故障的定位。

根据图3-7，一般数控机床伺服进给系统故障的诊断流程如图3-8所示，一般可以按照该流程对数控机床的伺服进给系统进行逐个的诊断及维修。数控系统的诊断维修一般遵循先机后电（即先机械环节再电气环节）的顺序进行故障排查。

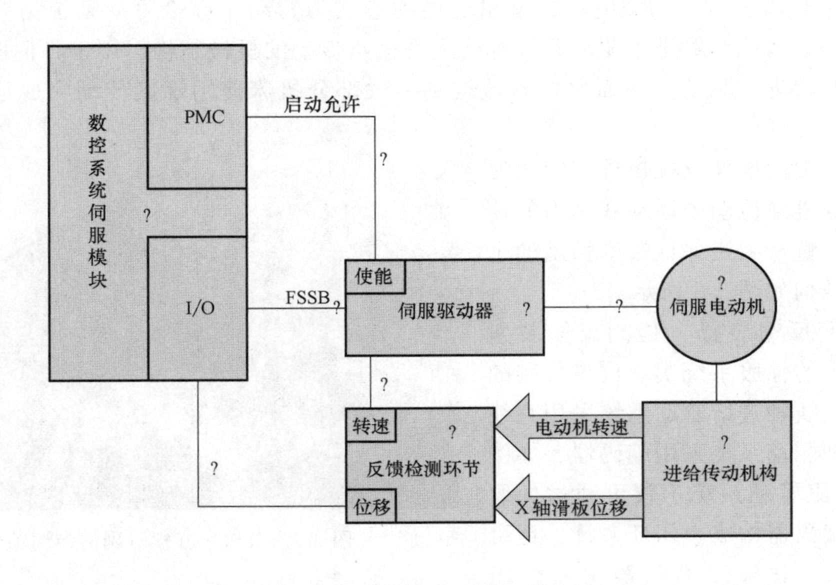

图 3-7 数控机床伺服进给系统的结构框图

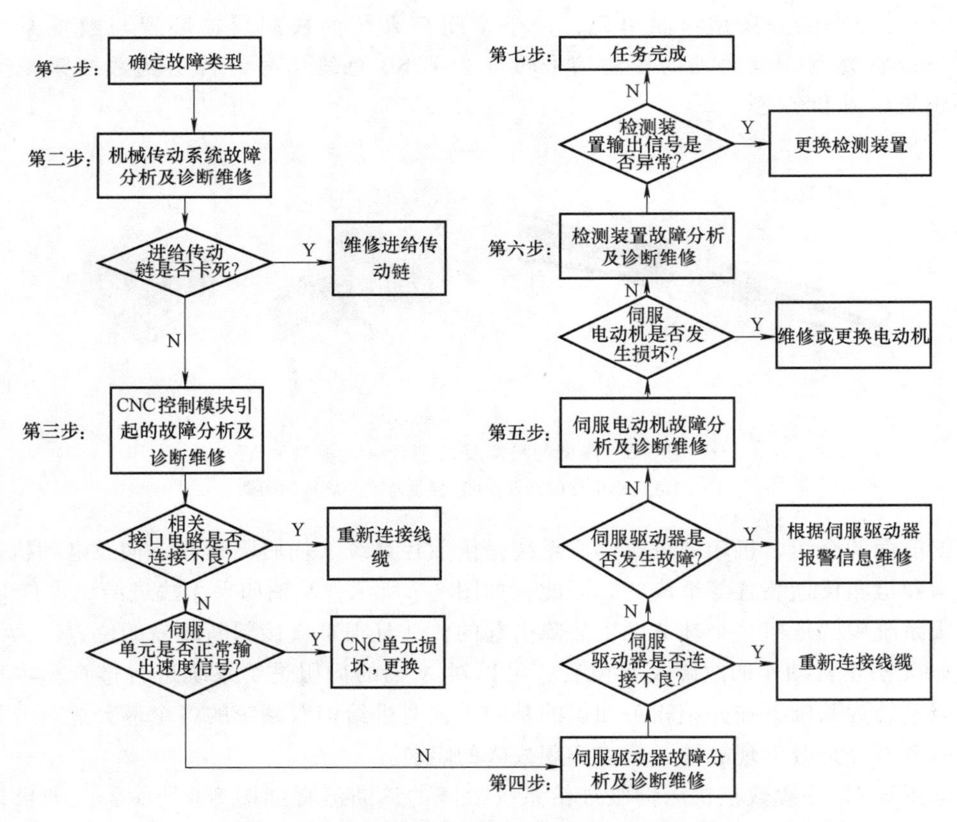

图 3-8 数控机床进给伺服系统故障诊断流程图

3.2.2 进给传动机构引起的故障分析

按照数控机床故障诊断的先机后电的一般原则，首先应诊断是否有机械故障。机床的进给伺服系统的进给传动机械结构由滚珠丝杠运动副、导轨副和联轴器三部分组成。一般机械结构的故障多是由于长时间运行或者误操作造成运动副的损伤或损坏引起的。本次故障中机床的 X 轴伺服进给系统无法动作，如果机械结构发生故障，引起故障的原因可能是机械结构发生了卡死。

一、进给传动机构的组成

数控机床的进给系统由进给驱动系统和进给传动系统两大部分构成。其中进给传动系统由伺服电动机及检测元件、传动机构、运动变换机构、导向机构、执行元件等组成。常用的传动机构有联轴器、一到两级传动齿轮和同步带，运动变换机构有丝杠螺母副、蜗杆蜗轮副、齿轮齿条副等，导向机构有滑动导轨、液动导轨、静压导轨、轴承等。数控机床的进给传动系统的任务是实现执行机构（刀架、工作台等）的运动。大部分数控机床的进给系统是由伺服电动机经过联轴器与滚珠丝杠直接相连，然后由滚珠丝杠螺母副驱动工作台运动的，其机械结构比较简单，如图 3-9 所示。数控机床进给系统中的机械传动装置和元件具有高寿命、高刚度、无间隙、高灵敏度和低摩擦阻力等特点。数控机床进给传动系统中的机械结构一般由滚珠丝杠螺母副和导轨副组成。

1. *滚珠丝杠螺母副*

滚珠丝杠螺母副是在丝杠和螺母之间以滚珠为滚动体的螺旋传动元件。它将电动机的旋转运动转变为直线运动。

滚珠丝杠螺母副主要由丝杠、螺母、滚珠、滚道组成，如图 3-10 所示。滚珠丝杠螺母副的工作原理：在丝杠和螺母上加工有弧形螺旋槽，当它们套装在一起时形成螺旋滚道，在滚道内装满滚珠，当丝杠相对于螺母旋转时，滚珠在封闭滚道内沿滚道滚动，迫使螺母轴向移动，从而实现将旋转运动转变成直线运动，即丝杠和螺母发生轴向位移，而滚珠则沿着滚道滚动。

图 3-9 数控机床进给传动系统的实物图

图 3-10 滚珠丝杠螺母副实物图

2. 导轨副

导轨副是机床的重要部件之一，它在很大程度上决定了数控机床的刚度、精度和精度保持性。数控机床导轨必须具有较高的导向精度、高刚度、高耐磨性，机床在高速进给时应不振动、低速进给应不爬行。目前数控机床使用的导轨副主要有3种：滑动导轨、滚动导轨和液体静压导轨。其中：

（1）滑动导轨　图3-11所示为滑动导轨，具有摩擦特性好、耐磨特性好、运动平稳、工艺性好、速度较低等特点。数控机床所使用的滑动导轨材料为铸铁对塑料或镶钢对塑料滑动导轨。其中塑料常用聚四氟乙烯导轨软带和环氧型耐磨导轨图层。

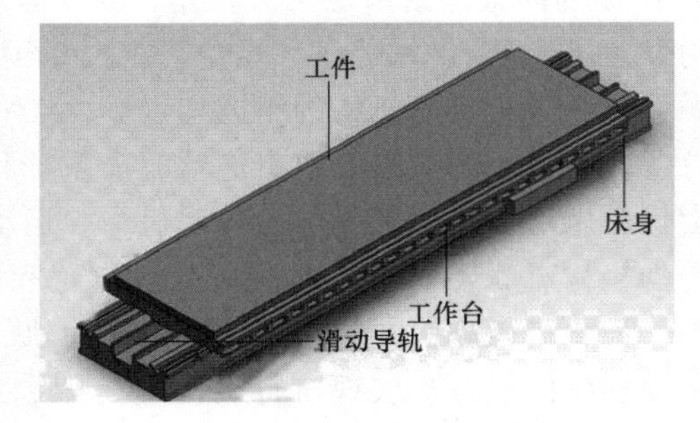

图3-11　滑动导轨

（2）滚动导轨　图3-12所示为滚动导轨，滚动导轨作为滚动摩擦副的一类，具有摩擦因数小、阻力小、精度高、寿命长、润滑方便等特点，因此被广泛应用于精密机床、数控机床、测量机和测量仪器上。滚动导轨的主要缺点是抗冲击载荷的能力较差，且对灰尘、屑末等较敏感，应有良好的防护罩。

（3）液体静压导轨　液体静压导轨是将具有一定压力的油液经节流器输送到导轨面的油腔中，形成承载油膜，将相互接触的金属表面隔开，实现液体摩擦。这种导轨的摩擦因数小，机械效率高；由于导轨面间有一层油膜，吸振性好；导轨面不相互接触，不会磨损，寿命长，而且在低速下运行也不易产生爬行。但液体静压导轨结构复杂，制造成本较高。液体静压导轨按导轨形式可分为开式和闭式两种，按供油方式分为恒压（即定压）供油和恒流（即定量）供油两种。

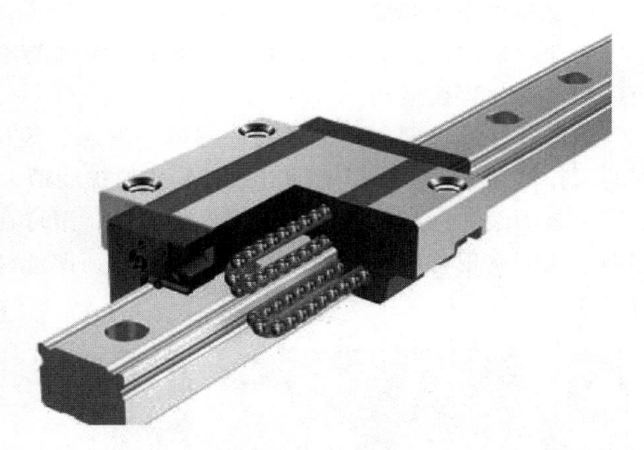
图3-12　滚动导轨

3. 联轴器

当电动机与丝杠直接连接时，使用联轴器。图3-13所示为不同类型的联轴器。联轴器是将两轴轴向连接起来并传递转矩及运动的部件，具有一定的补偿两轴偏移的能力。为了减小机械传动系统的振动、降低冲击尖峰载荷，联轴器还应具有一定的缓冲减振性能，有时也兼有过载安全保护作用。

联轴器种类很多，根据其内部是否包含弹性元件，可分为刚性联轴器与弹性联轴器两大类。刚性联轴器根据其结构特点可分为固定式与平移式两类。常见的固定式刚性联轴器有套筒联轴器、凸缘联轴器和夹壳联轴器等；平移式刚性联轴器有齿轮联轴器、十字滑块联轴器和万向联轴器等。前者没有补偿偏移的能力，后者利用某些元件间的相对运动来补偿两轴的偏移。通常，平移式刚性联轴器补偿能力高于弹性联轴器，但无吸收振动、缓和冲击的能力，结构简单，价格便宜。只有在载荷平稳、转速稳定、能保证被连接两轴轴线相对偏移极小的情况下，才可选用刚性联轴器。弹性联轴器有弹性元件，故能吸收振动、缓和冲击，同时也可利用弹性变形不同程度地补偿两轴线可能发生的偏移。根据弹性元件的材料性质，弹性联轴器可分为金属弹性联轴器和非金属弹性联轴器。常见的金属弹性联轴器有簧片联轴器、膜片联轴器和波纹管联轴器等，常见的非金属弹性联轴器有轮胎式联轴器、整圈橡胶联轴器和橡胶块联轴器等。非金属弹性联轴器在转速不平稳时有很好的缓冲减振性能，但由于非金属（橡胶、尼龙等）弹性元件强度低、寿命短、承载能力小、不耐高温和低温，故适用于高速、轻载和常温的场合；金属弹性联轴器除了具有较好的缓冲减振性能外，承载能力较强，适用于速度和载荷变化较大及高温或低温场合。

图 3-13　不同类型的联轴器

选择联轴器主要考虑所需传递轴转速的高低、载荷的大小、被连接两部件的安装精度、回转的平稳性、价格等，具体选择时可考虑以下几点。

（1）转矩　转矩较大时，选择刚性联轴器或有金属弹性元件的弹性联轴器；有冲击振动时，选有弹性元件的弹性联轴器。

（2）转速　转速较大时，选择有非金属弹性元件的弹性联轴器。

（3）对中性　要求对中性好，选刚性联轴器，需补偿时选弹性联轴器。

（4）装拆　考虑装拆方便，选可直接径向移动的联轴器。

（5）环境　若在高温下工作，不可选有非金属元件的联轴器。

（6）成本　同等条件下，尽量选择价格低、维护简单的联轴器。

二、进给传动机构常见机械故障分析

进给传动机构是由多个机械结构组成的，表 3-1、表 3-2 分别列举了丝杠、导轨等在使用过程中常见的故障、故障原因及维修方法。

表 3-1 滚珠丝杠常见故障、故障原因及维修方法

故障现象	故障原因	维修方法
滚珠丝杠副噪声	丝杠支承轴承的压盖压合情况不好	调整轴承压盖，使其压紧轴承端面
	丝杠支承轴承可能破裂	如轴承破损，更换新轴承
	电动机与丝杠联轴器松动	拧紧联轴器，锁紧螺钉
	丝杠润滑不良	改善润滑条件，使润滑油量充足
	滚珠丝杠副滚珠有破损	更换新滚珠
滚珠丝杠运动不灵活	轴向预加载荷过大	调整轴向间隙和预加载荷
	丝杠与导轨不平行	调整丝杠支座位置，使丝杠与导轨平行
	螺母轴线与导轨不平行	调整螺母座位置
	丝杠弯曲变形	调整丝杠
	丝杠副润滑不良，噪声较大	用润滑脂润滑丝杠，需移动工作台，取下罩套，涂上润滑脂

表 3-2 导轨常见故障、故障原因及维修方法

故障现象	故障原因	维修方法
导轨研伤	机床经长时间使用，地基与床身水平度有变化，使导轨局部单位面积负荷过大	定期进行床身导轨的水平度调整，或修复导轨精度
	长期加工短工件或承受过分集中的负荷，使导轨局部磨损严重	注意合理分布短工件的安装位置，避免负荷过分集中
	导轨润滑不良	调整导轨润滑油量，保证润滑油压力
	导轨材质不佳	采用电镀加热自冷淬火对导轨进行处理，导轨上增加锌铝铜合金板，以改善摩擦情况
	刮研质量不符合要求	提高刮研修复的质量
	机床维护不良，导轨里落入脏物	加强机床保养，保护好导轨防护装置
导轨上移动部件运动不良或不能移动	导轨面研伤	用 F180 砂纸修磨机床与导轨面上的研伤
	导轨压板研伤	卸下压板，调整压板与导轨间隙
	导轨镶条与导轨间隙太小，调得太紧	松开镶条防松螺钉，调整镶条螺栓，使运动部件运动灵活，保证 0.03mm 的塞尺无法塞入，然后锁紧防松螺钉
加工面在接刀处不平	导轨直线度超差	调整或修刮导轨，公差为 0.015mm/500mm
	工作台镶条松动或镶条弯度太大	调整镶条间隙，镶条弯度在自然状态下小于 0.05mm/全长
	机床水平度超差，使导轨发生弯曲	调整机床安装水平度，保证平行度、垂直度误差在 0.02mm/1000mm 之内

经过机械部件的检验及排查，未发现相应的故障，故进行数控系统引起的故障分析。

3.2.3　数控系统（CNC控制单元）引起的故障分析

数控机床突然断电，数控系统的X轴伺服模块可能受到电泳冲击导致伺服模块发生损坏。如果伺服模块损坏，数控系统的CNC控制单元无法正常通过其伺服模块输出正确的控制信号，将会导致系统发生故障。为了分析数控系统可能出现的故障，首先对数控系统的基本知识进行学习。通过数控系统组成、工作原理等的学习判断该故障是否是由数控系统引起的。

一、数控系统硬件配置

1. 数控系统的硬件组成

数控系统中的控制单元是数控装置，数控装置就是一个专用计算机，包括主板和I/O板两部分，两部分并排插在系统框架内。根据系统的功能，主板上还可安装存储板、PMC控制模块、轴模块等基本配置及DNC、HSSB、PROFIBUS等选件。主板主要包括主CPU、存储器模块、PMC控制模块、伺服控制模块以及主轴模块等。I/O单元提供与机床的I/O接口、手轮接口、以太网的数据服务接口。图3-14所示为数控系统硬件组成。

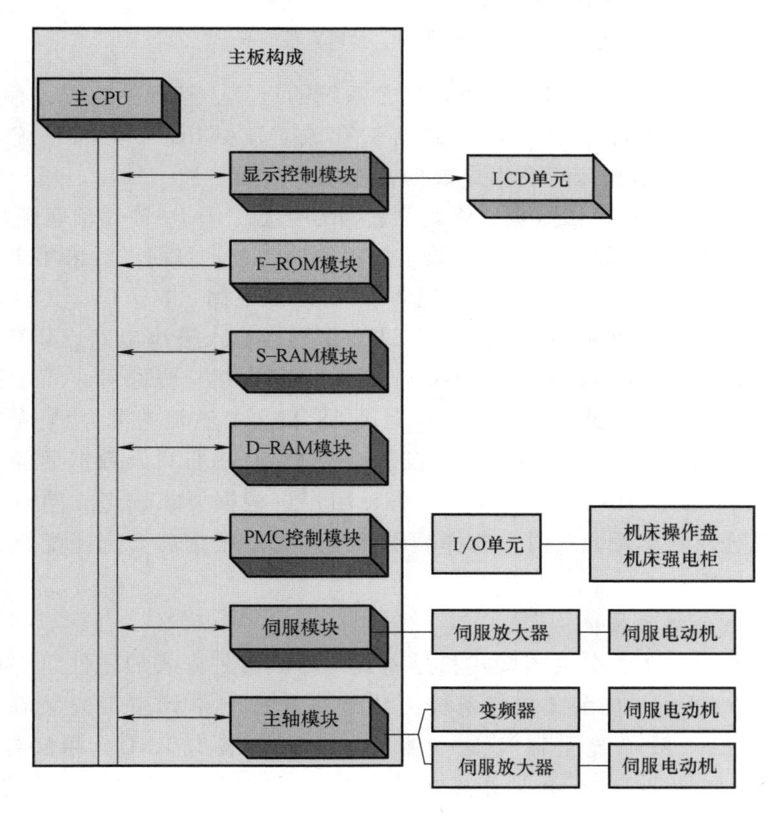

图3-14　数控系统硬件组成

2. 控制单元组成

不同数控系统的控制单元（CNC单元）组成基本相同，FANUC 0i系统CNC单元按LCD显示屏与CNC单元是否分离，分为内装式和分离式，如图3-15所示。CNC单元硬件配置，有主板、存储器板、I/O 板、伺服轴控制板和数控电源板等。

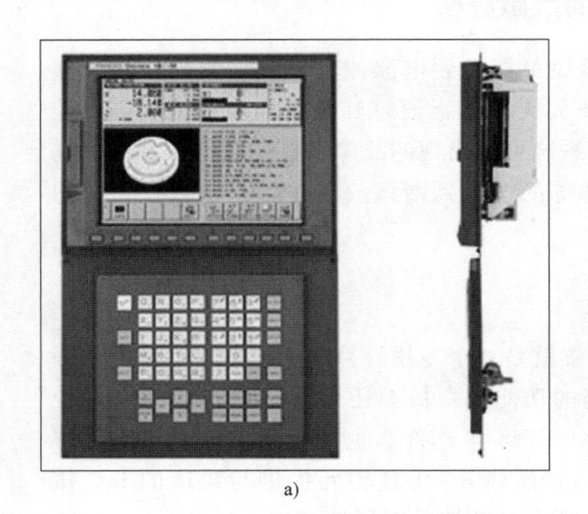
a)

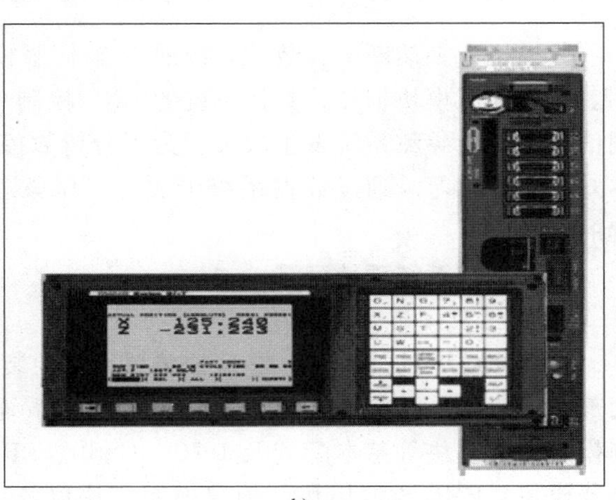
b)

图 3-15　内装式和分离式 CNC 单元外部形状
a）内装式 CNC 单位　b）分离式 CNC 单元

控制单元中电路板的用途：CPU，负责整个系统的运算、管理控制等；存储器 F-ROM、S-RAM、D-RAM，其中 F-ROM（只读存储器）存放着 FANUC 公司的系统软件，S-RAM（静态随机存储器）存放着机床厂及用户数据，如系统参数、加工程序、用户宏程序、PMC 参数、刀具补偿及工件坐标补偿数据、螺距误差补偿数据，D-RAM（动态随机存储器）为工作存储器，在控制系统中起缓存作用；数字伺服轴控制卡，目前广泛采用全数字伺服交流同步电动机控制，简称轴控制卡；主板，包含 CPU 外围电路、I/O Link（串行输入输出转换电路）、数字主轴电路、模拟主轴电路、RS232-C 数据输入输出电路、MDI（手动数据输入）接口电路、High Speed Skip（高速输入信号）、闪存卡接口电路等；显示控制卡，含有子 CPU 以及字符图形处理电路；电源，主要提供 5V 和 24V 直流电源，5V 直流电源用于各板的供电，24V 直流电源用于单元内继电器控制，RS232-C 串行口及数据通信。除上述这些板外，还有图形控制板、PMC（即 PLC）板等，用户可根据要求选订。同时为增加系统功能，FANUC 0i 系统控制单元上有两个选择插槽，用户可以根据需要选择配置，如串行通信板（DNC2）、网卡等。

3. FANUC 0i 控制单元接口

FANUC 0i 系统从外形上分为内装式和分离式两种，两种方式的硬件组成相同，功能也基本相同。图 3-15a 所示为内装式数控系统，就是系统控制单元主板安装在显示器背面，控制单元与显示器（液晶显示器）是一体的，主板上装有 CPU、存储器（F-ROM 和 RAM）、轴卡等，如图 3-16 所示。分离式控制单元的控制单元与显示器是分离的，显示器可以是 CRT 显示器也可是液晶显示器。内装式系统体积小，分离式系统使用更灵活些，如大型龙门镗铣床的显示器需要安装在吊挂上，控制单元适宜安装在控制柜中，显然分离式系统更适合。分离式控制单元的主板构成与内装式数控系统相同，但二者的外接端子会有差异，如图 3-17 所示，在实际使用时应该根据机床配套的数据手册查询，判断其接口位置。

图 3-16 CNC 控制单元的主板

图 3-17 CNC 控制单元的接口

二、数控系统硬件常见故障分析

如果数控系统硬件出现故障，数控系统通常无法正常启动，或者相应模块无法输出正常的控制信号。本项目中的数控系统正常启动了，且加工中心的 Z 轴和 Y 轴可以正常运行，因此数控系统中主 CPU 及各个模块硬件未损坏。

3.2.4 伺服驱动器引起的故障分析

伺服驱动器是将 CNC 的指令信号转变为控制伺服电动机运动的电压、电流信号的装置。FANUC 0i-MD 可以配备的伺服驱动器有 αi 和 βi 系列两种。

一、数控系统的伺服驱动器

1. 伺服驱动器简介

（1）αi 伺服驱动器　αi 系列驱动器采用模块化结构，由电源模块（Power Supply Module，简称 PS 或 PSM）、伺服模块（Servo Amplifier Module，简称 SV 或 SVM）和主轴模块（Spindle Amplifier Module，简称 SP 或 SPM）组成。作为驱动器的附件，还可根据需要选择电源变压器、滤波电抗器等。

1）电源模块：电源模块的作用是为主轴、伺服驱动模块的逆变主电路提供公共的直流母线电压。它主要由整流主电路、直流母线电压控制电路等组成。αi 系列驱动器的电源模块分为电阻放电模块和回馈放电模块：电阻放电模块直接利用制动电阻消耗电动机制动能量；回馈放电模块可将制动能量回馈到电网。

2）伺服模块：全功能型 CNC 的位置、速度控制通过 CNC 实现，其伺服模块主要用于 PWM 信号放大和转矩控制，故又称伺服放大器。αi 系列驱动器的伺服模块主要由逆变主电路、控制电路、电枢电压和电流调节电路、坐标转换与矢量控制电路等组成。根据控制轴数，伺服模块可选择单轴、2 轴或 3 轴驱动模块。

3）主轴模块：αi 系列主轴模块用于 FANUC 主电动机控制，其结构与伺服模块类似。主轴模块可选择单传感器输入（one spindle sensor input，A 型）和双传感器输入（two spindle sensor input，B 型）两类。A 型模块只可连接一个位置/速度检测编码器，B 型模块可同时连接两个位置/速度检测编码器。

4）驱动器附件：αi 系列驱动器的附件主要包括交流电感器（AC Reactor）、滤波器（Line Filter）、电源变压器、制动电阻、主/从模块和接触器单元、断路器、电缆、浪涌吸收器等。其中，制动电阻、主/从模块和电缆需要根据主轴的功能需要选用；电源变压器、接触器单元、断路器等一般由用户自行选配。交流电感器和滤波器的作用相似，主要用于电源模块的进线滤波，以减缓电网对驱动器的冲击，并防止驱动器整流、逆变引起的电网畸变。交流电感器与滤波器一般由 FANUC 公司配套提供，用户只需要根据电源模块的功率直接选用。

FANUC 0i-MD 的数控系统连接方式由于采用了网络控制技术和集成式结构，与伺服驱动、主轴驱动、I/O 单元的连接都可以通过总线进行，因此数控系统单元的连接比较简单。但是 FANUC 数控系统的伺服驱动器分为 αi 系列驱动器和 βi 系列伺服驱动器，两种伺服驱动器的连接方式各不相同。

（2）βi 驱动器　βi 系列驱动器是 FANUC 公司生产的经济型驱动产品，可用于普及型数控机床的基本坐标轴控制或高性能机床的机械手、传送装置等辅助控制，由于产品性价比较高，故在中低档数控机床上应用较广。FANUC 0i-MD 一般只能选配 βi 系列驱动器，FANUC 0i-MD/0iTD 也可选配 βi 系列驱动器。根据驱动器结构，βi 系列驱动器有伺服驱动和伺服轴/主轴一体型驱动两类产品，目前尚无独立的主轴驱动器。伺服驱动有单轴、2 轴两种产品，其电源、驱动模块合一，驱动器可独立安装。伺服/主轴一体型驱动有 2 轴伺服加主轴和 3 轴伺服加主轴两类产品，其伺服、主轴等控制电路为一体化设计，驱动器为整体安装。βi 单轴伺服驱动有 200V 输入标准型和 400V 输入 HV 型两种规格可供选择，并分为带 FSSB 网络控制型和 I/O Link 网络控制型两类，前者可通过 FSSB 总线连接到 CNC，作为 CNC 的基本坐标轴驱动，后者可通过 I/O Link 总线连接到 PMC，作为 PMC 控制的辅助轴驱动。但是，βi 多轴伺服驱动和伺服轴/主轴一体型驱动目前只有 200V 输入、FSSB 总线控制型，故暂时只能用于 CNC 基本坐标轴控制。伺服/主轴一体型驱动有 2 轴伺服加主轴和 3 轴伺服加主轴两类，并分标准电动机驱动的 βiSVSP 型和经济型电动机驱动的 βiSVSPc 型两个系列，目前都只有 200V 输入、FSSB 接口的标准型产品。标准驱动可配套 βi、αi 系列标准伺服电动机和主轴电动机；经济型驱动是 FANUC 新开发的产品，只能选配 βiSc 系列经济型伺服电动机和 βiIc 系列经济型主电动机，多用于配套 FANUC 0i-MD 的普及型机床。

βi 伺服驱动：200V 输入标准型 βi 伺服驱动时 FANUC 0i-MD 常用的配套产品，有 200V 标准型和 400V 高电压型（HV 型）可供选择，使用时可根据需要具体选择。

βiSVSP 驱动器：βiSVSP 伺服/主轴一体标准型驱动只有带 FSSB 接口的基本坐标轴驱动产品，目前只有 200V 输入标准型。

βiSVSPc 经济型驱动：βiSVSPc 伺服/主轴一体经济型驱动器可由用户根据自身的要求及产品的规格表选择。

驱动器附件：与 αi 系列驱动器一样，βi 系列驱动器也需要选用交流电感器或滤波器用于进线滤波，伺服驱动器配套的交流电感器、滤波器也有其规格表。为了保证驱动器的散热，βi 系列伺服驱动器还需要配套风机单元，以完成散热任务。

2. 伺服驱动器的硬件连接

分析了伺服系统的工作原理之后，本节将对伺服系统的硬件进行介绍。FANUC 0i-MD 系统采用的是 βiS 系列的伺服单元，它是 FANUC 公司推出的最新的可靠性高、性价比高的进给伺服驱动装置，一般用于小型数控机床进给轴的伺服驱动及大中型加工中心数控机床的附加伺服轴驱动。

（1）βiS 系列伺服单元端子的功能

L1、L2、L3：主电源输入端接口，三相交流电源 200V、50Hz/60Hz。

U、V、W：伺服电动机的动力线接口。

CX3：主电源 MCC 控制信号接口。

CX4：急停信号（*ESP）接口。

CXA2C：DC24V 电源输入。

COP10B：伺服高速串行总线（HSSB）接口。

CX5X：绝对脉冲编码器电池。

JF1：脉冲编码器，L 轴。

JF2：脉冲编码器，M 轴。

JF3：脉冲编码器，N 轴。

JX6：后备电池模块。

JY1：负载表、速度表、模拟倍率。

JA7A：主轴接口输出。

JA7B：主轴接口输入。

JYA2：主轴传感器，Mi、Mzi。

JYA3：α 位置编码器，外部一转信号。

JYA4：未使用。

TB3：DC Link 接口端子。

TB1：主电源接线端子板。

CZ2L：伺服电动机动力线，L 轴。

CZ2M：伺服电动机动力线，M 轴。

CZ2N：伺服电动机动力线，N 轴。

TB2：主轴电动机动力线。

（2）βis 系列伺服单元的连接　下面以 FANUC 0i-MD 系统数控机床为例，说明 βis 伺服单元的连接，其连接图如图 3-18 所示。

380V 动力电源经过伺服变压器转变成 200～240V 电源后分别连接到 X 轴、Y 轴、Z 轴伺服单元的 L1、L2、L3 端子，作为伺服单元主电路的输入电源。外部 24V 直流稳压电源连接到伺服单元的 CXA2C。JF1 连接到相应的伺服电动机内装编码器的接口上，作为 X 轴、Y 轴、Z 轴的速度和位置反馈信号控制。

二、伺服驱动器的一般故障及故障诊断方法

伺服驱动器引起的故障主要有：首先，伺服驱动器如果不满足启动条件，即伺服驱动器使能端不使能，则电动机无法启动，此时需要打开 PLC 梯形图分析启动条件；其次，数控系统与伺服驱动器的连接可能会因电压突增或电流浪涌等导致连接线损坏，产生故障；第三，由于伺服驱动器电源连接不正常或其本身损坏，伺服驱动器无法正常输出驱动信号，电动机无法正常工作；第四，伺服电动机发生故障，相应轴对应的进给伺服系统无法正常工作。

FANUC 公司的伺服驱动器本身可以根据自身的状态利用报警指示灯和报警状态显示数

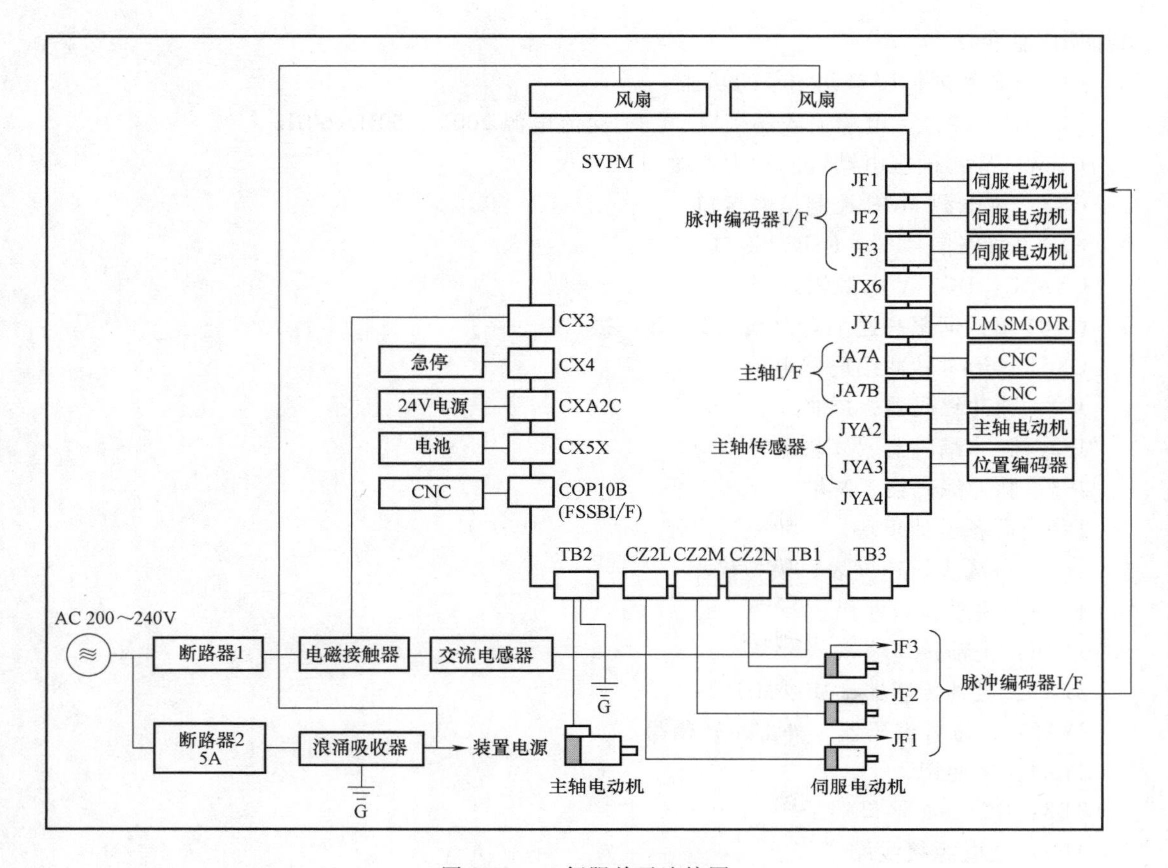

图 3-18　βi 伺服单元连接图

码管显示伺服驱动器的故障信息。αi 系列伺服驱动器与 βi 系列伺服驱动器的模块组成不同，因此其报警显示也有一定的区别。

1. αi 系列伺服驱动器的报警诊断

αi 系列伺服驱动器由电源模块、伺服模块、主轴模块等组成。当伺服驱动器发生故障时，对应的模块会有自身的报警指示灯或者报警状态数码管显示，在对伺服驱动器进行故障诊断时，需要根据报警灯的显示情况，对应查询故障。

（1）电源模块　模块指示灯：FANUC αi 系列驱动器采用的是模块式结构，主轴和伺服驱动共用电源模块。驱动器电源模块的正面安装有电源（PIL）、报警（ALM）两只状态指示灯和一只 7 段数码管，用来显示电源模块的工作状态或报警号。PIL 灯为电源模块的 DC 控制电源指示。模块正常工作时 PIL 灯亮，代表模块内部的 DC5V 电压正常；PIL 灯不亮，表明电源模块控制电源回路不良。当机床启动后，PIL 灯不亮，可能的原因如下：①电源模块插接器 CXIA 的 AC200V 控制电源未加入，或 CXIA 的连接错误、安装或插接不良；②电源模块内部的熔断器 F1、F2 熔断；③驱动器 DC24V 电源短路，此时应检查驱动器控制总线 CXA2A、CXA2B 及急停输入 CX4 的 DC24V 连接；④电源模块控制电路内部故障，或伺服、主轴模块的 DC24V 电源回路故障。

ALM 灯为电源模块报警指示，ALM 灯亮，代表电源模块存在故障，故障原因可以通过模块 7 段数码管进行显示。

（2）伺服模块

1）状态显示。αi 系列驱动器的伺服模块安装有一只 7 段数码管，用于伺服模块的报警和工作状态显示。如伺服驱动模块在通电后无任何显示，表明模块控制电源存在故障，可能的原因如下：

① 驱动器控制总线 CXA2A/CXA2B 连接错误或未连接；CXA2A/CXA2B 连接线断或插接不良。

② 伺服模块内部熔断器 F1 熔断。

③ 伺服模块内部控制电路故障。

伺服模块数码管显示所代表的含义及常见的原因见表 3-3。

表 3-3　伺服模块数码管显示所代表的含义及常见的原因

数码管显示	含义	原因
—	伺服模块未准备好	电源模块的主电源未接通，或电源模块 CX4 上的急停输入触点断开
—（闪烁）	控制电源异常	1）电动机反馈连接错误或不良；2）控制总线不良；3）伺服模块或伺服电动机不良
0	伺服模块准备好	伺服模块处于正常工作状态，逆变管开放
1	风扇电动机报警	1）风扇电动机不良或风扇电动机连接不良；2）伺服模块不良
2	DC24V 电压过低	1）控制总线 CXA2A/CXA2B 连接不良；2）电源控制电压过低或 CX1A 连接、安装不良；3）伺服模块不良
5	直流母线电压过低	1）模块直流母线连接不良；2）主电源输入电压过低、断相或瞬间中断；3）伺服模块不良
6	伺服模块过热	1）风扇电动机不良、环境温度过高或模块污染导致散热不良；2）模块容量过小；3）长时间过载工作或加减速过于频繁；4）温度传感器或伺服模块不良
F	风扇电动机故障	1）驱动器风扇电动机不良；2）风扇电动机安装或连接不良
P	模块内部通信出错	1）控制总线 CXA2A/CXA2B 连接不良；2）伺服模块不良
8	直流母线过电流	伺服电动机不良、电枢对地短路或相间短路
b	L 轴电动机过电流	1）对应轴伺服电动机不良，电枢对地短路或相间短路；2）电枢连接相序错误；3）功率模块或控制板不良；4）电动机代码、伺服参数设定错误
C	M 轴电动机过电流	
d	N 轴电动机过电流	
8	L 轴 IPM 模块过热	1）对应轴伺服电动机不良，电枢对地短路或相间短路；2）电枢连接相序错误；3）功率模块或控制板不良；4）电动机过载、加减速过于频繁；5）环境温度过高或模块散热不良
9	M 轴 IPM 模块过热	
A	N 轴 IPM 模块过热	
U	FSSB 总线 COP10B 通信出错	FSSB 光缆 COP10B 连接不良 伺服模块、CNC 或上一模块光缆接口不良
L	FSSB 总线 COP10B 通信出错	FSSB 光缆 COP10A 连接不良 伺服模块、下一模块光缆接口不良

2）伺服调整界面诊断。当 CNC 发生伺服报警或驱动器故障时，除了利用以上模块状态指示进行故障诊断外，还可通过 CNC 的伺服调整界面进行故障诊断，方法如下：

① 按 MDI 面板的功能键［SYSTEM］选择系统显示模式。

② 按功能扩展软键，使 LCD 显示功能软键［伺服设定］（或［SV 设定］）。

③ 按功能软键［伺服设定］（或［SV 设定］）选择伺服调整和设定界面。

④ 按［伺服调整］（或［SV 调整］）功能软键，LCD 将显示图 3-19 所示的伺服调整界面。

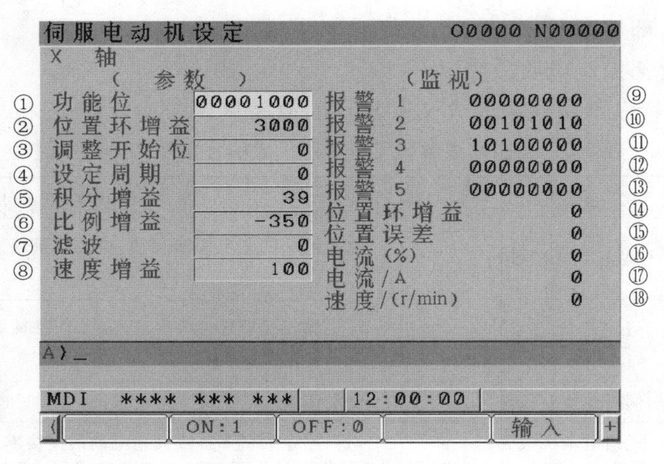

图 3-19 伺服调整界面

注：电流（%）：以相对电流额定值的百分比表示电流值。

如图 3-20 所示，伺服调整界面分为伺服参数（参数）和监控信息（监视）显示两个区域。伺服参数区用于伺服功能位、位置环增益等重要伺服参数的设定和显示；监控信息区为伺服报警、实际位置环增益、位置误差、电流、速度等的监控显示。

FANUC 0i-MD 的伺服报警显示为 5 字节，每一个二进制位均代表了不同的伺服故障。伺服调整界面的报警 1 ~报警 5 显示的含义和 CNC 诊断参数 DGN0200~ DGN0204 完全相同，两者一一对应，有关内容可见表 3-4。

表 3-4 CNC 诊断参数

诊断参数	位(bit)	代号	作用与意义
DGN0200	7	OVL	驱动器过载
	6	LV	驱动器输入电压过低
	5	OVC	驱动器过电流
	4	HCA	驱动器电流异常
	3	HVA	驱动器过电压
	2	DCA	驱动器放电回路故障
	1	FBA	编码器连接不良
	0	OFA	计数器溢出
DNG0201	7	ALD	电动机过热或编码器连接不良
	6	PCR	已检测到编码器零脉冲,手动回参考点允许
	5	EXP	分离型位置编码器不良

（续）

诊断参数	位(bit)	代号	作用与意义
DGN0202	6	CSA	编码器硬件故障
	5	BLA	电池电压过低警示
	4	PHA	编码器技术信号不正确，编码器或反馈连接不良
	3	RCA	编码器速度反馈信号不良，零脉冲信号故障
	2	BZA	编码器电池电压为 0
	1	CKA	编码器无信号输出
	0	SPH	编码器计数信号不良，编码器或反馈连接不良
DGN0203	7	DTE	编码器通信不良，无应答信号
	6	CRC	编码器通信不良，数据校验出错
	5	STB	编码器通信不良，停止位出错
	4	PRM	驱动器参数设定错误，见 DGN0352
DGN0204	6	OFS	驱动器电流 A-D 转换出错
	5	MCC	驱动器主接触器不能正常断开
	4	LDA	编码器光源不良
	3	PMS	编码器故障或反馈连接不良

2. βi 伺服驱动器的故障诊断

βi 系列驱动器有伺服驱动器和伺服/主轴集成驱动器两类，驱动器的故障诊断与处理方法与 αi 系列驱动器类似，简介如下。

(1) 伺服驱动器　βiSV 系列伺服驱动器安装有电源（POWER）、报警（ALM）、总线通信（uNK）三个状态指示灯，ALM 灯亮代表驱动器故障，其常见原因见表 3-5。

表 3-5　βiSV 系列伺服驱动器故障原因

序号	含义	备　注
1	控制电源异常或连接错误	1)电动机连接错误或连接不良;2)伺服模块或伺服电动机损坏
2	驱动器过热	1)驱动器风扇电动机不良、风扇电动机连接不良;2)伺服控制板不良
3	DC24V 电压过低	1)CXA19A/CX19B 连接不良;2)外部 DC24V 输入电压过低;3)伺服控制板不良
4	直流母线电压过低或过高	1)电感器选择不当或连接不良;2)主电源输入电压过低、过高或断相;3)主电源输入瞬间中断;4)伺服控制板不良
5	驱动器输出或直流母线过电流	1)负载过重、传动系统不良或加减速过于频繁;2)电动机绕组局部短路或断相、相序错误;3)伺服参数设定和调整不当;4)机械传动系统不良;5)电动机动力线、反馈线连接不良
6	FSSB 通信出错	1)FSSB 光缆连接或接口电路不良;2)模块控制板不良或上级 FSSB 接口电路故障

伺服驱动器报警的原因，同样可通过 CNC 的诊断参数 DGN0385、DGN0200～0204 或伺服调整界面的 ALM1～ALM5 显示，有关内容参见本节中关于 αi 驱动器的说明。

(2) 主轴/伺服驱动器　βi 系列伺服/主轴集成驱动器 βiSVSP 的正面安装图如图 3-20

所示，包括 STATUS1、STATUS2 两个状态指示区。

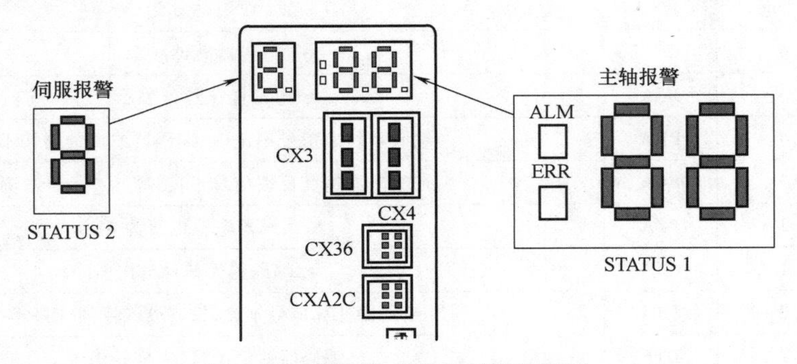

图 3-20　集成驱动器的正面安装图

STATUS1：主轴报警显示区，显示区安装有报警（ALM）、错误（ERR）两个指示灯和两个 7 段数码管，指示灯和数码管的作用、显示内容、故障原因均与 αi 系列主轴模块相同，可参见前述的说明。

STATUS2：伺服报警显示区，显示区安装有 1 个 7 段数码管，用于伺服报警显示。数码管的作用、显示内容、故障原因均与 αi 系列伺服模块相同，可以参见前述的说明。

3.2.5　电动机引起的故障分析

一、交流伺服电动机

1. 交流伺服电动机的分类

依据电动机运行原理的不同，交流伺服电动机可分为永磁同步电动机、永磁无刷直流电动机、感应（或称异步）电动机和磁阻同步电动机。这些电动机具有相同的三相绕组的定子结构。

感应式交流伺服电动机的转子电流由滑差电势产生，并与磁场相互作用产生转矩，其主要优点是无刷，结构坚固、造价低、免维护，对环境要求低，其主磁通由励磁电流产生，很容易实现弱磁控制，高转速可以达到 4~5 倍的额定转速；缺点是需要励磁电流，内功率因数低，效率较低，转子散热困难，要求较大的伺服驱动器容量，电动机的电磁关系复杂，要实现电动机的磁通与转矩的控制比较困难，电动机非线性参数的变化影响控制精度，必须进行参数在线辨识才能达到较好的控制效果。

永磁同步交流伺服电动机的气隙磁场由稀土永磁体产生，转矩控制由调节电枢的电流实现，转矩的控制较感应电动机简单，并且能达到较高的控制精度；转子无铜损、铁损、效率高，内功率因数高，也具有无刷免维护的特点，体积和惯量小，快速性好；在控制上需要轴位置传感器，以便识别气隙磁场的位置；价格较感应电动机高。

无刷直流伺服电动机，其结构与永磁同步伺服电动机相同，借助较简单的位置传感器（如霍尔磁敏开关）的信号，控制电枢绕组的换向，控制最为简单；由于每个绕组的换向都需要一套功率开关电路，电枢绕组的数目通常只采用三相，相当于只有三个换向片的直流电动机，因此运行时电动机的脉动转矩大，造成了速度的脉动，需要采用速度闭环才能运行于较低转速。该电动机的气隙磁通为方波分布，可降低电动机制造成本。有时，将无刷直流伺服系统与同步交流伺服系统混为一谈，外表上很难区分，实际上两者的控制性能是有较大差别的。

磁阻同步交流伺服电动机的转子磁路具有不对称的磁阻特性，无永磁体或绕组，也不产生损耗；其气隙磁场由定子电流的励磁分量产生，定子电流的转矩分量则产生电磁转矩；内功率因数较低，要求较大的伺服驱动器容量，也具有无刷、免维护的特点，并克服了永磁同步电动机弱磁控制效果差的缺点，可实现弱磁控制，速度控制范围可达到 0.1～10000r/min，也兼有永磁同步电动机控制简单的优点，但需要轴位置传感器，价格较永磁同步电动机便宜，但体积较大些。

目前市场上的交流伺服电动机产品主要是永磁同步伺服电动机和无刷直流伺服电动机。

2. 交流伺服系统的组成

交流伺服系统主要由下列几个部分构成，如图 3-21 所示。

1）交流伺服电动机。分为永磁交流同步伺服电动机、永磁无刷直流伺服电动机、感应伺服电动机和磁阻式伺服电动机。

2）PWM 功率逆变器。分为功率晶体管逆变器、功率场效应管逆变器、IGBT 逆变器（包括智能型 IGBT 逆变器模块）等。

3）微处理器、控制器及逻辑门阵列。分为单片机、DSP（数字信号处理器）、DSP + CPU、多功能 DSP（如 TMS320F240）等。

4）位置传感器（含速度）。分为旋转变压器、磁性编码器、光电编码器等。

5）电源及能耗制动电路。

6）键盘及显示电路。

7）接口电路。包括模拟电压、数字 I/O 及串口通信电路。

8）故障检测，保护电路。

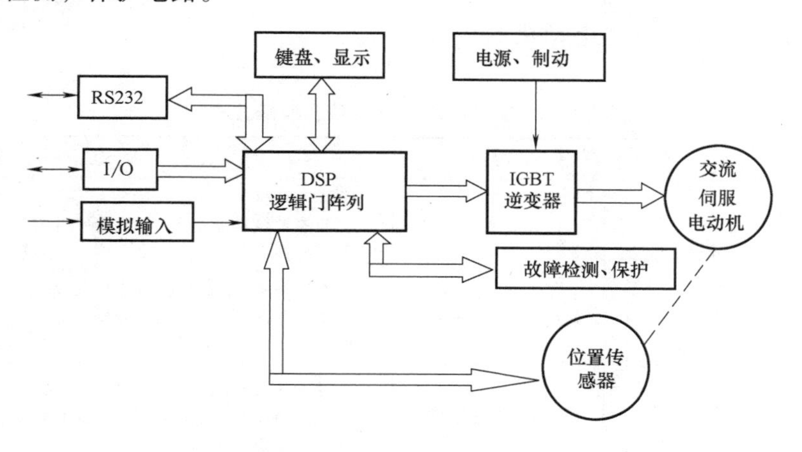

图 3-21　交流伺服系统的组成

3. 伺服电动机与伺服驱动器的连接

电动机与伺服驱动器连接，伺服驱动器根据 CNC 输出的控制信号对其进行信号处理以及功率放大，驱动电动机运行。交流伺服电动机是通过定子输入端的电压以及频率对转速进行控制的，因此交流伺服电动机与伺服驱动器连接是将交流电动机的定子绕组输入电缆与伺服驱动器的输出口相连，同时为了测量电动机的转速等特征，需要将电动机传感器测量的反馈电动机转速或转矩等信息的反馈信号输入至伺服驱动器，实现闭环反馈，以便于对电动机

实现精确控制。伺服电动机与伺服驱动器的连接主要分为以下两个方面。

1）电枢连接。小功率模块的伺服电动机电枢连接采用插头 CZ2 连接，多轴模块的第 1、2、3 轴以 L、M、N 区分。接器 CZ2L、CZ2M、CZ2N 的插脚 B1 对应 U、A1 对应 V、B2 对应 W、A2 对应 PE；从面板向底板的插头依次为 CZ2L、CZ2M、CZ2N，如图 3-22 所示。

2）反馈连接。L、M、N 轴伺服电动机的内置编码器插接器为 JF1/JF2/JF3。编码器连接与电动机规格有关，常用的 αiS、αiF、αiSHV、αiFHV 及 βiS 小功率电动机的连接如图 3-22a 所示；βiS 大功率电动机的连接如图 3-22b所示。

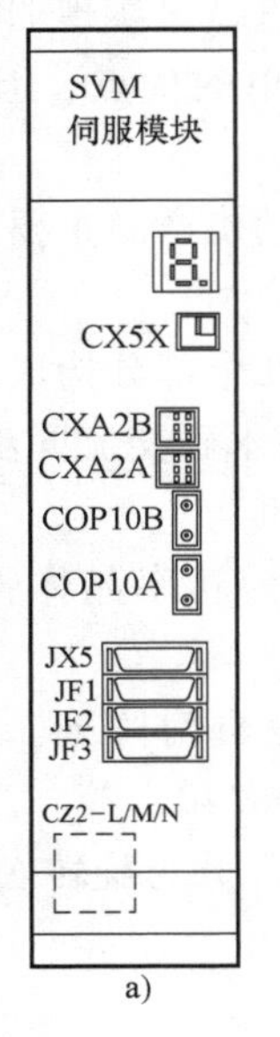

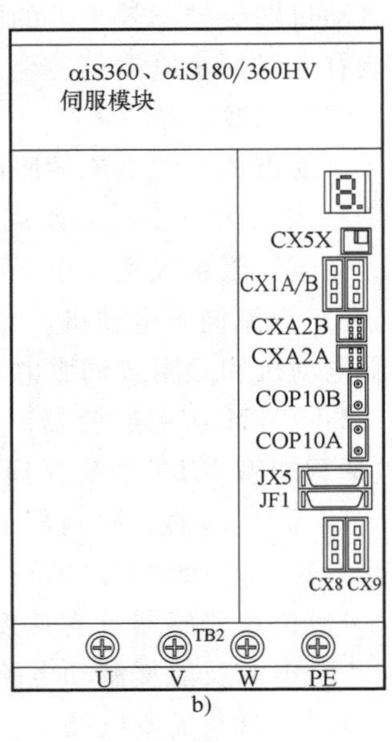

图 3-22　伺服模块连接

a）小功率模块　b）大功率模块

二、伺服电动机常见故障分析

FANUC 驱动器配套的伺服、主轴电动机都属于交流电动机，原则上说，它无易损零件，可以长时间使用而无须维修，但是由于数控机床驱动电动机的安装环境通常较恶劣，易受到切削液、润滑油、铁屑等的侵入和飞溅；此外，电动机内置的编码器属于精密零件，在电动机受到撞击、碰撞等情况下容易损坏，因此，需要定期进行电动机的维护和检修。同时，当 CNC 出现伺服报警或主轴驱动报警时，无论这些报警是否与电动机直接相关，也应当对电动机进行检修，表 3-6 为电动机的一般故障及其检修方法。

表 3-6　电动机的一般故障及检修方法

序号	故障现象	故障定位	检修方法
1	机床运动时发出异常声响或出现较大的振动	基本检修	确认电动机安装正确、固定可靠确认电动机轴与丝杠或主轴的轴线同轴分离电动机与机械传动部件，如果异常声响与振动消失，进入第 2 项；否则进入第 3 项
2		机械传动系统故障	在松开制动器、脱开机械连接的情况下，检查电动机转子转动是否灵活，进行机械传动系统的检查与维修，更换轴承
3	风扇电动机有异常声响或振动	风扇电动机故障	风扇电动机有铁屑、油污等杂物，清除杂物，风叶与外壳有干涉、转子旋转不灵活，风扇电动机固定不牢靠，加强风扇电动机固定
4	电动机有异常声响或振动	电动机外部故障	电动机表面是否有铁屑、油污等杂物，切削液、润滑油是否进入电动机内部
		电动机绝缘层故障	用 DC500V 兆欧表测量绕组与外壳间的绝缘电阻，判断电动机绝缘性能。如果测试数值小于 1MΩ，电动机损坏；测试数值在 1～100MΩ 范围内，电动机需要尽快维修；测量数值大于 100MΩ，电动机绝缘层无故障
		驱动器故障	检查驱动器设定，重新调整驱动器

3.2.6　反馈检测环节引起的故障分析

一、反馈环节介绍

如果系统是全闭环系统，则该直线轴是以光栅直接检测坐标轴位置的闭环控制系统。为了直接监测坐标轴的位置，系统除了需要在半闭环的基础上增加光栅尺或编码器等外置检测设备外，还需要增加分离型检测单元。外置检测设备的反馈信号应该连接到分离型检测单元上，分离型检测单元通过 FSSB 总线与 CNC 连接。常用的检测设备包括：

1. 串行数据输出光栅尺和编码器

串行数据输出光栅尺和编码器本身带有细分电路与串行数据输出接口，光栅尺的分辨率一般可达 0.05~0.5μm，编码器的分辨率可达 22~223p/r，故可用于精密机床。FANUC 0iD 带串行输入接口的分离型检测单元可直接连接以下常用的光栅尺和编码器。

FANUC 公司：αA1000S 系列旋转编码器，检测分辨率为 22p/r。

HEIDENHAIN 公司：LC491F 系列线性光栅尺，检测分辨率为 0.05μm；RcN220 系列旋转编码器，分辨率为 22p/r。

MITUTOY0 公司：AT353、AT553 系列线性光栅尺，检测分辨率为 0.05μm。

2. 正弦波模拟输出光栅尺

正弦波模拟输出光栅尺本身不带有细分电路和串行数据输出接口，光栅尺的输出信号为分辨率在 20μm/周期左右的正弦波模拟电压，故需要选配带模拟输入接口的分离型检测单元。FANUC 0iD 常用的光栅尺如下：

HEIDENHAIN 公司：LS486/LS186 系列线性光栅尺，分辨率为 20μm/周期。

MITUTOY0 公司：AT402 系列线性光栅尺，分辨率为 20μm/周期。

SONY 公司：SH12 系列线性光栅尺，分辨率为 20μm/周期。

带模拟输入接口的分离型检测单元为 FANUC 近期开发的产品，因此在早期的 FANUC 0iC 等 CNC 上，使用正弦波模拟输出线性光栅尺时，需要配套选用 FANUC 串行接口适配器。串行接口适配器有以下 3 种规格。

A860-0333 -T501：串行接口适配器，最大可以进行 512 细分。

A860-0333 -T701：H 型串行接口适配器，最大可以进行 2048 细分。

A860-0333 -T801：C 型串行接口适配器，最大可以进行 2048 细分。

在使用 FANUC 串行接口适配器的 CNC 上，参数 PRM2274.0 必须设定为“1”。

3. A/B/Z 三相并行脉冲输出的光栅尺或外置编码器

A/B/Z 三相并行脉冲输出的光栅尺或外置编码器为传统产品，其生产厂家较多，不再一一说明。FANUC 0iD 只需要选配并行输入接口分离型检测单元，便可直接连接。

二、反馈检测环节的故障检测

1. 绝对编码器报警

FANUC 0iD 的伺服报警 SV0300~SV0307 为绝对编码器（APC）报警，其一般处理方法如下。

(1) SV0300　参考点位置出错。在使用绝对编码器的坐标轴上，当参考点建立后，如果电动机、驱动器上的编码器电缆插头被错误拔下，将会因为后备电池中断，导致参考点位置的丢失，从而出现 SV0300 报警。SV0300 报警可通过绝对编码器的回参考点操作解除。

如果在 SV0300 报警的同时，CNC 还发生了其他报警，使坐标轴无法进行绝对编码器回参考点操作，此时应通过设定 CNC 参数 PRM1815.5 =0，先取消绝对编码器功能，在排除其他报警后，再进行绝对编码器的回参考点操作。

在采用无减速挡块回参考点方式的机床上，为了不影响机床原有加工程序的正常执行，并确保原有的 CNC 参数、机床动作的正确，在回参考点后，必须重新调整参考点偏移，使新的参考点与原参考点的位置一致。

（2）SV0301~SV0304　绝对编码器通信出错。出现绝对编码器通信出错报警的原因，多为编码器反馈电缆连接不良，应重点检查驱动器和伺服电动机间的反馈电缆连接，应按照要求使用双绞屏蔽线进行正确的屏蔽和接地、合理布置电缆等。如果确认编码器存在故障，则需要更换编码器。

（3）SV0305~SV0307　绝对编码器位置出错。绝对编码器位置出错的原因，多为后备电池电压不足、连接不良或反馈电缆被错误断开所引起的报警，出现报警时应确认后备电池连接正确、电压正常，必要时需要更换绝对编码器的后备电池。故障排除后，还应该按照处理 SV0300 报警同样的方法，重新进行绝对编码器的回参考点操作、调整参考点偏移，使新的参考点与原参考点的位置一致。

2. 串行编码器报警

FANUC-0iD 的伺服报警 SV0360~SV0387 为串行编码器报警，其一般处理方法如下。

（1）SV0360~0369　串行编码器通信错误。出现串行编码器通信出错报警的原因，除了编码器本身不良外，多为编码器反馈电缆连接不良，应仔细检查驱动器到伺服电动机反馈电缆的连接，并按要求使用双绞屏蔽线、进行正确的屏蔽和接地、合理布置电缆等。

（2）SV0380~0387　分离型检测单元通信错误。报警仅在使用分离型检测单元的全闭环系统上出现，发生报警时应首先确认光栅的型号、规格是否符合要求，CNC 的 FSSB 网络配置参数设定是否正确。如果光栅、编码器等检测装置本身故障的原因被排除，则应重点检查检测装置和分离型检测单元间的连接电缆，并按要求使用双绞屏蔽线、进行正确的屏蔽和接地、合理布置电缆等。此外，分离型检测单元和 CNC 间的 FSSB 光缆连接不良，也是导致分离型检测单元通信报警的常见原因。

3.3　项目实施

1. 故障定位

通过前面的分析可知，可以采用逐一排除的方法判断进给伺服驱动系统发生故障的位置，但是 FANUC 0i 数控系统是一个具有自身故障检测和报警功能的系统，通过前面的分析，也可以通过报警信号对数控系统的故障位置进行判断。

1）机床显示报警信号为“SV0401”，查询该故障为驱动器未准备好的报警信号。

伺服报警“SV0401”为驱动器未准备好的报警，当 CNC 位置控制系统正常，但驱动器输出到 CNC 驱动器的准备好信号 VRDY 为 0 时，CNC 将显示该报警。

2）通过 CNC 诊断参数 DGN0200 检查报警原因，DGN0200 第 6 位此时状态为 1，说明此时对应位表示的位置出现故障，通过查询 DGN0200 对应的位信息表，可知对应的故障是驱动器输入电压过低，由此可以判断出故障位置在伺服驱动器上。

3）检查伺服驱动器的报警状态指示灯及其模块状态指示灯。

① 首先观察模块指示灯，此时模块指示灯的电源（PIL）灯亮，因此电源模块工作正常，但是此时报警（ALM）灯也亮起，因此可以判断，此时驱动器内部的模块出现了故障。

② 观察模块状态指示灯，此时模块状态指示灯显示为 4，查询其所对应原因为：输入电压过低或主回路断相；输入电压瞬间中断或断路器断开、急停输入动作。结合故障发生前，系统发生突然断电，可以判断出如果由于电动机继续旋转造成逆变器的直流母线电压升高击穿整流电路的二极管（晶闸管），会造成电动机驱动器的输入主回路断相。

4）确定故障位置：驱动器的整流环节。

① 测试伺服驱动器中的晶闸管。按下述方法判断晶闸管是否发生损坏：用万用表 R×1 档，黑表笔接阳极 A、红表笔接阴极 K。用黑表笔在保持和 A 极相接的情况下和 G 极接触，这样就给 G 极加上一个触发电压。这时由万用表可以看到阻值明显变小，表明晶闸管可能由于触发而处于导通状态。接着，在保持黑表笔和 A 极相接、红表笔和 K 极相接的情况下，断开和 G 极的接触，如果晶闸管仍保持低阻导通状态，则说明晶闸管是好的；否则，一般是晶闸管已坏。通过测试，判断出此时与电动机 A 相相连的晶闸管损坏。

② 根据报警信息逐步分析，X 轴伺服驱动系统的伺服驱动器中与 A 相相连的晶闸管损坏，确定故障位置。

2. 故障维修

根据测试和分析流程图，确定故障位置在伺服驱动器的电源模块中，通过测试可以确定由于交流熔断器烧毁导致 X 轴不能运行，因此可以处理故障。

1）给系统断电，更换交流熔断器的熔丝。

分析：根据伺服驱动器的工作原理分析，由于故障是在加工中心正常工作时突然停电造成的，而在突然停电时，主轴电动机的电感能量必然要立即释放，而释放能量产生的反向电动势太高，可能会造成能量回收回路损坏。根据原理图可以判断出，如果交流熔断器的熔丝损坏，势必因为晶闸管发生反向击穿，进而导致电流过大烧毁熔断器，因此判断伺服驱动器中的晶闸管损坏。

2）测试伺服驱动器中的晶闸管，并更换损坏的晶闸管。

具体操作：先判断晶闸管是否发生损坏，对损坏的晶闸管进行解焊，找到同样型号的晶闸管，更换晶闸管，重新焊入相应的位置中。

3）任务完成。

重新打开电源，启动系统，利用操作面板使 X 轴运动，X 轴可以根据指令正常运动，维修完成。

4）出具故障报告。

3.4 项目评估

项目结束，请各小组针对故障维修过程中出现的各种问题进行讨论，罗列出现的失误，并总结在今后的学习和操作过程中如何更好地发挥团队精神，如何提高水平及效率，并填写故障记录表及项目评估表，见附表1和附表2。

3.5 项目拓展

伺服驱动系统报警是数控机床最常见的报警，其原因既有驱动器、电动机本身的问题，也可能为伺服参数设定或调整不当、切削加工过载、机械传动系统故障等所致。因此，出现伺服驱动系统报警时，需要根据故障现象，结合CNC显示、CNC诊断参数和驱动器状态指示，仔细检查和分析原因，确认故障部位并进行相关处理。FANUC 0iD常见的伺服驱动系统报警及一般处理方法如下。

3.5.1 SV0401报警

伺服报警SV0401为驱动器未准备好报警，当CNC位置控制系统正常，但驱动器输出到CNC驱动器的准备好信号VRDY为0时，CNC将显示该报警。驱动器准备好信号VRDY为0的原因很多，只要驱动器发生故障、主电源被断开，VRDY信号都将变为“0”。因此，当CNC出现SV0401报警时，应首先排除其他报警，然后再进行SV0401的处理。一般而言，如果驱动器本身无故障，当其他报警排除后，通过重启驱动器，SV0401报警也将自动消除。

伺服驱动器的报警可通过CNC诊断参数DGN0200检查报警原因，DGN0200对应位为“1”所代表的含义见表3-7。

表3-7 诊断参数DGN0200的含义表

诊断参数	位（bit）	代号	作用与意义
DGN 0200	7	OVL	驱动器过载
	6	LV	驱动器输入电压过低
	5	OVC	驱动器过电流
	4	HCA	驱动器电流异常
	3	HVA	驱动器过电压
	2	DCA	驱动器放电回路故障
	1	FBA	编码器连接不良
	0	OFA	计数器溢出

如驱动器无其他报警，原则上只要接通驱动器主电源，准备好信号VRDY即为1，因而，如果驱动器只有SV0401报警，应进行的检查如下。

1）确认驱动器的主电源、控制电源的电压与连接正确。

2）确认驱动器电源模块的急停输入信号已解除。

3）确认驱动器的主电源已经接通，电源模块已正常工作。

4）确认驱动器电源模块、伺服模块无报警等。

驱动器未准备好的原因，还可通过 CNC 诊断参数 DGN0358 检查，DGN0358 对应位为“1”所代表的含义见表 3-8。

表 3-8　诊断参数 DGN0358 的含义表

诊断参数	位(bit)	代号	作用与意义
DGN0358（1 字节）	14	SRDY	驱动器软件准备好信号
	13	VRDY	驱动器硬件准备好
	12	INTL	驱动器直流母线(DB)准备好
	10	CRDY	驱动器转换电路准备好
	6	* ESP	驱动器的 CX4 急停信号输入状态

以上检查均无误后，如故障仍然存在，则更换驱动器控制板或 CNC 的轴卡。

3.5.2　SV0404 报警

伺服报警 SV0404 为驱动器准备好信号 VRDY 不能按照要求正常断开的报警。例如，在驱动器主电源尚未接通或主接触器输出触点已断开的情况下，如驱动器准备好信号 VRDY 仍然为 1”，CNC 将发生该报警。

SV0404 报警多与外部器件或外部电路故障有关。如主接触器触点发生熔焊而无法断开，驱动器主电源通断未使用驱动器主接触器控制信号控制等。

必须注意的是：设计数控机床电气控制系统时，需要保证驱动器的主电源接通只能在 CNC 位置控制正常工作后才能加入，否则，就可能导致驱动系统的位置环成为开环工作状态，从而导致坐标轴失控。因此，设计和维修机床电气控制系统时，必须将驱动器的主接触器控制信号串联到主接触器控制回路中，以避免发生 SV0404 报警。

若以上检查无误而故障仍然存在，则可能是驱动器控制板或 CNC 轴卡接口电路故障，需要更换控制板或 CNC 轴卡。

3.5.3　SV0410/SV0411 报警

伺服报警 SV0410 和 SV0411 为位置跟随误差超差报警，前者在坐标轴运动停止时发生，后者在坐标轴运动时发生。闭环控制系统的输出变化总是滞后于指令变化，故数控机床坐标轴的运动和 CNC 指令输出间必然存在位置跟随误差。位置跟随误差过大不但会影响系统的响应速度，而且会导致轮廓加工误差。因此，CNC 需要对其进行监控。

在 FANUC 0iD 上，CNC 参数 PRM1829 可设定坐标轴停止时所允许的最大位置跟随误差值。当坐标轴处于静止状态或完成定位后，如受到机械撞击、重力平衡系统故障等外力的作用，就可能导致停止位置偏离 CNC 指令位置而产生位置跟随误差。当坐标轴停止时，如果位置跟随误差超过参数 PRM1829 设定的监控值，CNC 将发生 SV0410 报警。

CNC 参数 PRM1828 可设定坐标轴移动时所允许的最大位置跟随误差值。在坐标轴运动时，出现机械传动系统故障、制动器未松开、运动部件存在干涉、切削加工负载过大、加减速时间设定过短、驱动系统加减速转矩不足等情况，都可能导致坐标轴运动时的位置跟随误差超过参数 PRM1828 设定的监控值的情况，使 CNC 产生 SV0411 报警。

位置跟随误差超差报警是数控机床最常见的报警，它可能在CNC开机、手动移动坐标轴、坐标轴快速定位、切削加工等情况下发生，故障原因很多。此外，如果驱动器发生了反馈电缆连接故障、电动机相序连接错误、电枢连接断线、电动机绕组短路、驱动器不良、编码器不良等故障，CNC也将发生SV0410、SV0411报警。因此，维修时应仔细分析故障原因，并进行相应处理。

项目4　进给轴无法完成自动回参考点

4.1　项目引入

4.1.1　故障现象

一台配备 FANUC 0i-MD 系统的机床出现故障，故障现象为开机状态下，Y 轴方向回参考点时，无法回到准确位置，且屏幕出现超程报警。

4.1.2　故障调查

1）观察机床工作台上有减速开关，属于增量式回参考点方式。

2）手动状态下回参考点，发现在接近参考点位置时，Y 轴有减速过程，但减速后轴运动不停止，并出现 0090 报警。

4.1.3　维修前准备

1）技术手册：参数手册、维修手册、操作手册等。

2）测量工具：万用表、示波器等。

3）螺钉旋具等。

4.2　项目分析

4.2.1　机床回参考点概述

加工中心参考点又称原点或零点，是机床的机械原点和电气原点相重合的点，是原点复归后机械上固定的点。每台机床可以有一个参考点，也可以根据需要设置多个参考点，用于自动刀具交换（ATC）或自动拖盘交换（APC）等。参考点作为工件坐标系的原始参照系，当机床参考点确定后，各工件坐标系随之建立。

机械原点是基本机械坐标系的基准点，机械零部件一旦装配完毕，机械原点随即确立。电气原点是由机床所使用的检测反馈元件所发出的栅格信号或零标志信号确立的参考点。为了使电气原点与机械原点重合，必须对电气原点到机械原点的距离用一个设置原点偏移量的参数进行设置。这个重合的点就是机床原点。在使用加工中心的过程中，机床手动或自动回参考点操作是经常进行的动作。不管机床检测反馈元件配用的是增量式脉冲编码器还是绝对式脉冲编码器，在某些情况下，如进行 ATC 或 APC 过程中，机床某一轴或全部轴都要先回参考点。

按机床检测元件检测原点信号方式的不同，返回机床参考点的方法有两种：一种为栅格法，另一种为磁开关法。在栅格法中，检测器随着电动机一转信号同时产生一个栅格或一个零位脉冲，在机械本体上安装一个减速撞块及一个减速开关后，数控系统检测到的第一个栅格或零位信号即为原点。在磁开关法中，在机械本体上安装磁铁及磁感应原点开关，当磁感应原点开关检测到原点信号后，伺服电动机立即停止，该停止点被认作原点。栅格法的特点是如果接近原点的速度小于某一固定值，则伺服电动机总是停止于同一点，也就是说，在进行回参考点操作后，机床原点的保持性好。磁开关法的特点是软件及硬件简单，但原点位置随着伺服电动机速度的变化而成比例地漂移，即原点不确定。目前，几乎所有的机床都采用栅格法回参考点。

使用栅格法回参考点的几种情形如下。

1）使用增量检测反馈元件的机床开机后第一次回机床参考点。

2）使用绝对式检测反馈元件的机床安装后调试时第一次机床开机回参考点。

3）栅格偏移量参数设置调整后机床第一次手动回参考点。

按照检测元件测量方式的不同，分为以绝对脉冲编码器方式回参考点和以增量脉冲编码器方式回参考点。在使用绝对脉冲编码器作为测量反馈元件的系统中，机床调试前第一次开机后，通过参数设置配合机床回参考点操作调整到合适的参考点后，只要绝对脉冲编码器的后备电池有效，此后的每次开机，不必进行回参考点操作。

4.2.2 FANUC 增量式回参考点过程及回参考点条件分析

所谓增量方式回参考点，就是采用增量式编码器，工作台快速接近，经减速挡块减速后低速寻找栅格作为机床参考点。栅格法回参考点时序图如图 4-1 所示。

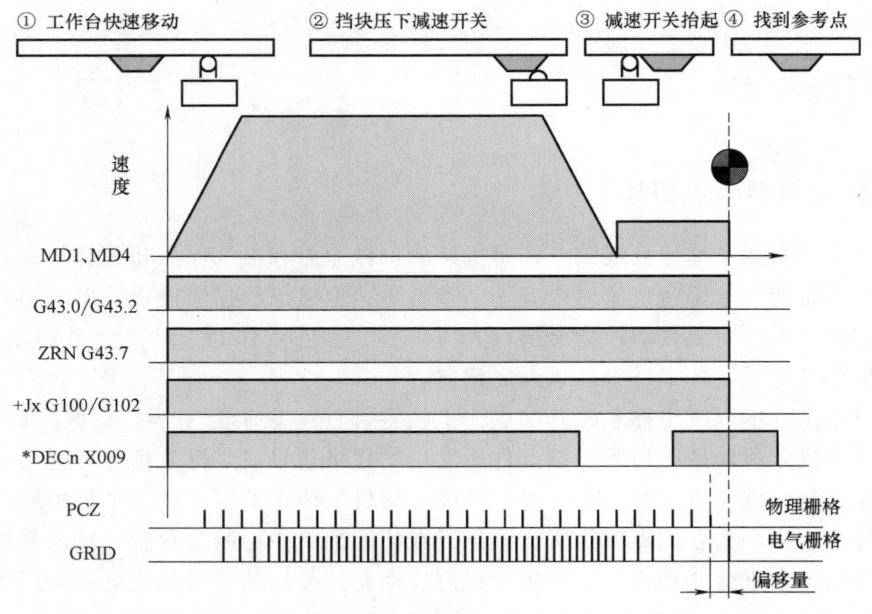

图 4-1　栅格法回参考点时序图

机床在回参考点模式下，伺服电动机以大于某一固定速度的进给速度向参考点方向旋转，当数控系统检测到电动机一转信号时，数控系统内的参考计数器被清零。如果通过参数设置了栅格偏移量，则参考计数器内也自动被设定为和栅格偏移量相等的值。此后，参考计数器就成为一个环行计数器。当计数器对移动指令脉冲计数到参考计数器设定的值时被复位，随着一转信号的出现产生一个栅格。当减速挡块压下原点减速开关时，电动机减速到接近原点速度运行，挡块释放原点减速开关后，电动机在下一个栅格停止，产生一个回参考点完成标志信号，参考位置被复位。电源开启后第二次返回参考点，由于参考计数器已设置，栅格已建立，因此可以直接返回参考点位置。

由栅格法回参考点时序图可知，FANUC 系统实现回参考点必须满足下面几个条件。

1）回参考点（ZRN）方式有效——对应 PMC 地址 G43.7=1，同时 G43.0（MD1）和 G43.2（MD4）同时=1。

2）轴选择（+/-Jx）有效——对应 PMC 地址 G100~G102=1。

3）减速开关触发（*DECx）——对应 PMC 地址 X9.0~X9.3 或 G196.0~G196.3 从 1 到 0 再到 1。

4）电气栅格被读入，找到参考点。

5）参考点建立，CNC 向 PMC 发出完成信号 ZP4，内部地址 F094；ZRF1，内部地址 F120。

由栅格法回参考点时序图及回参考点的条件，可对不能回参考点故障进行定位，如图 4-2 所示。

增量式回参考点不能完成故障，可能有三种原因：①硬件故障，包含减速开关、编码器、伺服放大器等故障；②PMC 故障，包含 PMC 程序、PMC 输入输出点故障等；③参数设置故障。

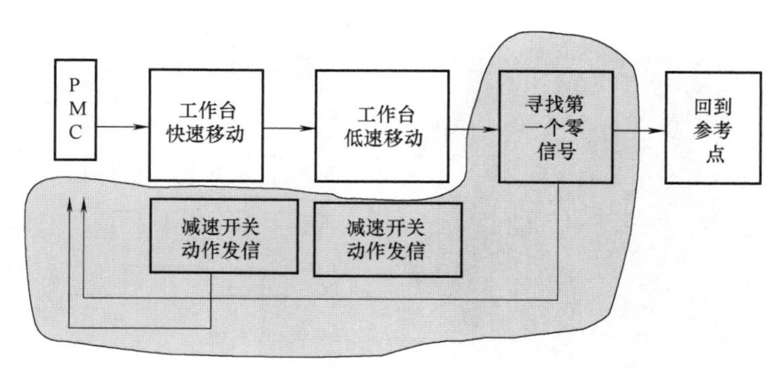

图 4-2　故障结构示意图

4.2.3　硬件故障分析

1. 减速开关

由于减速开关在工作台下面，工作条件比较恶劣（油、水、铁屑侵蚀），严重时会引起 24V 电源短路，损伤接口板，从而导致故障时有发生。

1）减速开关进油或进水，信号失效，I/O 单元之前就没有信号。

2）减速开关 OK，但 PMC 诊断界面没有反应，虽然信号已经输入到系统接口板，但 I/O接口板或输入模块已经损坏。

作为维修技术人员，判断上述两种故障常用以下方法。

1）用万用表检测开关通断情况。

2）通过 PMC 诊断界面观察 * DECn（X9. 0~X9. 3 或 G196. 0~G196. 3）的变化。

2. 编码器

1）编码器本身故障是指编码器本身元器件出现故障，导致其不能产生和输出正确的波形。这种情况下需更换编码器或维修其内部器件。

2）编码器连接电缆故障。这种故障出现的概率最高，维修中经常遇到，应是优先考虑的因素。通常为编码器电缆断路、短路或接触不良，这时需更换电缆或插头，还应特别注意是否是因电缆固定不紧而造成松动，引起开焊或断路。如果是，需紧固电缆。

3）编码器 5V 电源电压下降。指 5V 电源电压过低。通常，5V 电源电压不能低于 4. 75V。造成其过低的原因是供电电源故障或电源传送电缆阻值偏大而引起损耗，这时需检修电源或更换电缆。

4）绝对式编码器电池电压下降。这种故障通常有含义明确的报警，这时需更换电池，如果参考点位置记忆丢失，还须执行重回参考点操作。

5）编码器电缆屏蔽线未接或脱落。这会引入干扰信号，使波形不稳定，影响通信的准确性，因此必须保证屏蔽线可靠地焊接及接地。

6）编码器安装松动。这种故障会影响位置控制精度，造成停止和移动中位置偏差量超差，甚至刚一开机即产生伺服系统过载报警，应特别注意。

7）一转信号故障。

FANUC 数控系统在返回参考点时需要寻找真正的物理栅格——编码器的一转信号（图 4-3 中的 PCZ 信号）。

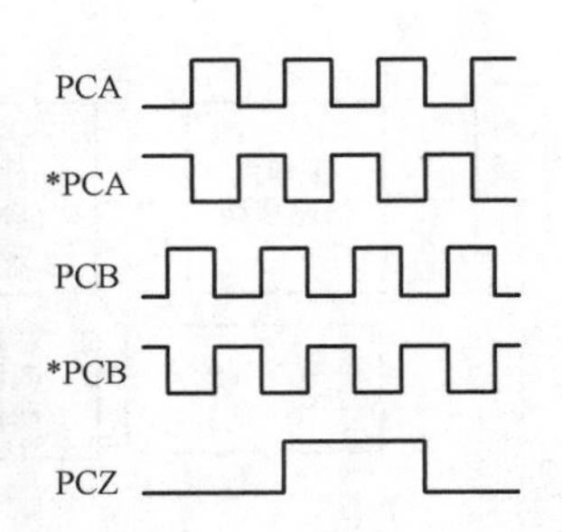

图 4-3　编码器的一转信号

一转信号是编码器产生的信号。编码器除产生反馈位移和速度的脉冲信号外，每转还产生一个基准信号即一转信号。需要注意的是，栅格信号（GRID）并不是编码器直接发出的信号，而是数控系统在一转信号和软件共同作用下产生的信号。FANUC 系统在物理栅格的基础上再加上一定的偏移量——栅格偏移量（1850#参数中设定的量），形成最终的参考点，称为电气栅格。它在一定量的范围内（小于参考计数器容量设置范围）灵活地微调参考点的精确位置。在机床使用中，只要不改变脉冲编码器与丝杠间的相对位置或不移动参考点挡块调定的位置，栅格信号就会以很高的重复精度出现。

脉冲反馈有 PCA/ * PCA、PCB/ * PCB 及 PCZ/ * PCZ，伺服轴在通常的运动时，位置

环和速度环主要取 PCA/＊PCA、PCB/＊PCB 以及格雷码信号，而仅在寻找参考点时才采集 PCZ 信号。另外由于 PCZ 是窄脉冲，所以在同样的污染条件下，有时 PCA/＊PCA、PCB/＊PCB 可以正常工作，但是 PCZ 信号已经达不到门槛电压，或波形严重失真，故障可能出现在栅格信号不正常，而脉冲编码器其他信号正常，如图 4-4 所示。

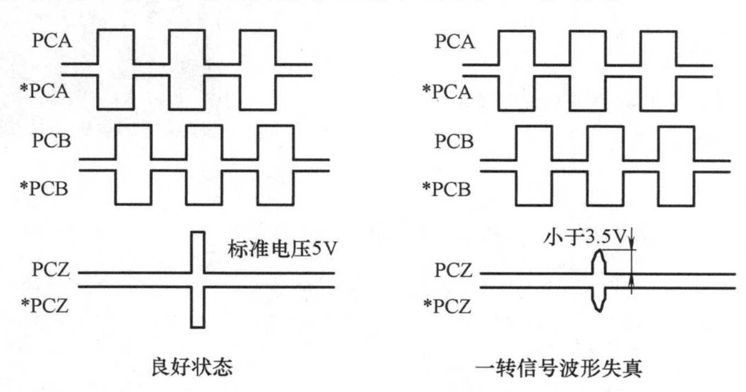

图 4-4　一转信号失真图

3. 反馈电缆信号衰减

一些大型机床，反馈电缆经过坦克链到伺服放大器长度过长，可能会造成信号衰减，导致一转信号不好。通常可将 5V 电源信号线脚与电缆中多余的备用线并联加粗，降低线间电阻，提高信号幅值。

4. 接口故障

接口电路损坏，不能接收参考点开关信号或参考点脉冲信号，导致回参考点操作失败，直到碰到限位开关紧急停下。

本书以 βi SVSP 一体型伺服单元（SVSP）为例进行说明。图 4-5 所示为伺服单元图，图 4-6 所示为反馈接口，接口定义见表 4-1。

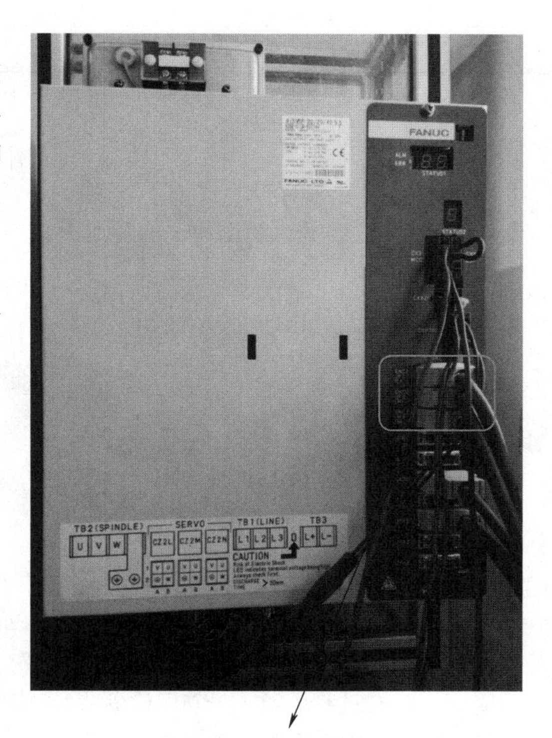

图 4-5　伺服单元

4.2.4　PMC 分析

一、回参考点的 PMC 状态

1）方式：G43（0，1，2，7）=（1，0，1，1）；返回参考点（REF）方式。

2）运动方向：G100（0~7）；分别控制 8 个轴返回参考点时的正向运动；G102（0~7）；分别控制 8 个轴返回参考点时的负向运动。

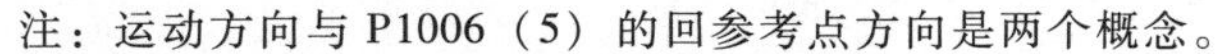

注：运动方向与 P1006（5）的回参考点方向是两个概念。

3）减速开关：X9（0~7）分别代表 8 个轴的减速开关。

注：减速开关是“0”有效还是“1”有效，取决于 P3003（5）。

4）回参考点完成：F120（0~7）=1 分别表示 8 个轴的参考点已经建立。

注：使用增量型反馈元件的轴，在不断电时保持为“1”，断电后为“0”；使用绝对型反馈元件的轴，断电后也保持为“1”。

5）F94（0~7）=1 分别表示返回参考点完成，且在参考点上。

注：当轴移动后，便为“0”。

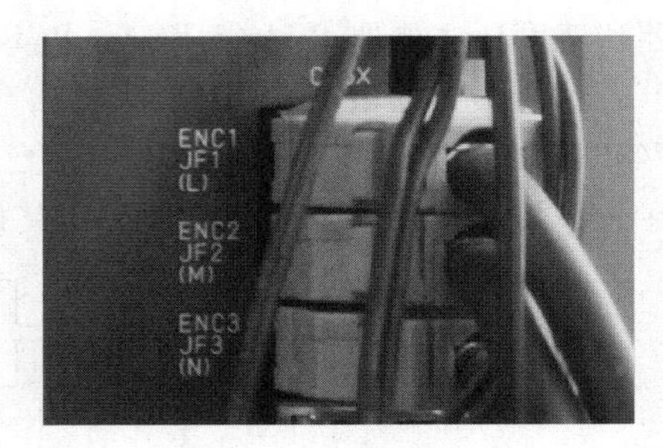

图 4-6 反馈接口

二、回参考点减速开关状态点查看

1. 接近开关（图 4-7）

2. PMC 屏幕界面

1）按［SYSTEM］功能键，出现如图 4-8 所示界面。

表 4-1 接口定义

序号	接 口	定 义
1	JF1	L 轴脉冲编码器
2	JF2	M 轴脉冲编码器
3	JF3	N 轴脉冲编码器

图 4-7 接近开关

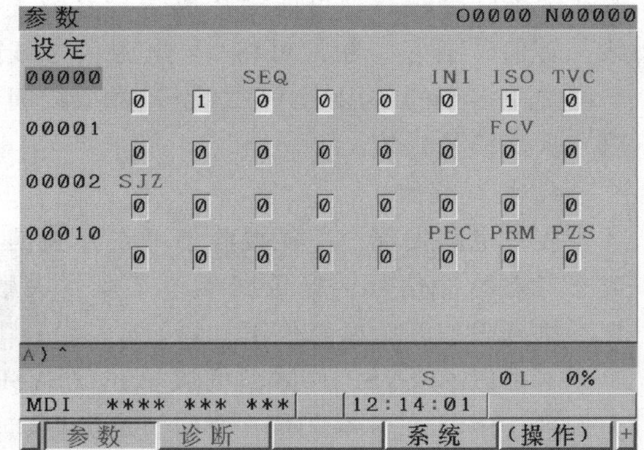

图 4-8 参数设定界面

2）按扩展软键三次，显示 PMC 界面，如图 4-9 所示。

3）在 PMC 界面基础上选择［PMCMNT］软键，显示界面如图 4-10 所示。

依照 2）的过程，通过 PMC 诊断界面观察 * DECn（X0009. 0~X0009. 3）的变化。

三、PMC 程序及其状态查看

1. 信号表

回参考点信号表见表 4-2。

2. 梯形图

回参考点 PMC 梯形图如图 4-11 所示。

三轴任一回参考点减速信号压下后，R0203. 0=1，且使 R0203. 1 产生一个扫描周期宽的脉冲，系统对手动回参考点信号确认后，R0203. 7=1。X 轴减速信号触发 1 轴（X 轴）回

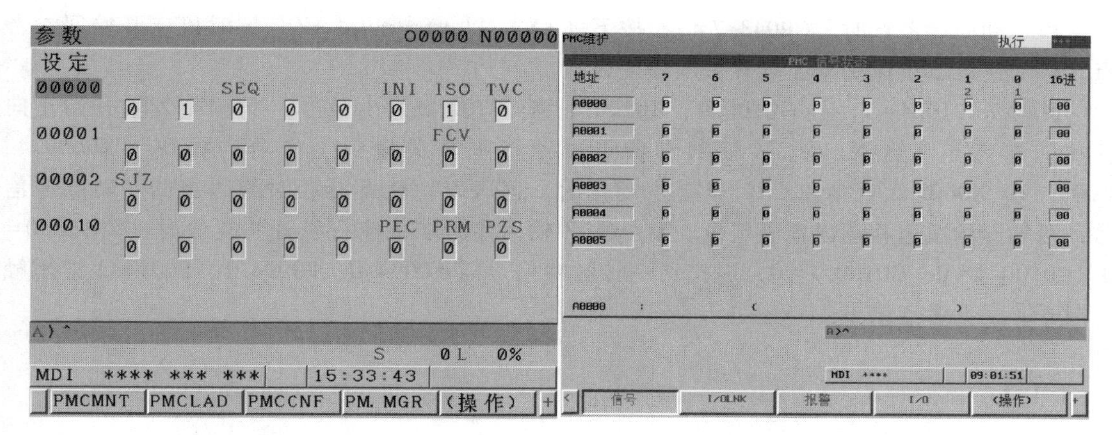

图 4-9　PMC 界面　　　　图 4-10　PMCMNT 界面

表 4-2　回参考点信号表

信号地址	信号名称	信号含义
F0094. 0	ZP1	X 轴返回参考点结束信号
F0094. 1	ZP2	Y 轴返回参考点结束信号
F0094. 2	ZP3	Z 轴返回参考点结束信号
F0004. 5	MREF	手动选择返回参考点确认信号
F0003. 0	MINC	增量进给选择确认信号
F0003. 1	MH	受控手轮进给选择确认信号
F0003. 2	MJ	JOG 进给选择确认信号
G0043. 7	ZRN	手动参考点返回选择信号
G0100. 0	+J1	X 轴进给轴方向选择信号
G0100. 1	+J2	Y 轴进给轴方向选择信号
G0100. 2	+J3	Z 轴进给轴方向选择信号
G0102. 0	-J1	-X 轴进给轴方向选择信号
G0102. 1	-J2	-Y 轴进给轴方向选择信号
G0102. 2	-J3	-Z 轴进给轴方向选择信号
X0009. 4	* DEC1	X 轴参考点返回用减速信号
X0009. 3	* DEC2	Y 轴参考点返回用减速信号
X0009. 2	* DEC3	Z 轴参考点返回用减速信号

参考点触发信号 R0203. 3，此时由 X0010. 4 控制 G0100. 0 控制 CNC 向伺服驱动器发出 X 轴正向移动指令，由 X0010. 6 控制 G0102. 0 控制 CNC 向伺服驱动器发出 X 轴负向移动指令。Y 轴减速信号触发 2 轴（Y 轴）回参考点触发信号 R0203. 4，此时由 X0010. 4 控制 G0100. 1 控制 CNC 向伺服驱动器发出 Y 轴正向移动指令，由 X0010. 6 控制 G0102. 1 控制 CNC 向伺服驱动器发出 Y 轴负向移动指令。Z 轴减速信号触发 3 轴（Z 轴）回参考点触发信号 R0203. 5，此时由 X0010. 4 控制 G0100. 2 控制 CNC 向伺服驱动器发出 Z 轴正向移动指令，由 X0010. 6 控制 G0102. 2 控制 CNC 向伺服驱动器发出 Z 轴负向移动指令。

当手动回参考点时，G0043.7=1，按下［+X］、［+Y］和［+Z］键时机床开始回参考点，移动速度以快速倍率波段开关的速度为准。

此时X0010.4=1，且G0100.0、G0100.1和G0100.2发出信号，X、Y、Z轴开始正向移动回参考点。当X、Y、Z轴回参考点减速行程开关碰到工作台的挡块（X0009.4、X0009.3、X0009.2直接和CNC连接）动作时，伺服电动机等待相对编码器的一转脉冲信号，两轴开始减速移动以精确定位。X、Y、Z轴回参考点减速行程开关复位时，G0100.0=0、G0100.1=0、G0100.2=0，当找到一转脉冲信号后F0094.0、F0094.1、F0094.2常闭触点断开，回参考点结束。

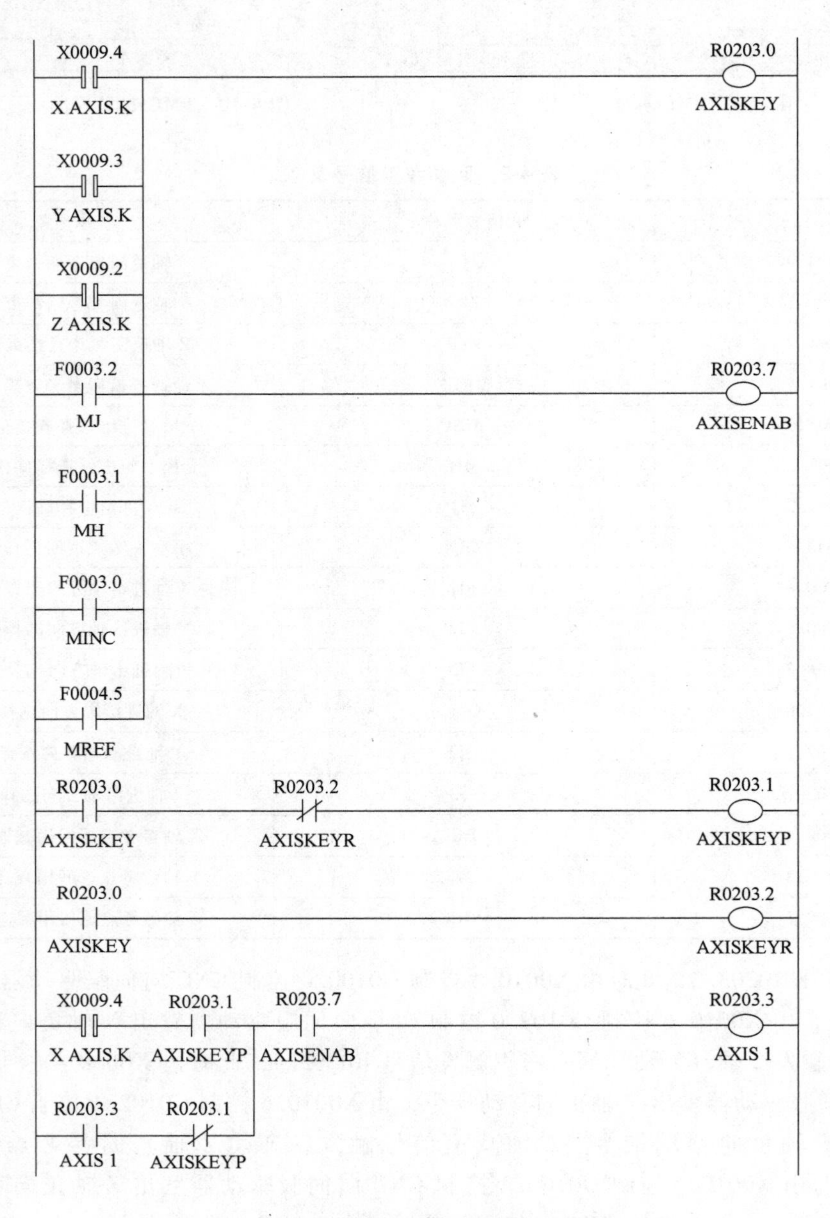

图4-11 回参考点PMC梯形图

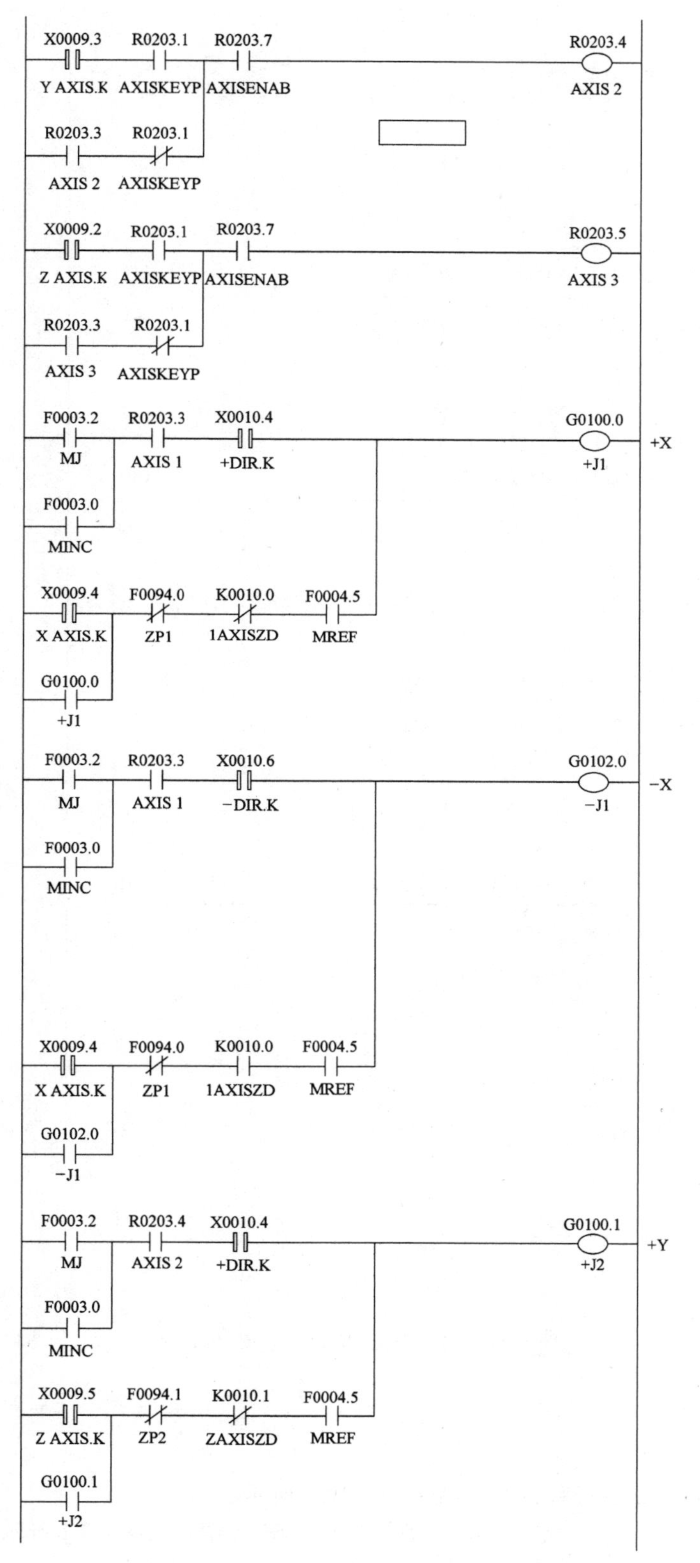

图 4-11　回参考点 PMC 梯形图（续）

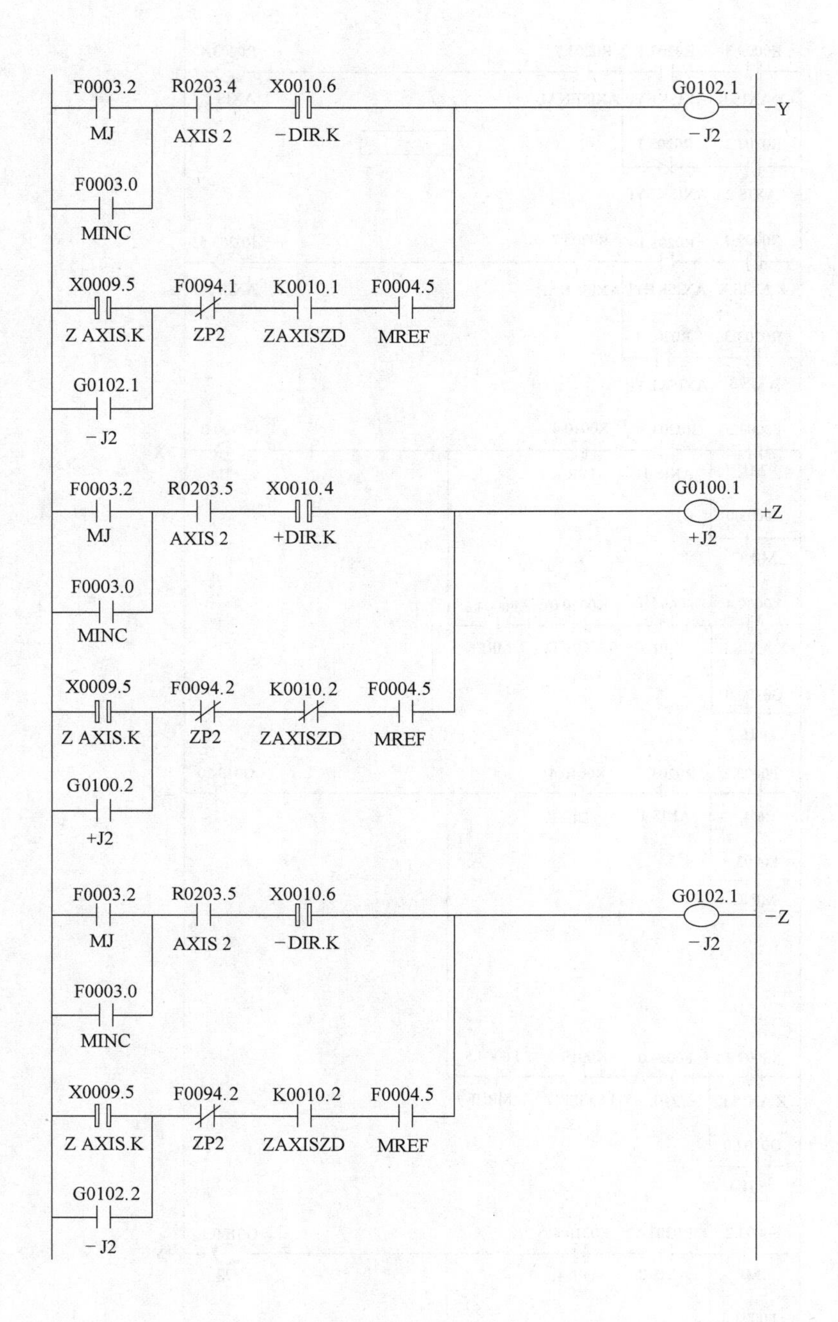

图 4-11　回参考点 PMC 梯形图（续）

3. PMC 梯形图监控

1）参照查看 I/O 点的过程，如图 4-9、图 4-10 所示。

2）在图 4-10 所示界面，按［PMCLAD］软键，显示界面如图 4-12 所示。可以查看各信号点的导通情况及 PMC 的运行情况。

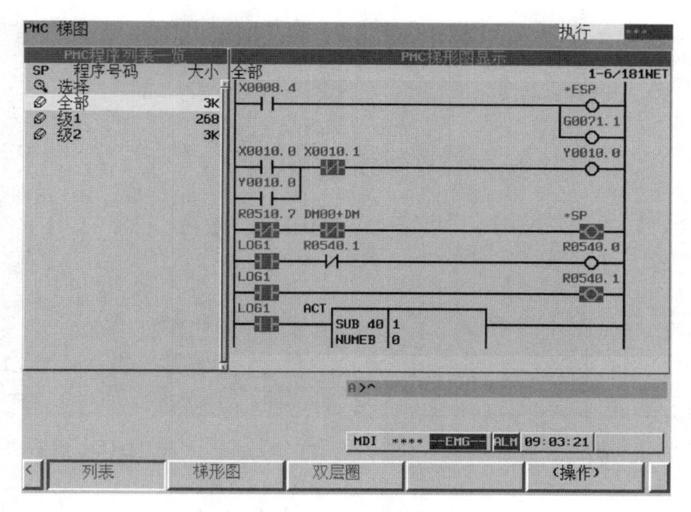

图 4-12 梯形图界面

4.2.5 参数设置故障

一、参数设置过程

1. 设置参数可修改模式的操作

1）机床操作方式选择“MDI”方式，或者急停状态。

2）按功能键［OFFSET SETTING］，选择如图 4-13 所示的 SETTING（设定）项，出现图 4-14 所示界面。

刀偏 O0000 N00000

号.	形状(H)	磨损(H)	形状(D)	磨损(D)
001	0.000	0.000	0.000	0.000
002	0.000	0.000	0.000	0.000
003	0.000	0.000	0.000	0.000
004	0.000	0.000	0.000	0.000
005	0.000	0.000	0.000	0.000
006	0.000	0.000	0.000	0.000
007	0.000	0.000	0.000	0.000
008	0.000	0.000	0.000	0.000

相对坐标 X 0.000 Y 0.000
Z 0.000
A)^
S 0 L 0%
MDI **** *** *** 12:13:33
刀偏 设定 坐标系 (操作) +

图 4-13 OFFSET SETTING 界面

设定（手持盒） O0008 N00000
写参数 = 0 (0: 不可以 1: 可以)
TV 检查 = 0 (0: 关断 1: 接通)
穿孔代码 = 1 (0: EIA 1: ISO)
输入单位 = 0 (0: 毫米 1: 英寸)
I/O 通道 = 4 (0-35: 通道号)
顺序号 = 0 (0: 关断 1: 接通)
纸带格式 = 0 (0: 无变换 1: F10/11)
顺序号停止 = 0 (程序号)
顺序号停止 = 0 (顺序号)
A) 1^
S 0 L 0%
MDI **** 14:43:28
号搜索 ON:1 OFF:0 +输入 输入

图 4-14 写参数设定界面

3）把光标移到“写参数”处，输入“1”，按［INPUT］功能键或按下软键［ON：1］，系统出现报警，如图 4-15 所示。

2. 显示参数

1）按 MDI 面板上的功能键 SYSTEM 数次，或者在按下功能键或 SYSTEM 键后，按下软键［参数］，出现参数界面，如图 4-16 所示。

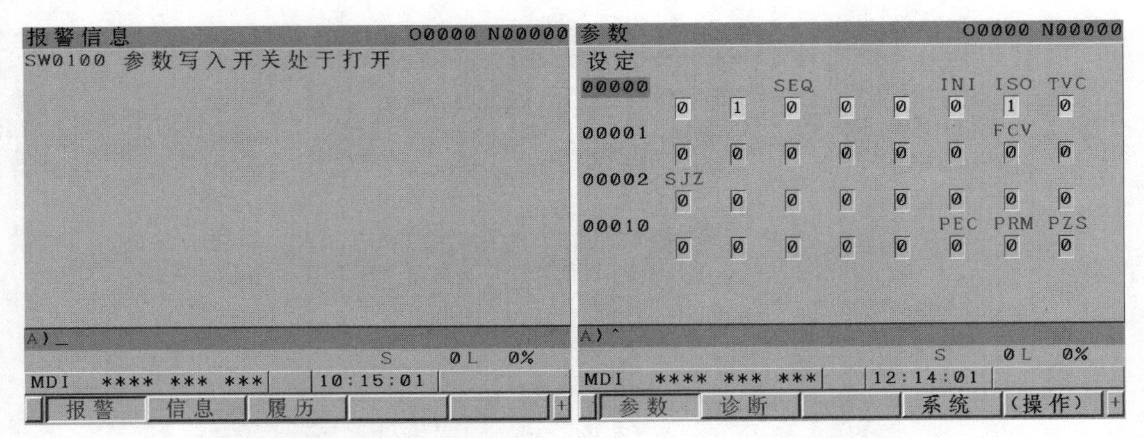

图 4-15 写参数报警信息　　图 4-16 参数界面

2）参数界面由数页构成，可通过两种方法显示希望显示的参数页。

① 用翻页键PAGE↑、PAGE↓或光标移动键↑、↓，显示所需的参数页。

② 输入需显示参数的数据号，如参数 1001，按下软键［号搜索］，出现如图 4-17 所示界面。由此，出现包含通过键入所指定的数据号在内的那一页，光标指示所指定的数据号。

3. 设定参数

1）按下光标键→或←，将光标指向所需设定的参数，如图 4-18 所示。

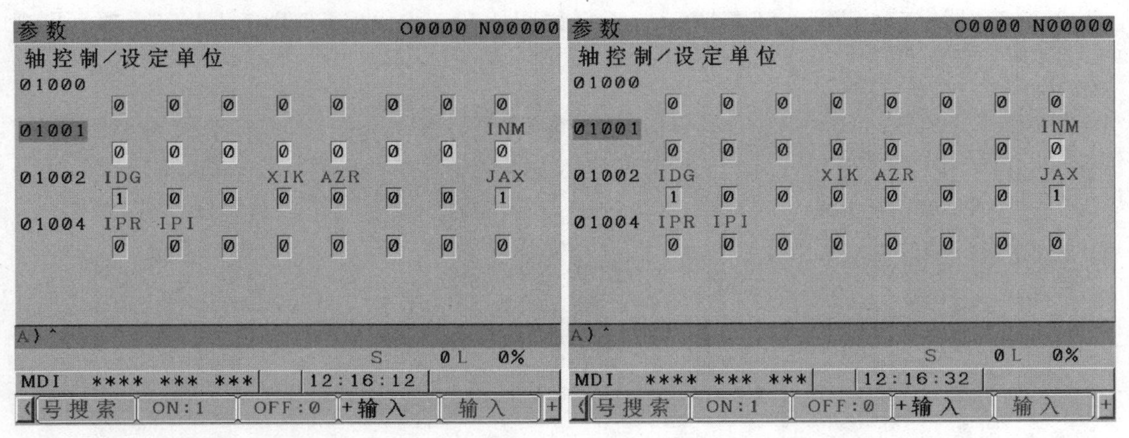

图 4-17 1001 参数界面　　图 4-18 参数 1001 设定界面

2）键入希望设定的数据，按下软键［输入］或键入软键［ON：1］，所输入的数据即被设定为光标所指向的参数。

3）根据需要重复进行显示及设定参数的操作。

4. 参数设定结束

参数设定结束后，将设定界面上的“写参数”的设定重新改为 0，以禁止参数的设定。

5. 复位 CNC，解除报警（SW0100）

在进行不同参数的设定时，有时会发出报警（PW0000）“必需关断电源”。遇到这种情况时，暂时关断 CNC 的电源。如设定 1001 参数，将 INM 设定为 1 时，出现如图 4-19 所示

报警。

二、与回参考点有关的参数

（1）P1002（1）　所有轴使用回参考点减速开关与否（位型参数），如图 4-20 所示。

0：使用；1：所有轴都不使用。

说明：当 P1002（1）= 0 时，若某个轴不使用回参考点减速开关，则由 P1005（1）设置。

（2）P1005（1）　各个轴使用回参考点减速开关与否（轴位型参数），如图 4-21 所示。

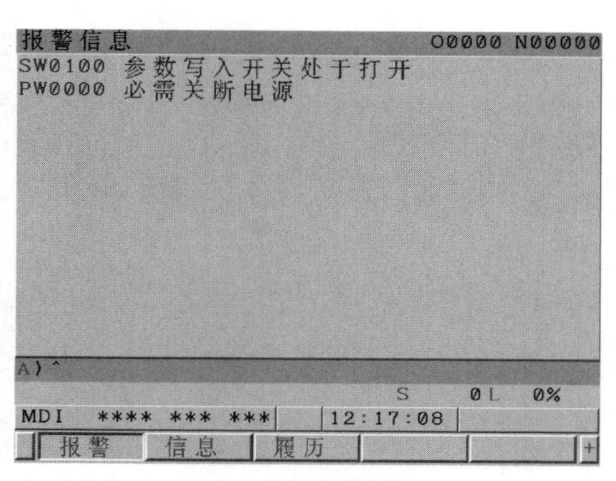

图 4-19　关断电源报警

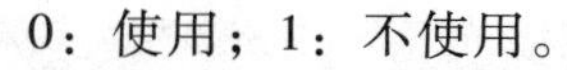

0：使用；1：不使用。

说明：当 P1002（1）= 0 时，P1005（1）才有效。

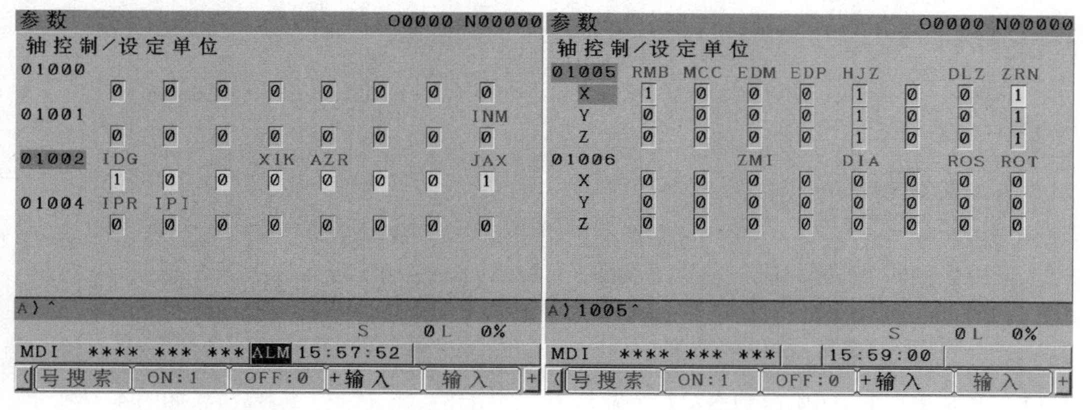

图 4-20　参数 1002 显示界面　　　　图 4-21　参数 1005 显示界面

（3）P1006（5）　确定回参考点方向（位型参数），如图 4-22 所示。

0：正向；1：负向。

说明：回参考点方向和回参考点时的运动方向是两个概念。

（4）P1240　各个轴第一参考点的坐标值（轴双字型参数）。单位：最小检测单位（我们的设备都是 0.001 mm），如图 4-23 所示。

解释：参考点在机床坐标系中的坐标值。即回参考点完成后，机床坐标系变为 P1240 设定的值。

（5）P1420　各个轴的快速速度（轴字型参数），单位：mm/min。

解释：执行 G00 命令，快速倍率为 100%时的各轴运行速度，如图 4-24 所示。

（6）P1424　各个轴回参考点快速速度（轴字型参数），单位：mm/min，如图 4-25 所示。

解释：回参考点时压上减速开关前各轴的速度。若 P1424 = 0，P1420×快速倍率的速度。

（7）P1425　所有轴回参考点低速速度（字型参数），单位：mm/min，如图 4-26 所示。

解释：压上减速开关后轴运动降至此速度。

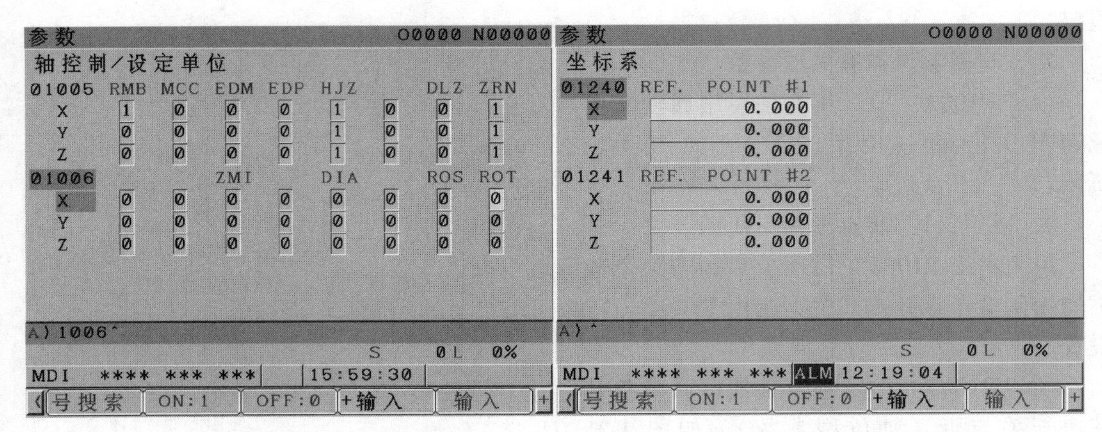

图 4-22 参数 1006 显示界面　　图 4-23 参数 1240 显示界面

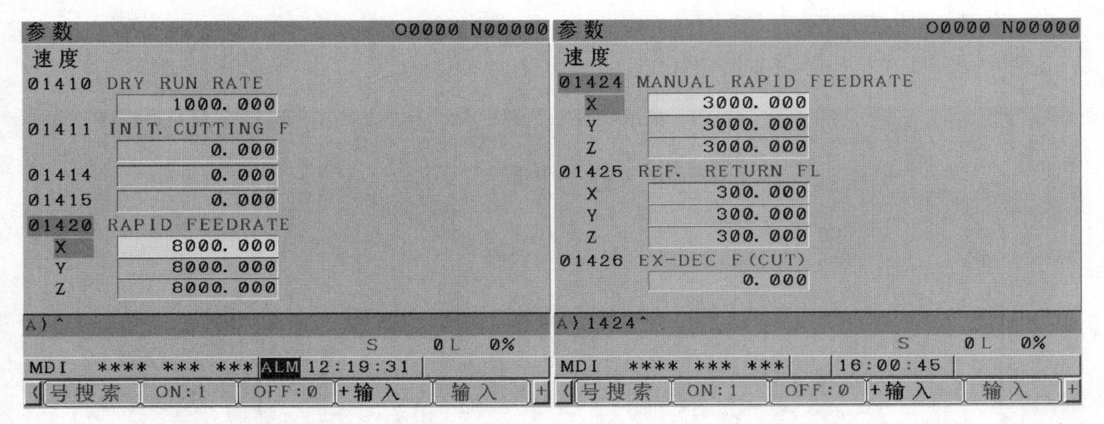

图 4-24 参数 1420 显示界面　　图 4-25 参数 1424 显示界面

（8）P1815（1） OPT 分别表示每个轴是否为全闭环系统（轴位型参数），如图 4-27 所示。0：半闭环；1：全闭环。

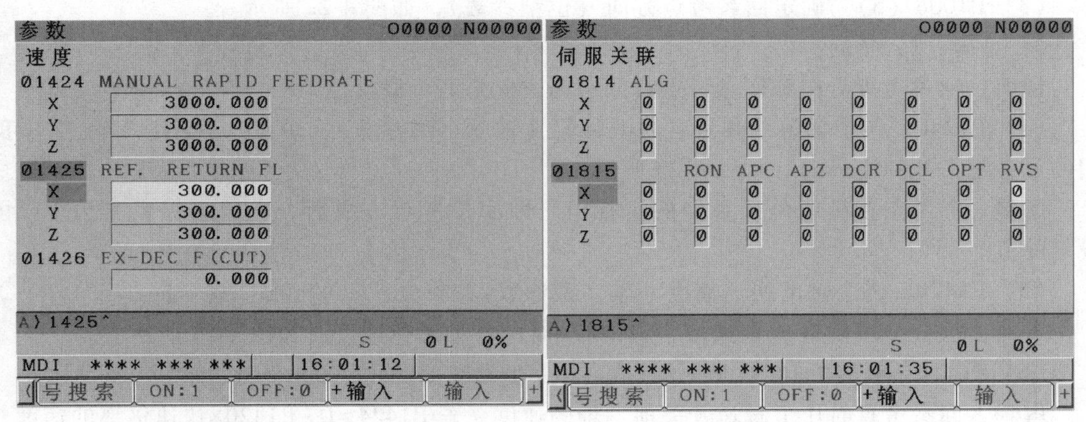

图 4-26 参数 1425 显示界面　　图 4-27 参数 1815 显示界面

P1815（4）：APZ 分别表示每个绝对型编码器的轴是否已建立参考点（轴位型参数）。

0：已经建立参考点；1：尚未建立参考点。

P1815（5）：APC 分别表示每个轴是否为绝对型编码器（轴位型参数）。

0：增量型编码器；1：绝对型编码器。

（9）P1850　各个轴的栅格偏移量（轴双字型参数），单位：0.001mm，如图 4-28 所示。

解释：脱开减速开关找到第一个 MARK 点后，各轴再偏移的距离，用于调整各轴的参考点。

（10）P3003（5）　减速开关有效状态（位型参数），如图 4-29 所示。

用于参考点返回操作的减速信号（＊DEC1～＊DEC5）：

0：在信号为 0 下减速；

1：在信号为 1 下减速。

（11）1836　视为可以进行参考点返回操作的伺服错误量，如图 4-30 所示。

在返回参考点过程中，松开用于减速的极限开关（减速信号＊DEC 恢复为“1”）之前，在一次也没有达到所设定值的进给速度的情况下，将会发出（PS0090）“未完成回参考点”报警。

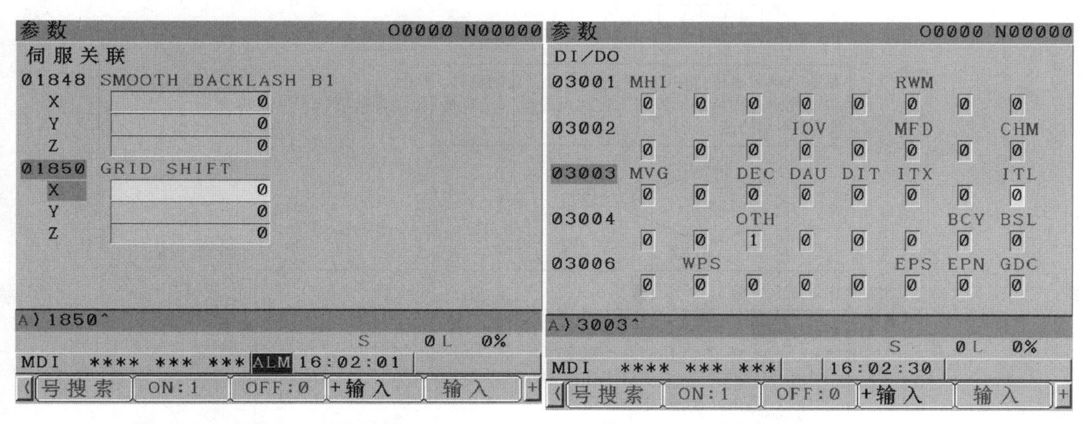

图 4-28　参数 1850 显示界面

图 4-29　参数 3003 显示界面

（12）2000 #0　PLC0，如图 4-31 所示。

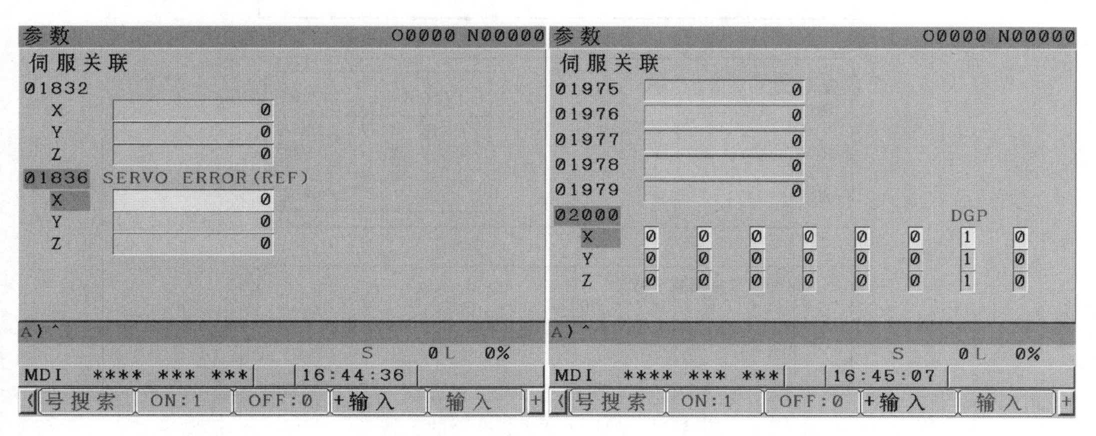

图 4-30　参数 1836 显示界面

图 4-31　参数 2000 显示界面

当参数 PLC0（No. 2000#0）为 1 时，按参数设定值的 10 倍的数值进行检测，故需要位置偏差量大于 1280 个脉冲当量。即返回参考点的速度大于 1280 个脉冲当量，这是因为返回速度低于 1280 个脉冲当量时，电动机 1 转信号散乱，不能进行正确的位置检测。

4.2.6 故障定位

根据维修手册可知，0090 报警为未完成回参考点。

针对 0090 报警的故障分析过程如下：

1. 返回参考点时位置偏差量未超过 128 个脉冲当量

机床坐标轴以相当于位置偏差量（大于 128 的脉冲当量）的速度返回参考点时，伺服电动机回转大于 1 转（CNC 收到了至少 1 转信号）。在参数“DGN0300”中存储的为位置偏差量，要求位置偏差量大于 128 个脉冲当量，是因为返回速度低于 128 个脉冲当量时，电动机 1 转信号散乱，不能进行正确的位置检测。

处理 0090 号报警的方法如图 4-32 所示。

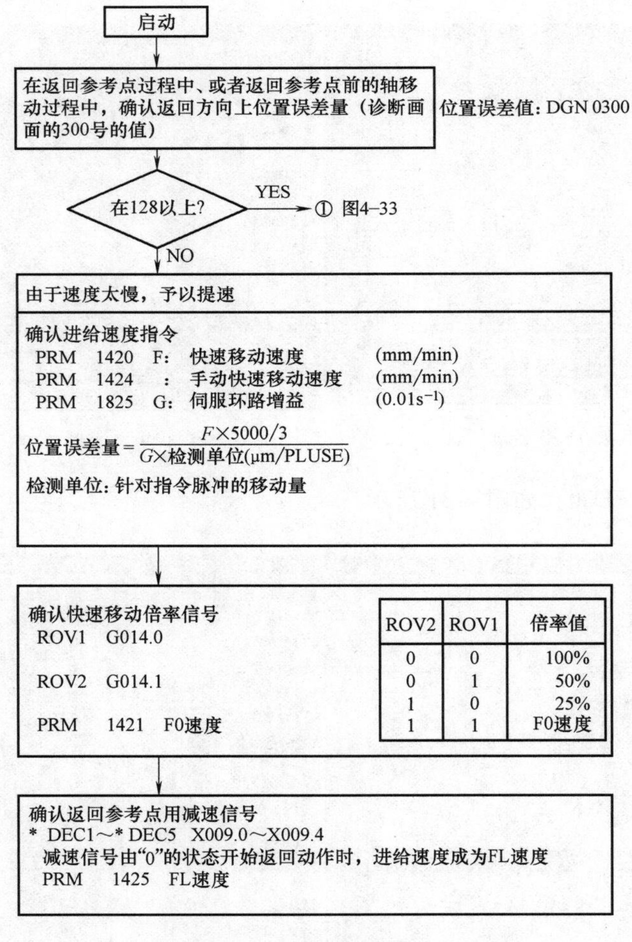

图 4-32 处理 0090 号报警的方法

2. 返回参考点时位置偏差量超过 128 个脉冲当量

根据多年维修经验，增量式回参考点方式，出现该故障主要因为栅格信号缺失，原因主要集中在硬件故障，具体如下：

1）编码器或光栅尺被污染，如进水、进油。

2）反馈信号线或光栅适配器受外部信号干扰。

3）反馈电缆信号衰减。

4）编码器或光栅尺接口电路故障、元器件老化。

5）伺服放大器接口电路故障。

故障排除方法如图 4-33 所示。

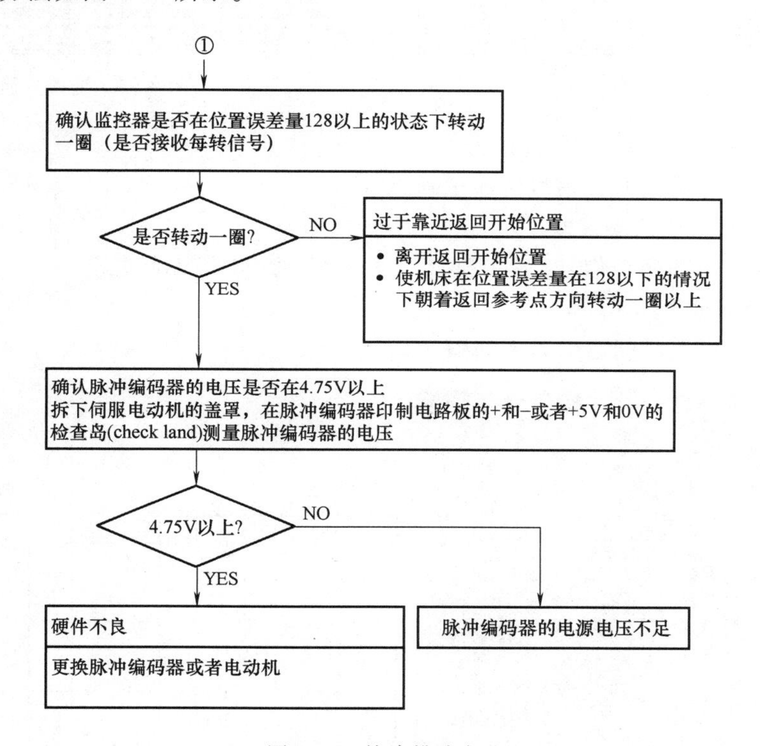

图 4-33　故障排除方法

4.3　项目实施

1. 查看 DGN300

1）按 MDI 面板上的功能键 SYSTEM 两次，或者在按下功能键 SYSTEM 后，按下软键［诊断］，出现诊断界面，如图 4-34 所示。

2）输入需显示诊断号 300，按下软键［号搜索］，如图 4-35 所示，出现如图 4-36 所示界面。

现场观察 DGN300，X 轴偏差为“166”左右，大于“128”，按照图 4-33 所示流程进行诊断及故障排除。

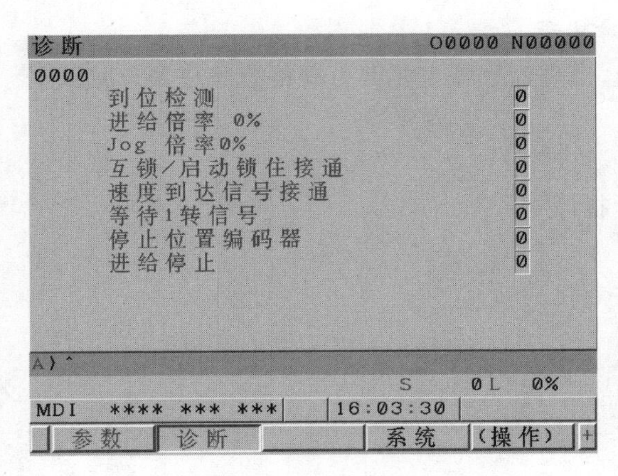

图 4-34 诊断界面

诊断 O0000 N00000
0000
到位检测 0
进给倍率 0% 0
Jog 倍率0% 0
互锁/启动锁住接通 0
速度到达信号接通 0
等待1转信号 0
停止位置编码器 0
进给停止 0
A)300^
S 0L 0%
MDI **** *** *** 12:20:55
号搜索

图 4-35 搜索界面

2. 查看 X9.2~X9.4（＊DECn 信号）

信号有效，说明减速开关信号传递正确。

3. 用万用表测电缆两端通断

用万用表测量电缆每个信号，判断通断。检测发现，电缆无问题。

4. 查看编码器电源信号

以 JF1 为例，电缆的相应引脚图如图 4-37 所示。

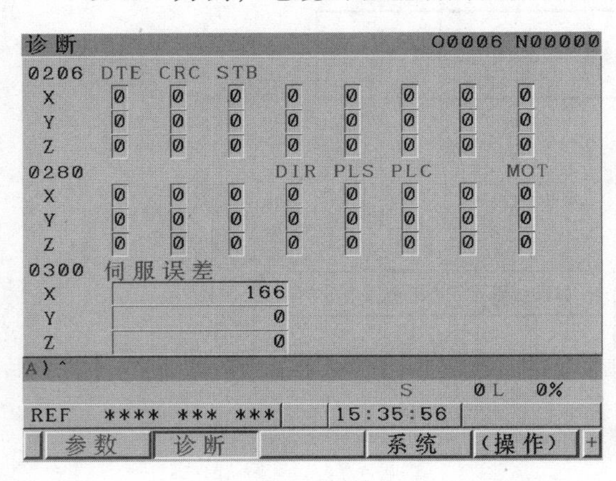

图 4-36 300 号诊断

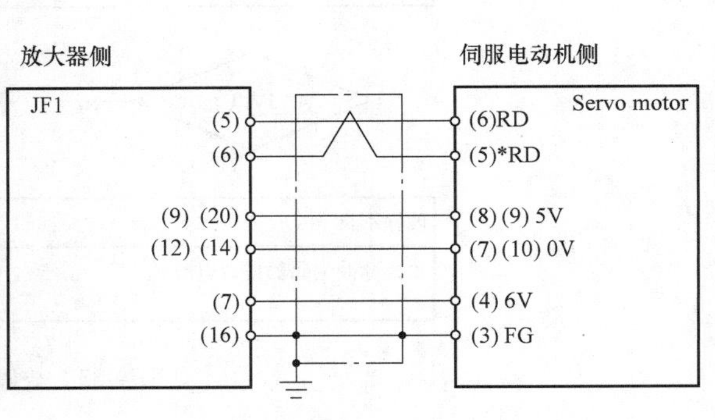

图 4-37 编码器电缆引脚图

测试结果是电源接近 5V，无问题。

5. 更换脉冲编码器

打开后端盖，更换编码器，如图 4-38 和图 4-39所示。

更换脉冲编码器后，故障仍然存在。

6. 更换伺服放大器

1）将电源断开，拆下电缆。

2）找相同型号的伺服放大器，连接相应的电缆。

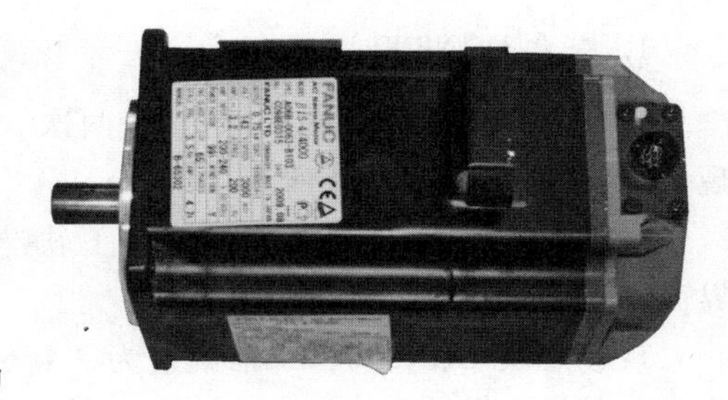

图 4-38 伺服电动机外观图

3）上电，运行相应故障轴。

故障排除，系统恢复正常，说明伺服放大器有问题，可能是接口问题。

图 4-39　打开后盖图

4.4　项目评估

项目结束，请各小组针对故障维修过程中出现的各种问题进行讨论，罗列出现的失误，并总结在今后的学习和操作过程中如何更好地发挥团队精神，如何提高水平及效率，并填写故障记录表及项目评估表，见附表 1 和附表 2。

4.5　项目拓展

4.5.1　故障现象

一台配备 FANUC 0i-MD 系统的机床出现故障，故障现象为开机状态下，Y 轴方向回参考点时，无法回到准确位置，且屏幕出现“SV0410：停止时误差太大”报警。

4.5.2　故障调查

1）观察机床，无减速挡块。

2）分别在高速和慢速状态下回参考点，发现在接近参考点位置时，Y 轴无减速过程，且有较大的撞击声，并出现 300 号报警。

3）检查参数 1829 中的数据，并未改变。

4.5.3　故障分析

1. 回参考点原理

如图 4-40 所示，将方式选择开关打到手动（JOG）方式状态下，手动使轴移动电动机

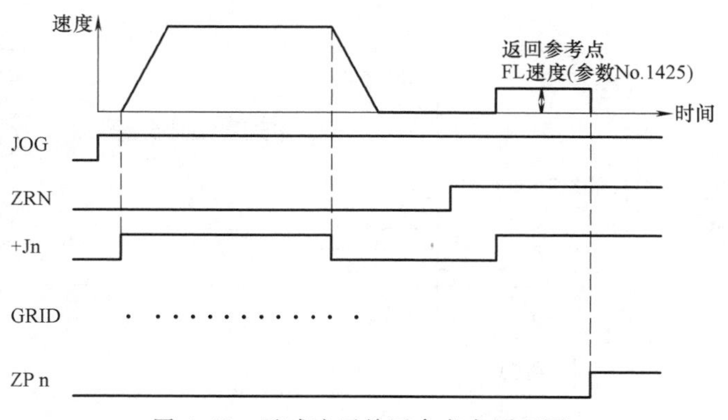

图 4-40　无减速开关回参考点原理图

转一转以上，移动速度不得低于 300mm/min。只有这样，才能在脉冲编码器内检测到一个以上的一转信号。在手动方式下将轴移动到靠近机床参考点的位置，然后选择回参考点(ZRN) 方式。当 ZRN 信号由 0 变成 1 时，系统开始寻找栅格信号。按进给轴方向选择信号 [+] 或 [-] 按钮后，机床移动到下一个栅格位置后停止，该点即为机床参考点。

2. 有关的参数

P1002(1)= 1 或 P1005(1)= 1：无减速开关。

P1006(5)：确定回参考点方向，0：正向；1：负向。

P1425：回参考点低速速度。

P1850：栅格偏移量。找到第一个 MARK 点后，伺服轴偏移的距离。

P1240：第一参考点的坐标值。返回参考点完成后，机床坐标系变为 P1240 设定的值。

3. 回参考点过程（以 X 轴回参考点为例）

手动操作 JOG 模式，X 轴移动一段距离，停止（注：运动方向与回参考点方向一致）。

更换为回参考点方式，CRT 上显示 REF。

再次操作时以 JOG X 轴移动，机床便沿 X 轴回参考点方向 [P1006(5) 设定的方向] 运动；速度为回参考点低速 [P1245 设定值]。

找到反馈元件上的第一个 MARK（零信号）点后，再移动由 P1850 [X] 设定的栅格偏移量后停止，此点就是参考点。

无减速挡块正向回参考点过程如图 4-41 所示，无减速挡块负向回参考点过程如图 4-42 所示。

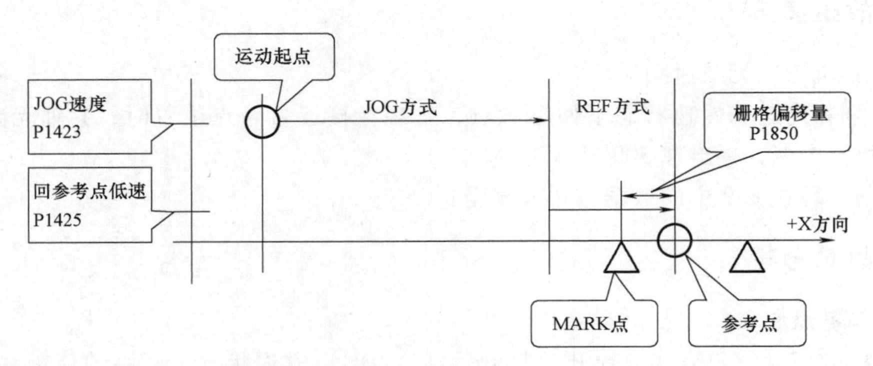

图 4-41 无减速挡块正向回参考点过程

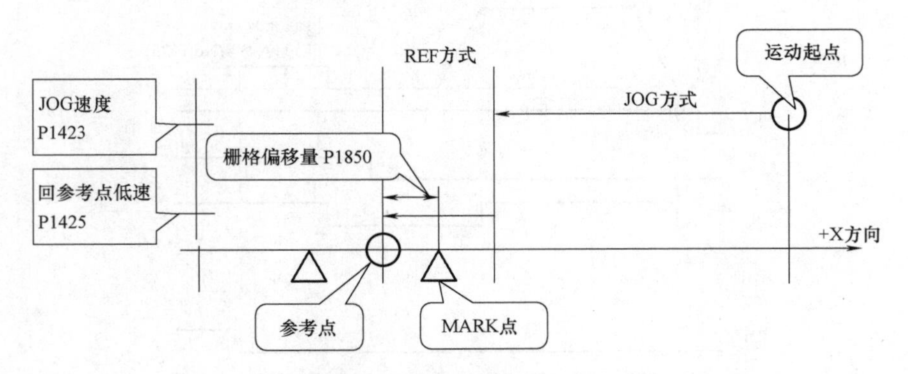

图 4-42 无减速挡块负向回参考点过程

4. PMC 状态

1）方式：G43(0, 1, 2, 7)=(1, 0, 1, 1)；返回参考点（REF）方式。

2）运动方向：G100(0~7)；分别控制8个轴返回参考点时的正向运动；G102(0~7)；分别控制8个轴返回参考点时的负向运动。

3）回参考点完成：F120(0~7)=1 分别表示8个轴的参考点已经建立；F94(0~7)=1 分别表示返回参考点完成，且在参考点正确位置。

4.5.4 故障定位

一、针对“SV0410：停止时误差太大”报警号的分析

图4-43所示为FANUC伺服系统三环控制系统的结构框图，可以看出：在NC进行伺服控制的过程中，系统的移动指令经脉冲分配处理，由图4-43中的①进入误差寄存器，使误差寄存器的数值递增，通过伺服的速度回路以及电流回路，由伺服放大器驱动伺服电动机转

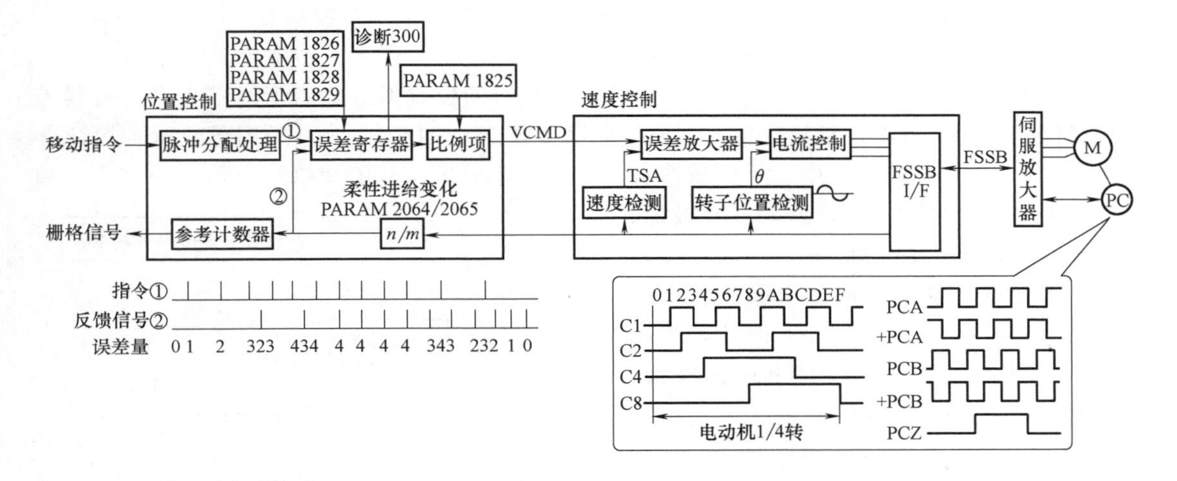

图4-43 FANUC伺服系统三环控制系统的结构框图

动，使安装在电动机后面的增量式编码器发出数字脉冲，反馈到伺服放大器，通过FSSB光缆由图4-43中的②进入误差寄存器，使误差寄存器的数值递减，正常情况下误差寄存器里的数值始终保持在一定范围内，伺服停止时，误差寄存器的数值为0。

移动指令或编码器反馈两者中有一个没有信号，就会造成误差寄存器的绝对值过大，在停止时如果误差寄存器里的绝对数值>参数1829里设定的数值，机床就会出现SV0410报警。误差寄存器的数值可以在FANUC系统的诊断300号看到。机床在停止的时候，垂直轴（V轴）因为伺服放大器不良下滑，之后就出现410V轴报警。如图4-44所示，伺服参数设置界面中V轴误差寄存器的值为-17894，其绝对值超过了参数1829的设定值。

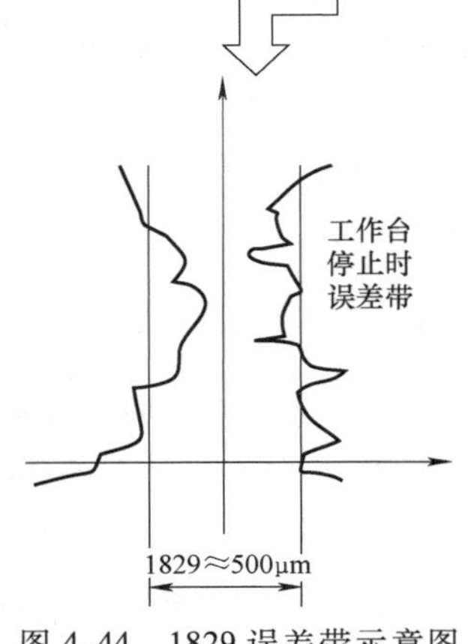

图4-44 1829误差带示意图

SV0410报警多数情况发生在反馈环节上。另外机械过载、全闭环振荡等都容易导致上述报警发生。现将典型情况归纳

如下：

1）编码器损坏。

2）光栅尺脏或损坏。

3）光栅尺放大器故障。

4）反馈电缆损坏，断线、破皮等。

5）伺服放大器故障，包括驱动晶体管击穿、驱动电路故障、动力电缆断线虚接等。

6）伺服电动机损坏，包括电动机进油、进水，电动机匝间短路等。

7）机械过载，包括导轨严重缺油，导轨损伤、丝杠损坏、丝杠两端轴承损坏，联轴器松动或损坏。

从本质上来说，上述典型故障现象其实说明一个问题，即指令脉冲与反馈脉冲两者之一出现了问题。上面1)~4）是由于反馈环节不良导致反馈信息不能准确传递到系统造成的；5)~7）反映的是虽然指令已经发出，但是在执行过程中出现了问题，有可能是在系统内部，也有可能是在伺服放大器上，还有可能是机械负载阻止电动机正常转动。

二、对参数1829的分析

经查看手册，发现1829参数为每个轴设定停止时的位置偏差极限值。停止中位置偏差量超过停止时的位置偏差量极限值时，发出伺服报警（SV0410），操作瞬时停止（与紧急停止时相同）。而机床在停止时由于机械冲击，可能会造成机床数值和给定数值的差过大，超过参数1829中的数据，引起SV0410报警。

三、300号报警分析

由于绝对位置信息依靠伺服放大器中的电池保护数据的，所以当下面几种情况发生时，参考点会丢失，并出现此报警。故障发生示意图如图4-45所示。

1）更换了编码器或伺服电动机。

2）更换了伺服放大器。

3）反馈电缆脱离伺服放大器或伺服电动机。

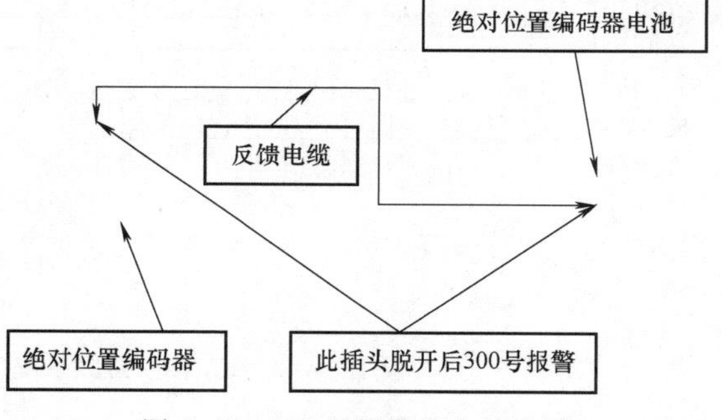

图4-45　300号报警发生示意图

故障原因，也即300号报警的原因：①绝对位置编码器后备电池掉电；②更换了编码器或伺服电动机；③更换了伺服放大器；④反馈电缆脱离伺服放大器或伺服电动机。

从系统手册中可知，DS300常伴随于其他报警号，现在是SV0410和DS300并存，要根据具体情况进行故障定位，根据以上测试及分析，可以初步得到可能是绝对位置丢失造成的。

4.5.5 项目实施

按照无减速开关设置绝对位置数据的步骤操作，建立参考点。

1）首先在手动状态下，使用手轮慢慢地将Y轴移动至距离机床0点靠近20mm的位置，即机床坐标系显示为“Y-20”处。更改为“MDI”状态，按下“OFFSET/SETTING”键，将系统写入状态参数更改为“1”。

2）然后按下屏幕上的“SYSTEM”软键，检索“1815”号参数内容，将Y轴对应的

APCx数值更改为0，发现系统要求重启才可以继续设置。重启后更改APZx数值为0，又重启系统，此时的参考点位置已经取消，系统默认Y轴方向无参考点。

3）再次启动系统后，更改1815号Y轴参数，将APCx和APZx分别设置为1，过程中分别需要重启系统。此时系统将记录当前坐标位置为Y轴的参考点，即在原机械坐标系“Y-20”的位置，然后使整个机床断电并重新启动，此时新的参考点位置已经重建。

考虑到机床的行程范围发生改变，因此应当更新系统关于行程范围的参数数值。按下屏幕上的“SYSTEM”软键，检索“1321”号参数，系统显示各个轴的存储行程限位1的负方向坐标值I，其C轴为“-502”，因为前面的坐标定为“Y-20”，因此此时的行程应更改为“-482”。更改后，使整个机床断电并重新启动。

4）完成参考点的重建后，使机床重新回参考点，发现机床故障排除，Y轴方向可正常回参考点。

4.6 回参考点的其他故障

数控机床在回参考点过程中出现的故障主要有以下表现形式。

1）坐标轴在执行回参考点操作时，没有减速过程，直到碰到位置极限开关停机，从而造成回参考点操作失败。

该故障原因可能是该轴的减速开关失效，从而导致运行中位置检测元件发出的栅格信号或基准脉冲信号不起作用。这时需根据先机械后电气的维修原则，首先检查减速挡块是否松动，然后检查减速开关至系统的连接电路是否断路等。

2）观察到工作台回参考点过程中有减速，但以关断速度移动直到触及限位开关而停机，没有找到参考点，回参考点操作失败。

造成上述现象的原因可能是测量系统在减速开关恢复接通到机床碰到限位开关期间，没有捕捉到一转信号或基准信号。具体讲，有两种可能：一种是检测元件在回参考点操作中没有发出一转信号，或该脉冲在传输或处理中丢失，或测量系统发生了硬件故障，对该脉冲信号无识别或处理能力；另一种可能由于传动误差等原因，使得一转信号刚错过，在等待下一个一转信号的过程中，坐标轴触及限位开关，所以只好停机。对第一种情况可用跟踪法对该信号的传输通道进行分段检查，看检测元件是否有一转信号发出，或信号在哪个环节丢失，从而采取相应对策。对第二情况，可试着适当调整限位开关或减速开关与参考点位置标记间的距离，即可消除故障。

3）机床在返回参考点过程中有减速，也有制动到零的过程，但停止位置常常与参考点正确位置前移或后移一个丝杠螺距（即相当于编码器一转的机床位移量的偏差）。

出现这种情况的原因是一转信号产生的时刻离减速信号从断到通处太近，加之传动误差，使得工作台在返回参考点过程中碰上减速开关时，测量系统所用的脉冲编码器上的一转信号刚错过，只能等待脉冲编码器再转一周后，测量系统才能找到一转信号，故出现上述故障。

项目5　伺服轴移动误差过大

5.1　项目引入

5.1.1　故障现象

某企业一台配备 FANUC 0i-MD 系统（全闭环系统）的机床出现故障，故障现象为加工零件过程中 X 轴伺服进给轴突然出现伺服移动误差过大报警，X 轴停止运行，屏幕出现“SV0411：运动时误差太大”报警。

5.1.2　故障调查

1）机床低速时可以正常运行，高速时出现伺服移动误差过大报警。

2）观察位置偏差，发现低速时随机床运动而变化，高速时来不及变化即发生 SV0411 报警。

5.1.3　维修前准备

1）技术手册：参数手册、维修手册、操作手册等。

2）测量工具：万用表，示波器等。

3）螺钉旋具等。

5.2　项目分析

5.2.1　伺服系统的反馈和控制方式

1. 伺服系统的控制方式

按控制系统有无反馈环节把伺服控制方式分为以下三种。

（1）开环伺服系统　没有反馈环节的控制方式称为开环控制方式，采用开环控制方式的进给驱动系统，则称为开环伺服系统。典型的开环伺服系统以步进电动机为驱动元件，系统简单，调试维修方便，工作稳定，成本较低。在开环伺服系统中，数控装置输出的脉冲，经过步进驱动器的环形分配器或脉冲分配软件的处理，在驱动电路中进行功率放大后控制步进电动机，最终控制步进电动机的角位移，步进电动机再经过减速装置（一般为同步带或直接连接）带动丝杠旋转，通过丝杠将角位移转变为移动部件的直线位移。因此，控制步进电动机的转角与转速，就可以间接控制移动部件的移动，俗称位移量。其控制流程图如图 5-1 所示。

采用开环伺服系统的数控机床结构简单，制造成本较低，但是由于系统对移动部件的实

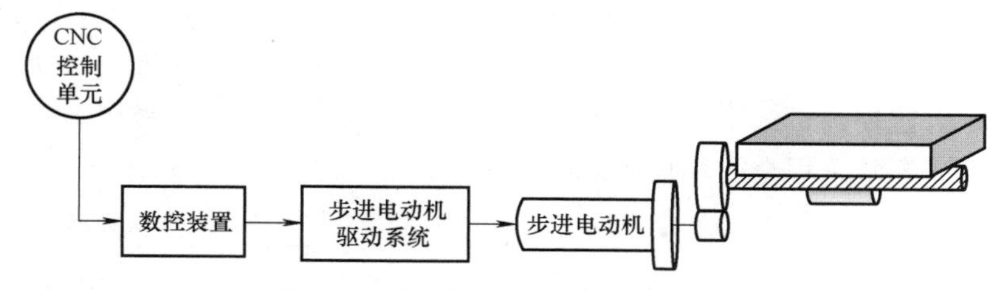

图 5-1　开环伺服系统的控制流程图

际位移量不进行检测，因此无法通过反馈自动进行误差检测和校正。另外，步进电动机的步距角误差、齿轮与丝杠等部件的传动误差，最终都将影响被加工零件的精度。特别是在负载转矩超过输出转矩时，将导致“丢步”，使加工出错。因此，开环控制仅适用于加工精度要求不高，负载较轻且变化不大的简易、经济型数控机床。

（2）半闭环伺服系统　具有反馈环节，即把机床运动部件的转角作为反馈量的系统称为半闭环伺服控制系统，其控制流程如图 5-2 所示。测量转角的传感器常采用旋转脉冲编码器，可以安装在工作台丝杠的端部；有的伺服电动机本身配有内置编码器，如 FANUC αi 系列伺服电动机配有内置高分辨率编码器，该编码器输出可以反馈的信息，包括电动机的转动位置、速度及格雷码，数据以串行方式输出到伺服模块及 CNC 系统中。

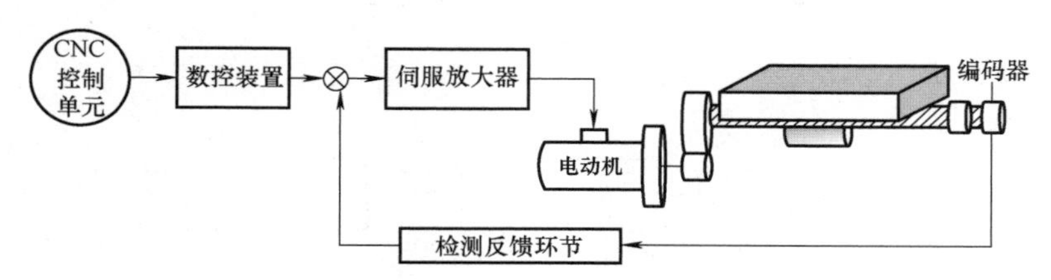

图 5-2　半闭环伺服系统的控制流程图

半闭环伺服系统调试方便，稳定性好，精度较高，成本也比较低，数控机床多采用此控制方式。由于半闭环伺服系统的反馈信号中不包括被监测轴之后的传动链误差，如滚珠丝杠及丝杠轴承误差等，所以系统不能控制这部分误差，从而影响了系统的精度。

（3）全闭环伺服系统　当半闭环伺服系统不能满足机床控制精度时，需要采用反馈直线运动误差的反馈装置。测量直线运动误差的传感器有光栅尺、磁尺、球栅等，如图 5-3 所示，在 FANUC 数控系统中称其为分离型检测反馈装置。

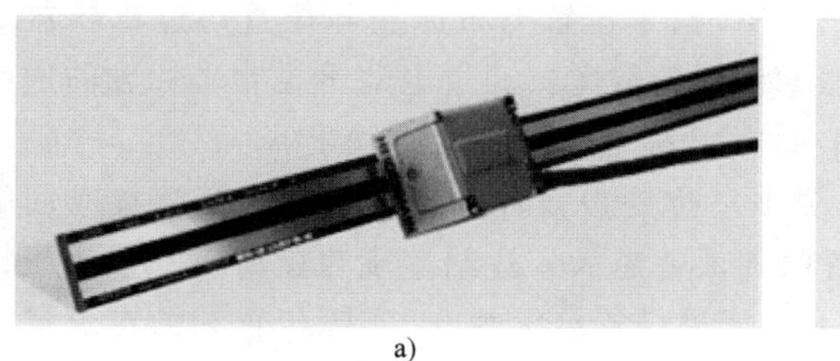

a)

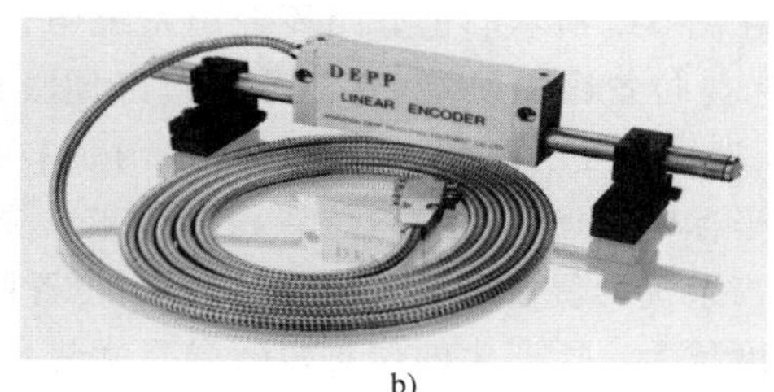

b)

图 5-3　直线反馈测量传感器

a）直线光栅尺　b）直线球栅尺

全闭环伺服系统以工作台的直线运动位移量作为反馈量，装有位置控制模块，其控制流程如图 5-4 所示。全闭环伺服系统的速度反馈信号是来自伺服电动机的内装编码器信号，而位置反馈信号来自直线测量元件，如直线光栅尺。光栅尺一般安装在机床移动工作台上。全闭环伺服系统可以监控到机床工作台或刀具的最终运动精度，所以精密加工机床、大型龙门铣床、数控镗铣床等常采用全闭环伺服系统。

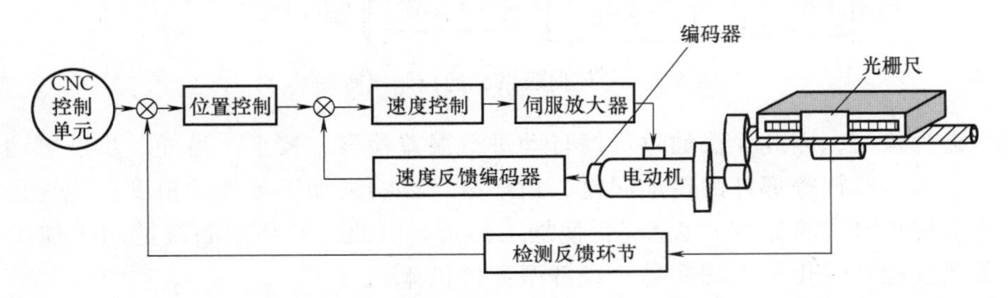

图 5-4　全闭环伺服系统的控制流程图

2. 全闭环伺服系统的控制

(1) 全闭环系统控制原理　位置闭环控制系统是利用误差进行控制的自动调节系统，其系统结构框图如图 5-4 所示。

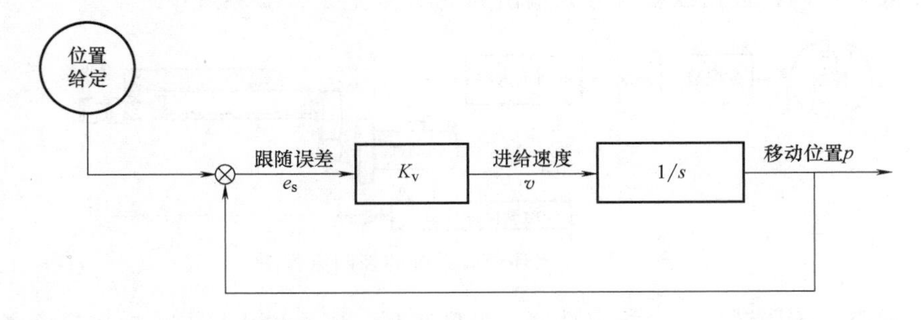

图 5-5　位置闭环控制系统结构框图

利用伺服电动机内置编码器作为位置检测元件的半闭环伺服系统，虽然实际系统的位置检测信号为电动机转角 θ，但是由于电动机、丝杠和工作台为刚性连接，对于丝杠螺距为 h、减速比为 i 的传动系统，其坐标轴位置 p 和电动机转角 θ 间有 $p=\theta h/(2\pi i)$ 的线性关系，因此，可以等效为图 5-5 所示的结构框图。

在图 5-5 所示的位置闭环控制系统中，CNC 指令位置与机床实际位置通过比较器的比较，产生位置跟随误差 e_s，这一误差经伺服驱动器的放大，通过电动机控制坐标轴的进给速度 v，进给速度的时间积分值（传递函数 $1/s$），就是坐标轴的位置输出 p。

坐标轴的运动速度与位置跟随误差 e_s 之比，称为位置环增益，又称速度增益或伺服增益。当系统的位置环增益 K_v 固定时，位置跟随误差越大，进给速度也就越大；或者说，运动速度越大，所产生的位置跟随误差就越大。如果位置给定为 0，实际位置和给定位置之间的跟随误差将通过位置调节器的作用，使之趋近于 0，从而使坐标轴停止运动。

(2) 全闭环伺服系统的动态响应及闭环 PID 控制原理　任意一个系统在典型输入信号的作用下，控制系统的时间响应都由动态过程和稳态过程两部分组成。

1) 动态过程。动态过程又称为过渡过程或瞬态过程，指系统在典型输入信号作用下，系统输出量从初始状态到最终状态的响应过程。由于实际控制系统的惯性、摩擦以及其他一些原因，系统输出量不可能完全复现输入量的变化。根据系统结构和参数选择情况，动态过程表现为衰减、发散或等幅振荡形式。显然，一个可以实际运行的控制系统，其动态过程必须是衰减的，换句话说，系统必须是稳定的。动态过程除提供系统稳定性的信息外，还提供响应速度及阻尼情况等信息。这些信息用动态性能描述，一般用系统在阶跃函数作用下的动态响应过程随时间 t 的变化状况描述。

如图 5-6 所示，描述系统动态性能的指标有：延迟时间 t_d，指响应曲线第一次达到其终值一般所需的时间；上升时间 t_r，指响应从终值的 10%上升到终值的 90%所需的时间，上升时间是系统响应速度的一种度量，上升时间越短，响应速度越快；峰值时间 t_p，指响应超过其终值到达第一个峰值所需的时间；调节时间 t_s，指响应到达并保持为终值的 -5%～5%所需的最短时间；超调量 M_p，指响应的最大偏离量与终值的差与终值比的百分数。这五个动态性能指标，基本上可以体现系统动态过程的特征。

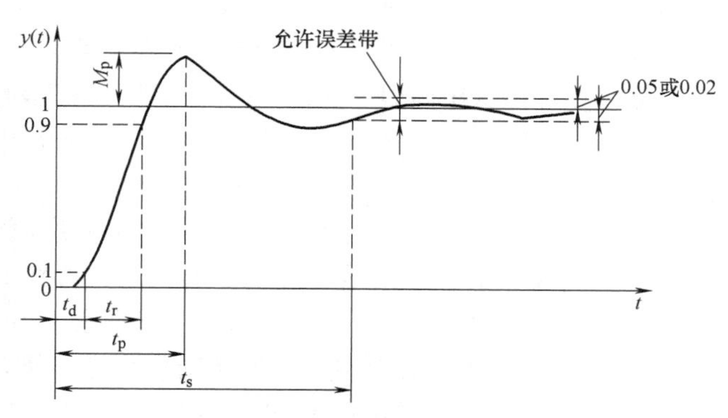

图 5-6　单位阶跃响应曲线

2）稳态过程。FANUC 伺服系统中一般采用 PID 控制算法实现闭环控制。PID 控制是最早发展起来的控制策略之一，其算法简单，鲁棒性好且可靠性高，被广泛用于过程控制和运动控制中。PID 是指比例（proportional）、积分（integral）、微分（derivative），这三项构成了 PID 的基本要素。三项中的每一项完成不同的任务，对系统功能产生不同的影响：增大比例系数可以加快系统的响应，在有静差的情况下有利于减小静差，但过大的比例系数会产生较大的超调，并产生振荡，使稳定性变坏；增大积分项有利于减小超调，使系统更加稳定，但系统静差的消除将随之减慢；增大微分时间有利于加快系统的响应，使超调量减小，稳定性增加，但系统对扰动的抑制能力减弱，对扰动有较敏感的响应。

图 5-7 所示为一个基本的 PID 控制器的方框图，预定位置信号减去被控设备的反馈信号产生误差，这一误差信号被送入比例环节、积分环节和微分环节，三项产生的结果相加后被送入驱动设备。

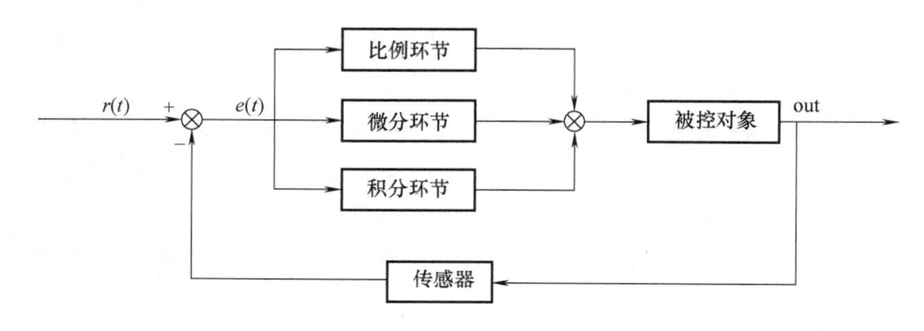

图 5-7　PID 控制器的方框图

(3) 基本参数与说明　全闭环位置控制所涉及的几个重要参数及其含义如下:

1) 位置跟随误差 e_s。CNC 指令位置与机床实际位置之间的差值称为位置跟随误差。位置跟随误差越小，机床的响应速度越快，实际加工轨迹就越接近于理论轨迹，轮廓加工误差也就越小。

2) 位置环增益 K_v。坐标轴运动速度与位置跟随误差 e_s之比称为位置环增益。位置环增益越大，同样的进给速度所对应的位置跟随误差越小，系统的跟随性能也就越好。位置环增益的提高受到机械传动系统刚性、伺服电动机转矩等多方面因素的制约，对于大中型机床，通常可设定为 15 ~20 (1/s)；小型高速加工机床可达到 30~50(1/s)。

3) 最大允许位置跟随误差 e_{sma}。最大允许位置跟随误差是指坐标轴在快速进给及加减速时，所允许的最大位置跟随误差，故又称轴运动时的最大允许误差。如果位置跟随误差超过这一差值，CNC 将发出位置跟随误差超差报警，并停止坐标轴运动。

在通常情况下，坐标轴的最大允许位置跟随误差参数可设定为快进时所产生的实际跟随误差的 1.5 倍左右，以确保正常工作时不会产生位置跟随误差超差报警。

4) 轴停止时最大允许位置跟随误差。当坐标轴定位完成后，进给系统将处于闭环位置调节状态，这时，如坐标轴存在诸如回转轴夹紧等的外力作用，将导致坐标轴偏离定位位置而产生位置跟随误差。如果坐标轴在停止状态下产生的位置偏移超过了轴停止时最大允许位置跟随误差值，CNC 也将发出位置跟随误差超差报警。在通常情况下，轴停止时的最大允许位置跟随误差可设定为坐标轴定位精度的 10~20 倍，以避免坐标轴在受到少量外力作用时频繁报警。FANUC0iD 与此类似的 CNC 参数还有伺服关断时的最大允许位置跟随误差，这一误差是指坐标轴的闭环位置控制被断开，但位置检测处于正常工作的情况下，对位置跟随误差超差的监控值。

5) 到位允差。到位允差是 CNC 在执行运动指令时，用来判别指令是否执行完成的位置跟随误差。如果实际位置跟随误差小于到位允差，可认为当前的运动指令已经执行完成，CNC 可继续执行下一指令或其他动作，否则，CNC 将进入位置闭环调节的等待过程，直到指定位置到达。

(4) 测量系统匹配参数　闭环位置控制系统能够进行正确的误差比较、位置调节的前提：指令脉冲和反馈脉冲的单位必须一致，即任一移动量所对应的 CNC 输出指令脉冲数与测量系统反馈的脉冲数必须相等，这样才能保证实际位置和指令位置的统一。

但是，由于坐标轴的机械传动系统结构不同，不同坐标轴的伺服电动机每转所产生的移动量可能不统一。例如，当电动机内置编码器的每转输出脉冲数为 1000000p/r、电动机每转运动量为 10mm 时，其反馈脉冲的单位实际上只有 0.01μm，但是 CNC 所产生的指令脉冲单位一般只能达到 0.5~1μm，故需要进行位置测量系统的匹配。一般而言，CNC 需要通过以下参数来匹配位置测量系统。

1) 最小移动单位。根据 CNC 工作原理，为了控制刀具运动轨迹，CNC 必须将坐标轴的移动量微分为单位脉冲进给，这一单位脉冲所产生的实际移动量就是 CNC 能够控制的最小运动量，故称最小移动单位或脉冲当量。

2) CMR、DMR 与参考计数器容量。CMR、DMR 与参考计数器容量的含义如图 5-8 所示。

CMR：指令倍乘比。这是为了测量系统匹配所设定的 CNC 指令脉冲倍乘系数，它可以将一个 CNC 输出的 1 个指令脉冲细分为多个脉冲，或者将多个指令脉冲转换为 1 个指令脉冲。但是，由于这一设定将影响插补轨迹，固通常将其设定为 1。

DMR：检测倍乘比。同样是为了测量系统匹配所设定的反馈脉冲倍乘系数，它可将 1 个反馈脉冲细分为多个反馈脉冲，或者将多个反馈脉冲转换为 1 个反馈脉冲。

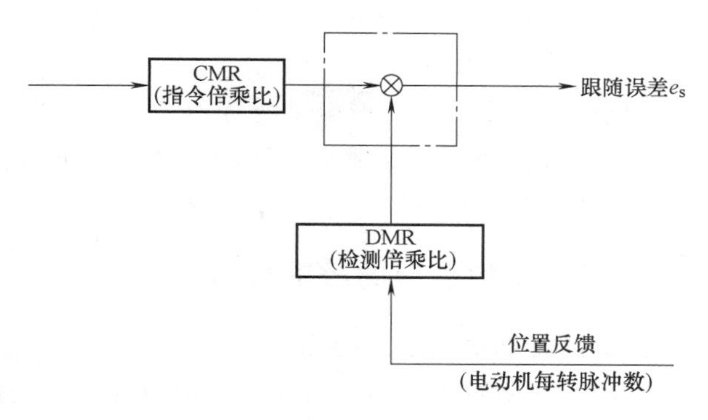

图 5-8 CMR、DMR 与参考计数器容量的含义

参考计数器容量：测量系统两个参考点标记（如编码器零脉冲、光栅尺零标记）间的距离。通过参考计数器容量，CNC 可以判断检测装置的零脉冲信号是否正常，或者通过对每转误差的清零，防止误差无限制积累。对于使用电动机内置编码器的半闭环伺服系统，编码器的零脉冲为每转 1 个，因此电动机每转移动量就是参考计数器容量。

设计测量系统的匹配原则一般是：环位置控制测量系统的匹配原则是任一移动量所对应的 CNC 指令脉冲数与反馈脉冲数必须相等，因此，CMR、DRM 的设定原则为

$$\text{CMR}\times\text{电动机每转移动量}/\text{最小移动单位}=\text{DMR}\times\text{电动机每转反馈脉冲数} \tag{5-1}$$

对于采用光栅的全闭环系统，同样可以根据光栅尺的检测精度，折算出电动机每转反馈脉冲数，然后按照这一要求进行计算。对于采用 αi/βi 系列电动机驱动的 FANUC0iD 半闭环伺服系统，由于伺服电动机内置编码器的输出可通过 CNC 自动折算为 1000000p/r 的标准值（与编码器精度无关），因此其 DMR 值必然很小，依靠传统的位参数 PRM1816.4 ~ PRM1816.6（DM1 ~ DM3）设定 DMR 的方法已无法满足测量系统的匹配要求。为此，需要通过参数 PRM2084（柔性齿轮比分子）、PRM2085（柔性齿轮比分母）的柔性齿轮比设定来匹配测量系统。柔性齿轮比参数与 DMR 的关系为 DMR = N/M。因此，当编码器输出脉冲自动折算为 1000000p/r 时，由式（5-1），有

$$\frac{N}{M}=\frac{\text{CMR}\times\text{电动机每转移动量}}{1000000\times\text{最小移动单位}} \tag{5-2}$$

这就是 FANUC0iD 常用的柔性齿轮比参数计算式。

如分析故障现象，机床在运行过程中突然出现移动误差过大报警，经过手动调试后，电动机可以正常返回参考点，到达前次报警的坐标位置时，机床再次发出报警信息。由于机床可以正常运行，因此可以判断此时电动机、伺服驱动器以及机械结构等构成伺服驱动系统的硬件部分没有发生故障，故所有硬件部分的连接及供电设备等均没有发生损坏，可以正常工作。但是根据故障现象以及全闭环伺服系统的结构框图（图 5-9）可以分析出，当出现移动误差过大报警时，应该从全闭环伺服系统的结构框图中分析故障位置，通过分析可以判断

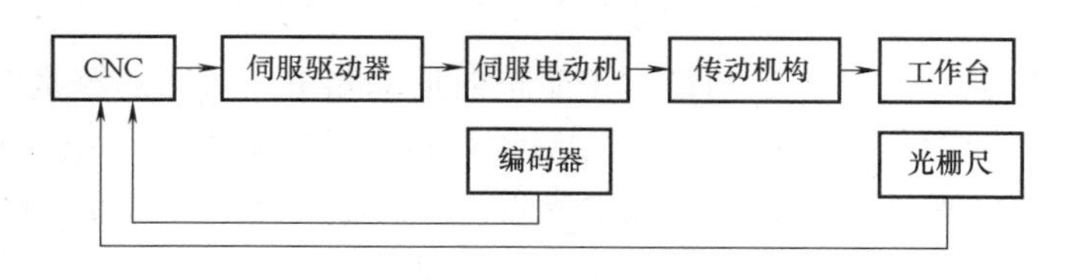

图 5-9 全闭环伺服系统的结构框图

出，以下几个部分出现故障时，可能会引起伺服驱动系统的误差过大报警。

1）机械结构精度下降。

2）机床的伺服放大器或电动机等不良。

3）CNC 控制单元伺服驱动系统的参数设定不当。

4）反馈环节出现故障。

5.2.2 机械结构引起的故障分析

一、进给传动机构故障的测试

通过项目 3 中对进给传动机构的学习可知，进给传动系统主要由滚珠丝杠螺母副、导轨运动副以及联轴器组成。如果滚珠丝杠螺母副中的丝杠出现断齿、导轨运动副出现了刮伤等，都会造成移动误差过大报警。当直线轴出现移动误差过大报警时，首先要测量该直线轴的精度。

1. 定位精度和重复定位精度的确定

根据国家标准 GB/T 17421.2—2016 中的评定方法，可以对机床某一直线轴的定位精度和重复定位精度进行评估，以确定机床的进给传动机构是否由于安装、保养不当等原因造成了精度损失。根据国家标准规定：

目标位置 P_i 是指运动部件编程要达到的位置，其下标 i 表示沿轴线选择的目标位置中的特定位置。

实际位置 P_{ij}是指运动部件第 j 次向第 i 个目标位置趋近时实际测得的到达位置。

位置偏差 X_{ij}是指运动能到达的实际位置减去目标位置之差，即有 $X_{ij}=P_{ij}-P_i$。

某一位置的平均偏差是指运动部件由 n 次趋近某一位置 P_j 所得的位置偏差的算术平均值，其计算公式为

$$\bar{x}_i=\frac{1}{n}\sum_{j=1}^{n}x_{ij} \tag{5-3}$$

对某一位置 P_i 的 n 次单向趋近所获得的位置偏差标准不确定度的估算公式为

$$S_i=\sqrt{\frac{1}{n}\sum_{j=1}^{n}(x_{ij}-\bar{x}_i)^2} \tag{5-4}$$

此公式用于评价测量的质量。

2. 定位精度和重复定位精度的确定

定位精度 A 是指在测量行程范围内（运动轴）测 2 点，进行一次往返目标点检测（双向）。测试后，计算出每一点的目标值与实际值之差，取最大位置偏差与最小位置偏差之差除以 2，再加正负号作为该轴的定位精度，计算公式为

$$A=\pm\frac{1}{2}\{\max[(\max.x_j\uparrow-\min.x_j\uparrow),(\max.x_j\downarrow-\min.x_j\downarrow)]\} \tag{5-5}$$

其中，↑表示测量时按照正向运动测量，↓表示测量时按照负向运动测量。

重复定位精度 R 表示在测量行程范围内任取左、中、右三点，在每一点重复测试 2 次，取每点最大值与最小值之差除以 2，就是重复定位精度，计算公式为

$$R=\frac{1}{2}[\max.(\max.x_i-\min.x_i)] \tag{5-6}$$

3. 定位精度测量工具和方法

定位精度和重复定位精度可以用激光干涉仪、线纹尺、步距规等进行测量，按照说明手册以及定位精度的公式可以实现测量。无论采用哪种测量仪器，其在全行程上的测量点数不应少于 5 点，测量检具按式（5-7）进行计算

$$P_i = iP + k \tag{5-7}$$

其中，P 为测量检具；k 在各目标位置取不同的值，以获得全测量行程上各目标位置的不均匀间隔，从而保证周期误差被充分采样。

二、进给传动机构的故障检测方法

进给传动机构是由不同环节的机械结构组成的，只有通过正确的安装、保养，才能保证其精度。

目前，数控机床进给系统中常用的机械传动装置有滚珠丝杠螺母副、导轨滑块副、直线电动机等。数控机床进给系统中的机械传动装置和元件具有高寿命、高刚度、无间隙、高灵敏度和低摩擦阻力等特点。

1. 滚珠丝杠螺母副

滚珠丝杠螺母副是在丝杠和螺母之间以滚珠为滚动体的螺旋传动元件。滚珠丝杠螺母副有多种结构形式，按滚珠循环方式分为外循环式和内循环式。

（1）滚珠丝杠螺母副的安装　安装方式对滚珠丝杠螺母副承载能力、刚性及最高转速有很大影响。滚珠丝杠螺母副在安装时应满足以下要求。

1）滚珠丝杠螺母副相对工作台不能有轴向窜动。

2）螺母座孔中心应与丝杠安装轴线同心。

3）滚珠丝杠螺母副中心线应平行于相应的导轨。

4）能方便地进行间隙调整、预紧和预拉伸。

只有满足这些要求，才能保证滚珠丝杠螺母副在全行程范围内可以正常运行，不会出现定位误差、移动误差。如果上面这些要求没有满足，将会造成对应伺服进给轴的误差。

（2）滚珠丝杠螺母副的预紧　滚珠丝杠螺母副预紧的目的是消除丝杠与螺母之间的间隙和施加预紧力，以保证滚珠丝杠反向传动精度和轴向刚度。

在数控机床进给系统中使用的滚珠丝杠螺母副的预紧方法有修磨垫片厚度、双螺母结构消隙、齿差式调整方法等，广泛采用的是双螺母结构消隙。

作为高精度进给驱动机构，为了保证反向传动精度和轴向刚度，必须消除轴向间隙。双螺母滚珠丝杠副消除间隙的方法是，利用两个螺母的相对轴向位移，使两个螺母中的滚珠分别贴紧在螺旋滚道的两个相反的侧面上，参见图 5-10。

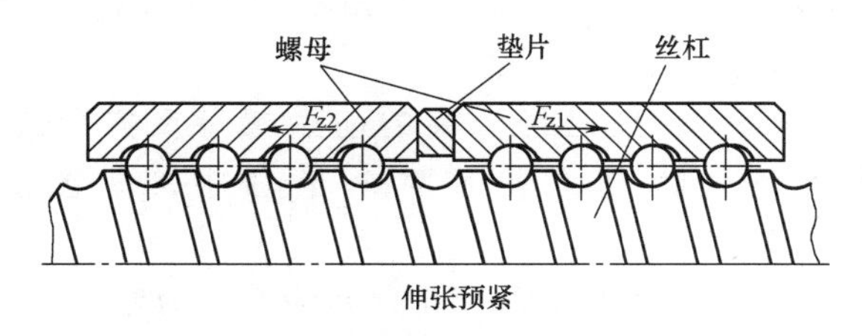

图 5-10　双螺母结构调整预紧力

常用的双螺母丝杠间隙的调整方法有以下三种。

1）垫片调隙式结构。参见图 5-11 所示垫片调隙式结构，原理是通过增加垫片厚度，使两个螺母在相对的方向上产生轴向力，克服间隙，增加预紧力。

2）螺母调隙式结构。参见图 5-12，原理同上，只是调整的手段不是垫片，而是两个锁

紧螺母。

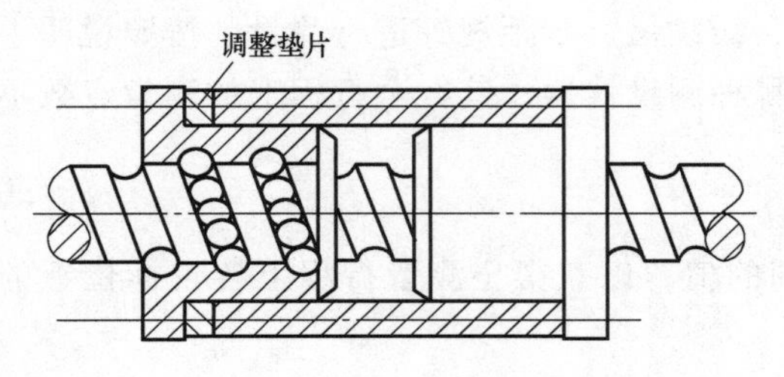

图 5-11　垫片调隙式结构

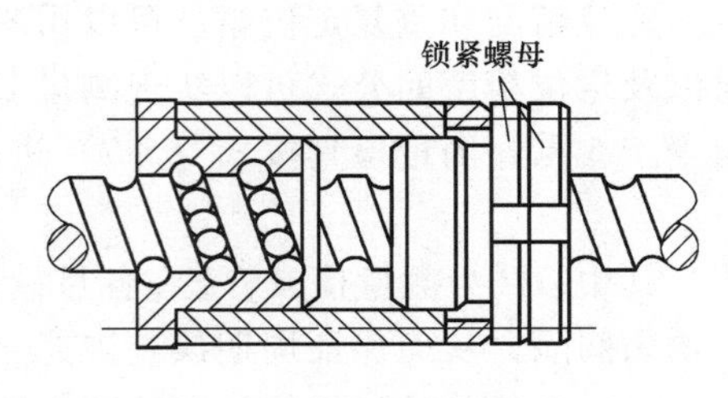

图 5-12　螺母调隙式结构

3）齿差调隙式结构。参见图 5-13，原理是在两个螺母的凸缘上各制有圆柱外齿轮，分别与固紧在套筒两端的内齿圈相啮合，其齿数分别为 z_1、z_2，并相差一个齿。调整时，先取下内齿圈，让两个螺母相对于套筒同方向都转动一个齿，然后再插入内齿圈，则两个螺母便产生相对角位移，其轴向位移量为

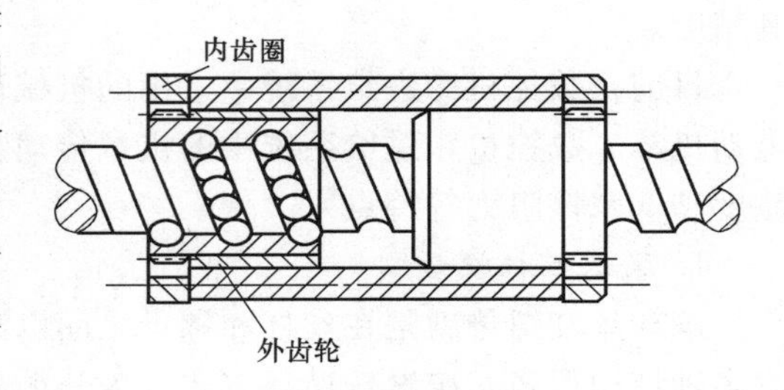

图 5-13　齿差调隙式结构

$$s=\left(\frac{1}{z_1}-\frac{1}{z_2}\right)P_{\mathrm{h}}$$

其中，z_1、z_2 为齿轮的齿数，P_{h} 为滚珠丝杠的导程。

只有通过正确的预紧调节才能消除滚珠丝杠螺母副的移动误差。当确定误差是由于预紧松动造成的时，需要重新调整丝杠间隙。一般由于预紧调节不当造成的误差多出现在正向、负向运行时，当某伺服进给轴从正向运动变为负向运动时出现移动误差过大报警时，误差一般是由于间隙调整不当引起的。

2. 双螺母丝杠间隙调整步骤

丝杠间隙调整步骤。首先判断丝杠间隙：如果丝杠无间隙，有一定的预紧力时，转动螺母时会感觉到有一定的阻力，似乎有些“阻尼”，并且全行程均如此，说明丝杠没有间隙，不需要调整；相反，如果丝杠和螺母之间是很松的配合，则说明丝杠螺母之间存在间隙，需要调整。

步骤 1：将螺母上的键式定位销固定螺钉松开，取下定位销。注意：螺母上相隔 180°有两个键式定位销，均需要拆卸下来。

步骤 2：使已经分离的前后螺母反方向旋转，将其完全松开，取下两个半月板，如图 5-14 所示。

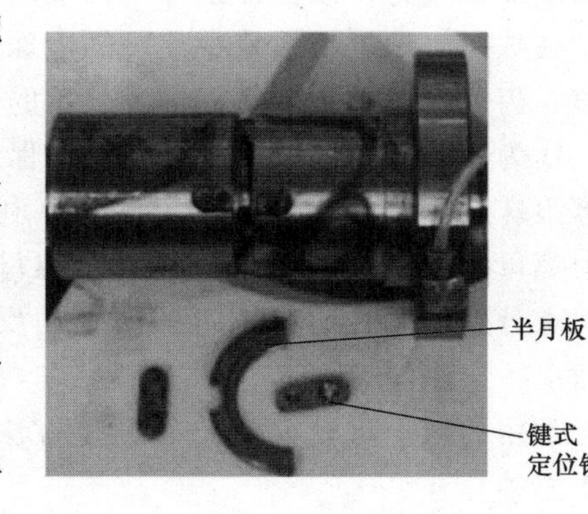

图 5-14　半月板与键式定位销

步骤 3：根据丝杠螺母之间的空载力矩情况（手感），将塞尺与半月板同时插入两丝杠螺母之间，并将丝杠螺母锁紧到位。锁紧到位的标志是键销定位槽对齐，这时再转动丝杠螺母，直至手感有些阻力，但同时键销定位槽又能够对齐，说明厚度已测好，如图 5-15 所示。

步骤4：将两螺母松开，测量半月板和所插入塞尺的总厚度，画图重新制作半月板，试装。

步骤5：如果厚度适宜，丝杠和丝杠螺母配合良好，安装丝杠螺母上的两个键式定位销，上紧固定螺钉。

图5-15　键式定位销安装示意图

3. 滚珠丝杠螺母副的润滑及防护装置

滚珠丝杠螺母副在工作状态下必须润滑，以保证其充分发挥功能。其润滑方式主要有两种：润滑脂润滑和润滑油润滑。润滑脂的润滑给脂量一般是螺母内部空间容积的1/3，某些生产厂家在装配时螺母内部已加注润滑脂。润滑油润滑的给油量随行程、润滑油的种类、使用条件等的不同而不同。

滚珠丝杠螺母副与滚动轴承一样，当污物及异物进入时会很快使它磨损，因此为防止污物及异物（切屑）进入，必须采用防尘装置，将丝杠轴完全保护起来。防尘装置可采用可随移动部件移动而收展的钢制盖板或柔性卷帘。

4. 滚珠丝杠螺母副常见故障

（1）过载　滚珠丝杠螺母副进给传动的润滑状态不良、轴向预加载荷太大、丝杠与导轨不平行、螺母轴线与导轨不平行、丝杠弯曲变形时，都会引起过载报警。一般会在CRT上显示伺服电动机过载、过热或过电流报警，或在电气柜的进给驱动单元上，通过指示灯或数码管提示驱动单元过载、过电流信息。

（2）窜动　滚珠丝杠螺母副进给传动的润滑状态不良、丝杠支承轴承的压盖压合情况不好、滚珠丝杠螺母副滚珠有破损、丝杠支承轴承破裂、轴向预加载荷太小，会使进给传动链的传动间隙过大，从而引起丝杠传动时的轴向窜动。

（3）爬行　爬行问题一般发生在启动加速段或低速进给时，多因进给传动链的润滑状态不良、外加负载过大等所致。尤其要注意的是，伺服电动机和滚珠丝杠连接用的联轴器，如连接松动或联轴器本身缺陷，如裂纹等，会造成滚珠丝杠转动和伺服电动机的转动不同步，从而使进给运动忽快忽慢，产生爬行现象。

5. 滚珠丝杠常见故障现象及故障排除方法

1）滚珠丝杠螺母副噪声过大的故障现象及排除方法，见表5-1。

表5-1　滚珠丝杠螺母副噪声过大

故障原因	故障现象	排除方法
丝杠支承轴承的压盖压合情况不好	窜动	调整轴承压盖，使其压紧轴承端面
丝杠支承轴承可能破裂	窜动	如轴承破损，更换新轴承
电动机与丝杠联轴器松动	爬行	拧紧联轴器锁紧螺钉
丝杠润滑不良	过载、窜动、爬行	改善润滑条件，使润滑油量充足
滚珠丝杠螺母副滚珠有破损	窜动	更换新滚珠

2）滚珠丝杠运动不灵活的故障现象及排除方法，见表5-2。

表 5-2 滚珠丝杠运动不灵活

故障原因	引起误差	排除方法
轴向预加载荷太大	过载	调整轴向间隙和预加载荷
丝杠与导轨不平行	过载	调整丝杠支座位置,使丝杠与导轨平行
螺母轴线与导轨不平行	过载	调整螺母座位置,使丝杠与导轨平行
丝杠弯曲变形	过载	调整丝杠

三、导轨滑块副

导轨主要用来支承和引导运动部件沿一定的轨道运动，从而保证各部件的相对位置和相对位置精度。导轨在很大程度上决定了数控机床的刚度、精度和精度保持性，所以数控机床要求导轨的导向精度要高，耐磨性要好，刚度要大，且有良好的摩擦特性。常见导轨副有滑动导轨和滚动导轨，由于滚珠丝杠导轨的摩擦力小，在精密机床中广泛使用。

1. 滚动导轨的安装、预紧

直线滚动导轨的安装固定方式主要有螺钉固定、压板固定、定位销固定和斜楔块固定，如图 5-16 所示。直线滚动导轨的安装形式可以水平、竖直或倾斜，可以两根或多根平行安装，也可以把两根或多根短导轨接长，以适应各种行程和用途的需要。采用直线滚动导轨，

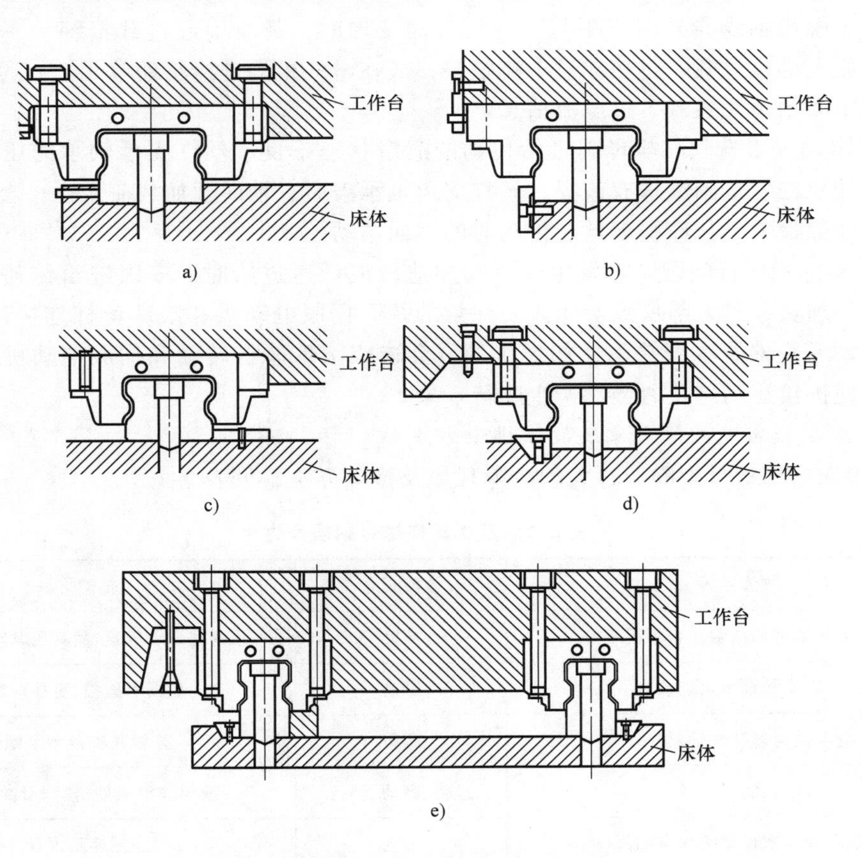

图 5-16 直线滚动导轨的安装固定方式

a）用螺钉 b）用压板和螺钉 c）定位销 d）用楔块和螺钉固 e）导轨平行安装

可以简化机床导轨部分的设计、制造和装配工作。滚动导轨副安装基面的精度要求不太高，通常只要精铣或精刨。直线滚动导轨对误差有均化作用，安装基面的误差不会完全反映到滑座的运动上来。通常滑座的运动误差约为基面误差的 1/3。

在实际使用中，通常是两根导轨成对使用，其中一条为基准导轨，通过对基准导轨的正确安装，可保证运动部件相对于支承元件的正确导向。安装前必须检查导轨是否有合格证，有否碰伤或锈蚀，并用防锈油清洗干净，清除装配表面上的毛刺、撞击突起物及污物等；检查装配连接部位的螺栓孔是否吻合，如果发生错位而强行旋入螺栓，将会降低运行精度。

2. 导轨滑块副的故障诊断

影响机床正常运行和加工质量的主要环节是：导轨滑块副间隙、滚动导轨副的预紧力、导轨的直线度和平行度以及导轨的润滑、防护装置。导轨滑块副的常见故障及排除方法见表 5-3。

表 5-3　导轨滑块副的常见故障及排除方法

故障内容	故障原因	排除方法
导轨磨损	机床经过长期使用，地基与床身水平度有变化，使得导轨局部单位面积负载过大	定期进行床身导轨的水平度调整或修复导轨精度
	长期加工短工件或者承受过分集中的负载，使得导轨局部磨损严重	注意合理分布短工件的安装位置，避免负载过度集中
	导轨润滑不良	调整导轨润滑油量，保证润滑油压力
	导轨材质不良	用电镀加热自冷淬火对导轨进行处理，导轨上增加锌铝铜合金板，以改善摩擦情况
	刮研质量不符合要求	提高刮研修复的质量
	机床维护不当，导轨里落入脏物	加强机床保养，保护好导轨防护装置
导轨上移动部件运动不良或者不能移动	导轨面研伤	用砂纸修磨机床与导轨面上的研伤
	导轨压板研伤	卸下压板，调整压板和导轨之间的间隙
	导轨镶条与导轨间隙太小，调节得过紧	松开镶条止退螺钉，调整镶条螺栓，使运动部件运动灵活，保证 0.03mm 塞尺塞不入，然后锁紧止退螺钉
加工平面在接刀处不平	导轨直线度超差	调整或者修刮导轨，公差为 0.015mm/500mm
	工作台塞铁松动或塞铁弯度太大	调整塞铁间隙，塞铁弯度在自然状态下应该小于 0.05mm
	机床水平度差，使得导轨发生弯曲	调整机床安装水平度，保证平行度、垂直度误差在 0.02mm/1000mm 以内

5.2.3　伺服参数设定引起的故障分析

通过分析闭环伺服系统的控制环可以看出，当伺服参数设定不当时，可能会造成跟随误差过大故障。

一、伺服参数设定

采用网络控制技术的全功能 CNC，其全部伺服驱动参数都需要在 CNC 上进行设定。伺服驱动系统除了需要设定前述的位置控制基本参数外，还有大量的驱动器和电动机参数需要设定，这些参数包括电动机、驱动器规格参数和监控保护参数，位置、速度、转矩闭环调节参数，滤波器、陷波器参数，AI 控制、前馈控制参数等。

交流伺服驱动采用的是矢量控制理论，驱动器需要设定的参数（PRM2000～PRM2465）众多，参数计算和设定不但需要知道详细的电动机、驱动器动静态特性，而且要建立控制系统模型。因此，参数设定一般需要借助计算机软件才能完成，这对 CNC 使用厂家及其调试、维修技术人员来说，存在相当大的困难。为此，实际调试时需要利用 CNC 的伺服设定引导操作，进行伺服参数的自动设定。

1. 伺服设定引导

利用伺服设定引导操作，CNC 能够根据驱动系统的实际配置和功能要求，自动获取保存在驱动器的存储器中、由驱动器生产厂家通过大量实验与测试取得的最佳参数，完成驱动系统参数的自动设定，实现系统的最佳匹配与最优控制。

由于数字伺服控制是通过软件方式进行运算控制的，而控制软件存储在伺服 ROM 中，通电时数控系统根据所设定的电动机规格号和其他适配参数（如齿轮传动比、检测倍乘比、电动机方向等）加载所需的伺服数据到工作存储区（伺服 ROM 中写有各种规格的伺服控制数据），通过设置参数告诉数控系统伺服进给的各项信息才能保证伺服进给系统的正常工作，而初始化设定正是进行电动机规格号和其他适配参数的设定。因此伺服参数的设定条件如下：

1）CNC 单元的类型及相应软件（功能）：系统是 FANUC 0C/0D 系统还是 FANUC 16/18/21/0i 系统。

2）伺服电动机的类型及规格：进给伺服电动机是 α 系列、β 系列、αi 系列还是 βi 系列。

3）电动机内装的脉冲编码器类型：编码器是增量编码器还是绝对编码器。

4）系统是否使用分离型位置检测装置，是否采用独立旋转编码器或光栅尺作为伺服系统的位置检测装置。

5）电动机旋转一周，机床工作台移动的距离：机床丝杠的螺距是多少，进给电动机与丝杠的传动比是多少。

6）机床的检测单位（如 0.001mm）。

7）CNC 的指令单位（如 0.001mm）。

2. 参数设定操作——FSSB 的设定

经过 FSSB（串行伺服总线）参数设定，可以建立起系统控制轴与伺服轴的对应关系，从而完成主控制器（CNC）与从控制器（伺服放大器和光栅）之间的数据传输。FSSB 只用一条光缆，这样可大大减少机床电气部分的接线。使用 FSSB 的系统，必须设定下列定义伺服轴的参数：参数 No. 1023、No. 1905、No. 1910～No. 1919 、No. 1936 和 No. 1937。

（1）FSSB 设定方式

1）手工设定 1。手工设定 1 的有效条件为，参数 1902#0 = 1、#1 = 0，参数 1910～1919 全为 0。

使用手工设定 1 时，分离型位置检测装置不能使用，系统控制轴与伺服轴的对应关系直接由参数 1023 确定，适用于不使用光栅做全闭环控制的数控机床。

2）手工设定 2。手工设定 2 的有效条件为，参数 1902#0 = 1。

使用手工设定 2 时，需要手工设定参数 No. 1023、No. 1905、No. 1910 ~ No. 1919、No. 1936 和 No. 1937。

3）自动设定。轴的设定将根据由 FSSB 设定画面输入的轴和放大器的相互关系自动计算。用该计算结果，自动设定参数 No. 1023、No. 1905、No. 1910 ~ No. 1919、No. 1936 和 No. 1937。

（2）FSSB 自动设定步骤

1）FSSB 界面显示。在 FSSB 设定界面上显示有基于 FSSB 的放大器和轴的信息。

此外，还可以设定放大器和轴的信息。

步骤一，按下功能键［SYSTEM］。

步骤二，按数次系统扩展软键，显示软键［FSSB］。

步骤三，按下软键［FSSB］，切换到“放大器设定”界面，显示如下软键。

放大器　轴　维修　（操作）

2）放大器设定界面设定。

在本界面确定放大器轴和 CNC 轴的连接，通过设定控制轴号确定对应关系。放大器设定界面如图 5-17 所示，各部分含义如下：

放大器设定　O0000 N00000

号.	放大	系列	单元	电流	轴	名称
1-01	A1-L	α i	SVM	20A	01	X
1-02	A1-M	α i	SVM	20A	02	Y
1-03	A1-N	α i	SVM	20A	03	Z
1-04	A2-L	α i	SVM	20A	04	B
1-05	A2-M	α i	SVM	20A	05	C

A）_

MDI **** *** ***　12:00:00

放大器　轴　维修　（操作）

图 5-17　放大器设定界面

号：从属器编号。对由 FSSB 连接的从控装置，从最靠近 CNC 数起的编号，每个 FSSB 线路最多显示 10 个从控装置。

放大：放大器类型。在表示放大器开头字符的“A”后面，从靠近 CNC 一侧数起显示表示第几台放大器的数字和表示放大器中第几轴的字母（L：第 1 轴，M：第 2 轴，N：第 3 轴）。

轴：控制轴号。

名称：控制轴名称。

显示对应于控制轴号参数（No. 1020）的轴名称。控制轴号为“0”时，显示“-”。作为放大器信息，显示下列项目的信息。

系列：伺服放大器系列；单元：伺服放大器单元的种类；电流：最大电流值。

3）轴设定界面。在轴设定界面上显示轴信息，如图 5-18 所示，具体显示以下项目。

轴：控制轴号，表明 NC 控制轴的安装位置。

名称：控制轴名称。

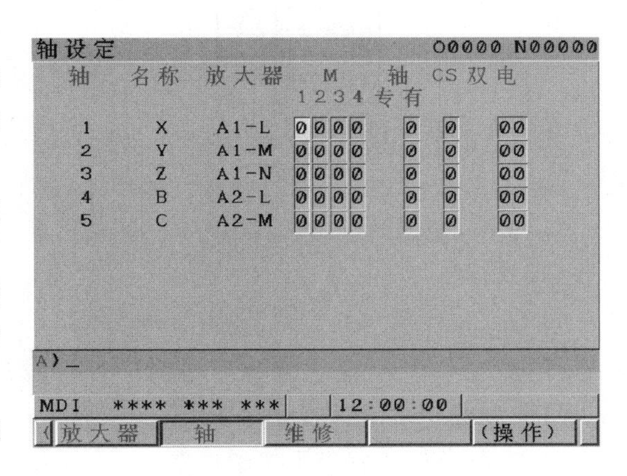

图 5-18　轴设定界面

放大器：连接在每个轴上的放大器的类型。

M1：分离型检测器接口单元 1 的插接器号，在参数 No. 1931 中设定。

M2：分离型检测器接口单元 2 的插接器号，在参数 No. 1932 中设定。

CS：Cs 轮廓控制轴，应设为 1。

双电：参数 No. 1934 中的指定值，FANUC 0i 系统不用。

3. 伺服参数初始化设定

根据以上伺服初始化设定的条件，按照图 5-19 所示伺服初始化设定流程可以对伺服系统进行伺服初始化设定。数字伺服控制是通过软件方式进行运算控制的，而控制软件存储在伺服 ROM 中。通电时数控系统根据所设定的电动机规格号和其他适配参数——如齿轮传动比、检测倍乘比、电动机方向等，加载所需的伺服数据到工作存储区（伺服 ROM 中写有各种规格的伺服控制数据），而初始化设定中写有各种规格的伺服控制数据，伺服初始化参数设定是对电动机规格号和其他适配参数进行设定，为数字伺服控制软件提供具体配置参数。

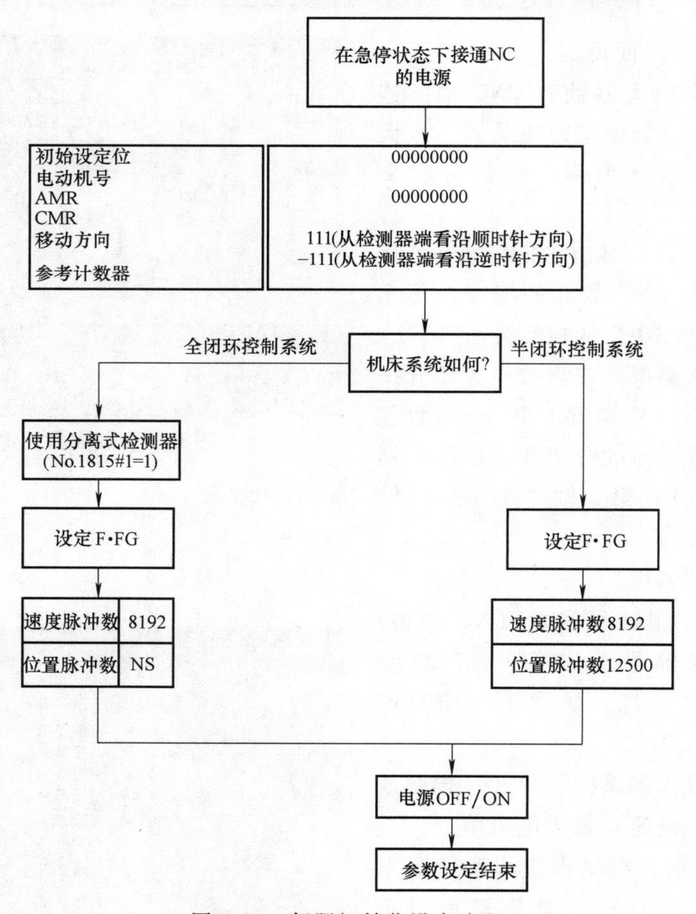

图 5-19　伺服初始化设定流程

（1）初始化的具体操作步骤

1）在紧急停止状态下接通电源。

2）设定用于显示伺服设定界面的参数，如图 5-20 所示。

其中，参数 3111　SVS 表示是否显示伺服设定界面 0：不予显示；1：予以显示

3）暂时将电源断开，然后再接通电源。

4）按下功能键、功能菜单键、软键［SV 设定］。

5）利用光标翻页键，输入初始设定所需的参数。

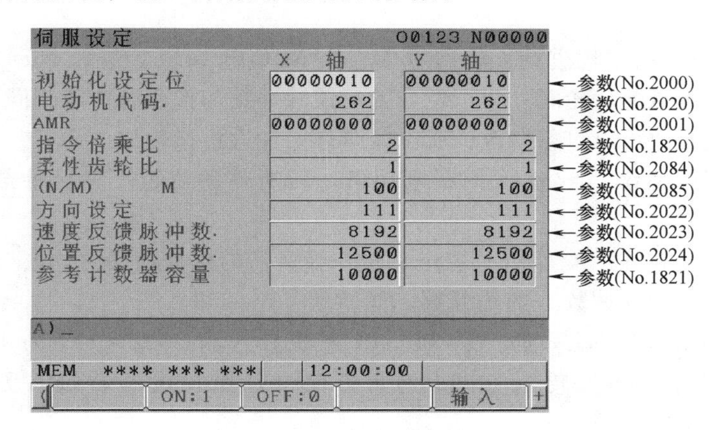

图 5-20　伺服设定界面

（2）相关参数介绍

1）设定电动机代码　根据电动机型号和图号，从表 5-4 中选择要使用的伺服电动机的电动机代码。

表 5-4　βiS 系列伺服电动机

电动机型号	电动机图号	驱动放大器	电动机代码
βiS 0.2/5000	0111	4A	260
βiS 0.3/5000	0112	4A	261
βiS 0.4/5000	0114	20A	280
βiS 0.5/6000	0115	20A	281
βiS 1/6000	0116	20A	282
βiS 2/4000	0061	20A	253
		40A	254
βiS 4/4000	0063	20A	256
		40A	257
βiS 8/3000	0075	20A	258
		40A	259
βiS 12/2000	0075	20A	269
		40A	268
βiS 12/3000	0078	40A	272
βiS 22/2000	0085	40A	274
βiS 22/3000	0082	80A	2313

2）设定伺服系统的电枢倍增比 AMR。FANUC 0i 系统参数为 2001，设定为 00000000，

与电动机类型无关。

3）设定伺服系统的指令倍乘比 CMR。FANUC 0i 系统参数为 1820，设定各轴最小指令增量与检测单位的指令倍乘比。参数设定值：①指令倍乘比为 1/2～1/27 时设定值＝1/CMR+100，有效数据范围为 102～107；②指令倍乘比为 1/2～48 时设定值＝2CMR，有效数据范围为 2～96。

4）设定伺服系统的柔性进给齿轮比 N/M。FANUC 0i 系统参数为 2084、2085。对不同螺距的丝杠或机床有减速齿轮时，为了使位置反馈脉冲数与指令脉冲数相同而设定进给齿轮比，由于通过系统参数可以进行修改，所以又叫作柔性进给齿轮比。

半闭环控制伺服系统：N/M＝（伺服电动机一转所需的位置反馈脉冲数/100 万）的约分数。

全闭环控制伺服系统：N/M＝（伺服电动机一转所需的位置反馈脉冲数/电动机一转分离型检测装置位置反馈的脉冲数）的约分数。

5）设定电动机旋转移动方向。FANUC 0i 系统参数为 2022，111 为正方向（从脉冲编码器端看为顺时针方向旋转）；－111 为负方向（从脉冲编码器端看为逆时针方向旋转）。

6）设定速度反馈脉冲数。FANUC 0i 系统参数为 2023，串行编码器设定为 8192。

7）设定位置反馈脉冲数。FANUC 0i 系统参数为 2024，半闭环控制系统中，设定为 12500，全闭环系统中，按电动机一转来自分离型检测装置的位置脉冲数设定。

8）设定参考计数器。FANUC 0i 系统参数为 1821，参考计数器用于在栅格方式下返回参考点的控制。必须按电动机一转所需的位置脉冲数或按该数能被整数整除的数来设定。

二、伺服参数设定不当引起的故障

通常情况下，交流伺服驱动系统从整体上通过三环对电动机进行控制，三环包括位置环、速度环和电流环。对应不同的设定参数，引起的故障现象也不同。通常会由于参数设定不当引起以下故障。

1. 机床某轴发生谐振及故障处理方法

机床谐振通常是在机床高速运行停止后，机床发生高频抖动，有时会伴有刺耳的“嗡嗡”生。每个机械系统都有自己的固定谐振频率，当机械系统中存在超过 200Hz 的强烈谐振时，为了消除谐振，会使用调高的速度滤波器常数。在提高滤波器常数依然不能消除谐振的情况下，就要通过调整其他速度环参数来配合。

2. 丝杠噪声及故障处理方法

机床在使用一段时间后，随着机械特性的改变，机床运行过程中，丝杠可能会产生刺耳的噪声。这时可以通过调整伺服系统参数来消除噪声，保证机床处在最佳运行状态。一般情况下，可以通过降低速度反馈滤波器常数来消除噪声。速度反馈滤波器的主要作用是限制速度反馈的截止频率，滤掉外界串入的干扰，以及速度的高频变化，保持速度调节的稳定性。在仅降低速度反馈滤波器常数效果不理想的情况下，可通过同时降低速度积分时间常数来消除噪声。

3. 位置跟随误差过大及故障处理方法

在加工过程中，如果发现位置跟随误差比较大，可以通过适当提高位置比例增益来降低系统的位置跟随误差。需要注意的是，插补轴之间的位置比例增益应保持一致。在对位置跟

随性要求很高的系统中，也可以通过调整位置前馈增益来降低系统的位置跟随误差，以降低机床加工中工件的形状误差。

5.2.4　反馈检测环节引起的故障分析

如图 5-21 所示，全闭环系统是以光栅尺（直线轴）或外置编码器（回转轴）直接检测坐标轴位置的闭环控制系统。全闭环系统可对机械传动系统的误差进行自动补偿。图 5-21 所示为全闭环系统的组成图，为了直接检测坐标轴的位置，系统除了需要在半闭环的基础上增加光栅尺或编码器等外置检测元件外，还需要增加分离型检测单元。外置检测元件的反馈信号应连接到分离型检测单元上，分离型检测单元通过 FSSB 总线与 CNC 连接。

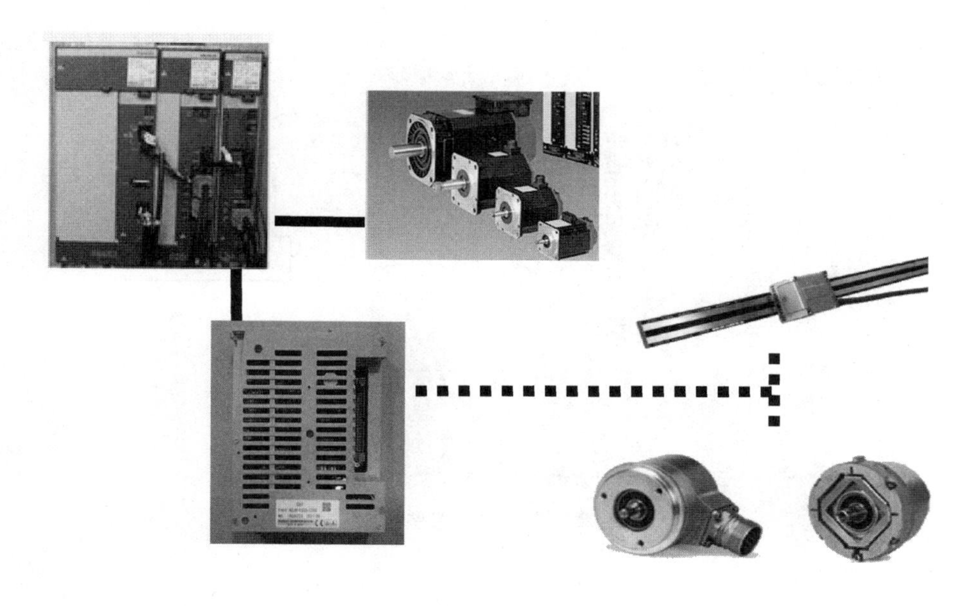

图 5-21　全闭环系统的硬件连接图

反馈检测环节会产生的故障主要有以下几种。

1）通信故障：主要是编码器与分离型检测单元、分离型检测单元与 FSSB 总线之间连接不良造成的。

2）分离型检测单元故障。

3）光栅尺或外置编码器被污染或损坏，需要清洁光栅尺、编码器，如果损坏需要更换。

5.2.5　故障定位

一、位置偏差

如图 5-22 所示，位置偏差为指令值与反馈值的差，该值存放在误差寄存器中。当出现伺服误差过大报警时，检查实际位置偏差是否大于参数 No. 1823 ~ No. 1829 的设定值。实际位置偏差界面如图 5-23 所示。

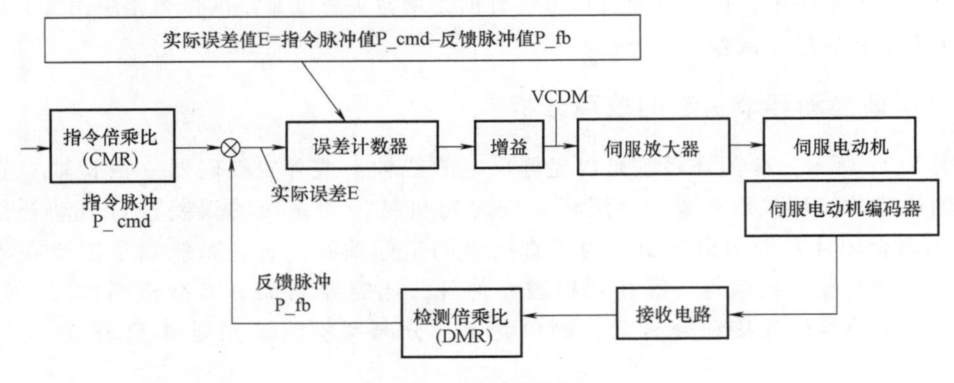

图 5-22　位置偏差框图

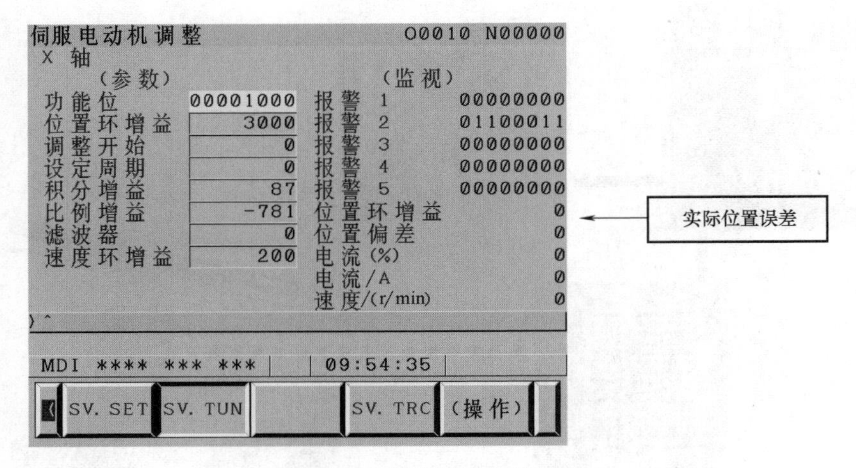

图 5-23　实际位置偏差界面

二、误差计数器分析

SV0411 报警是伺服轴在运动过程中，误差计数器读出的实际误差值大于 No. 1828 中的极限值，如图 5-24 所示。

三、SV0411 故障分析

当伺服轴执行插补指令时，指令值随时分配脉冲，反馈值随时读入脉冲，误差计数器随时计算实际误差值。当指令值、反馈值其中之一不能够正常工作时，均会导致误差计数器数值过大，即产生 SV0411 移动中误差过大报警。

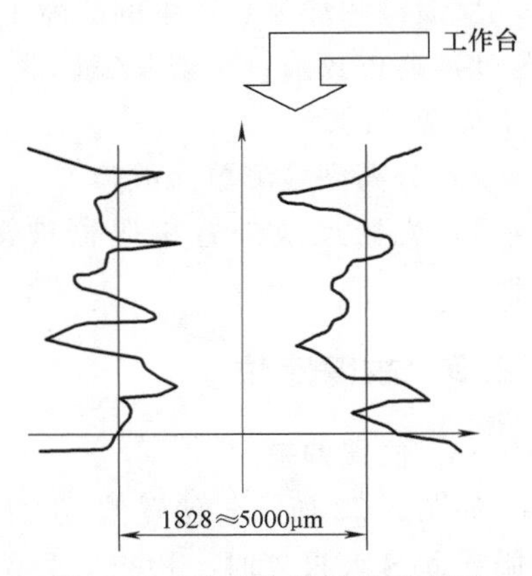

图 5-24　移动中误差带示意图

四、故障定位

如图 5-25 所示，可以进行如下故障位置定位分析。

本次故障为 SV0411，对应故障描述为在坐标轴运动时发生位置跟随误差过大报警。由于该故障是在加工过程中发生的，因此推测该故障不应该是由于伺服参数设定不当引起的。为了确定，将伺服参数与设定好的伺服参数进行比对。通过比较故障发生前的伺服参数和故障发生后的伺服参数，可以看出伺服参数相同，且如果是伺服参数设定不当引起的位置跟随误差过大，一般会出现在全行程范围内。因此，该故障并不是由于伺服参数设定不当引起的。

由于报警信息并不是全行程内出现的，仅在某一位置段内出现，因此可以初步推测，该故障可能是由于机械传动机构或者反馈检测环节的某一位置段内出现损坏造成的。

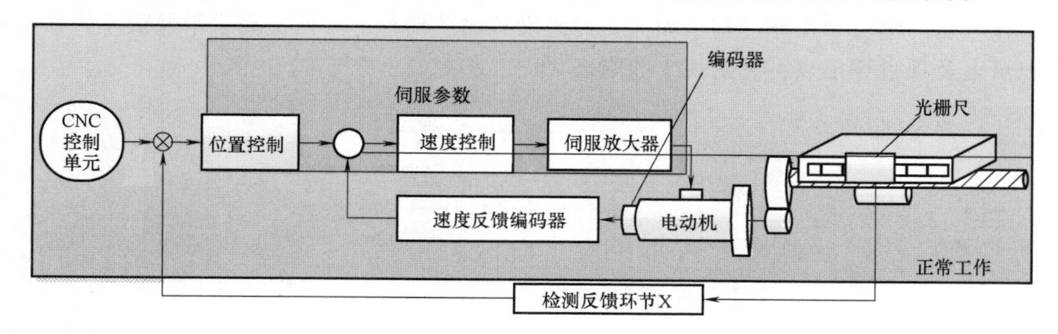

图 5-25　故障定位分析图

5.3　项目实施

1）全闭环变半闭环的操作步骤如下：

① 参数 No. 1815#1：作为位置检测器。

0：不使用分离型脉冲编码器；

1：使用分离型脉冲编码器。

将参数 No. 1815#1 设置为 0。

② 修改 N/M 参数，根据丝杠螺距等计算 N/M。

本例机床为 10mm 螺距的直连丝杠，则 N/M = 1/100。

设定参数 No. 2084 为 1，参数 No. 2085 为 100。

③ 设定位置脉冲数。

将参数 No. 2024 改为 12500（最小检测单位 = 0. 001）。

④ 正确计算参考计数器容量。

对于 10mm 直连丝杠，将参考计数器容量参数 No. 1821 设定为 10000。

这里需要注意的是，在修改之前应将原全闭环伺服参数记录下来，以便今后正确恢复。

上电后，发现故障现象仍然存在，故可确定不是全闭环测量系统的问题。

2）采用互换法，将 X 轴与 Y 轴电动机互换。上电运行，发现故障仍然存在，故不是旋转编码器的问题。

3）用万用表查线、测量，确认电动机、驱动器及编码器反馈线也无问题，故障仍然存在。

4）断电情况下，用手转动丝杠，发现丝杠很沉，明显超过正常值，说明进给轴传动链机械故障。

5）通过钳工检修，修复 Z 轴机械问题，重新安装 Z 轴电动机，机床工作正常。

6）出具故障报告。

5.4 项目评估

项目结束，请各小组针对故障维修过程中出现的各种问题进行讨论，罗列出现的失误，并总结在今后的学习和操作过程中如何更好地发挥团队精神，如何提高水平及效率，并填写故障记录表及项目评估表，见附表1和附表2。

项目 6　刀库无法换刀

6.1　项目引入

6.1.1　故障现象

某加工中心采用斗笠式刀库进行换刀，执行换刀指令后，刀库移到主轴下方，主轴不再向上运动将刀具及刀柄卸下，无法进行接下来的动作。

6.1.2　故障调查

用螺钉旋具打开刀库伸缩电磁阀手动按钮让刀库回到换刀前位置，重复 10 次换刀动作，其中，8 次无法成功换刀，故障现象如前描述。2 次换刀成功，但换刀时伴随换刀异响。

6.1.3　维修前准备

1）技术手册：机床结构手册、电气原理图、PLC 程序、机床操作手册等。

2）测量检具：万用表、试电笔、磁性表座、百分表等。

3）装调工具：呆扳手、内六角扳手、工具箱、专用扳手、剥线钳、斜口钳、压线钳、剪刀、十字螺钉旋具、一字螺钉旋具、微型手电筒等。

6.2　项目分析

斗笠式刀库刀具的交换过程为，当数控系统发出 M06 换刀指令后，内部 PLC 译码，整个刀库向主轴移动，在刀库气缸推出到位开关信号得电的情况下，根据换刀指令，刀库中的刀库电动机旋转，找到换刀刀座位，然后经逻辑处理使主轴打刀缸电磁阀得电，打刀缸活塞伸出，松开安装在主轴上的刀套，主轴向上移动脱离刀具，同时刀库获得旋转信号，通过刀库电动机转向至新换刀刀座位，当要换的刀具对正主轴正下方时主轴下移，使刀具进入主轴锥孔内，夹紧刀具后，刀库气缸推动刀库回到原位，完成换刀。采用这种自动换刀系统，需要刀具的自动夹紧、放松机构、刀库的运动及定位机构，还需要有清洁刀座、刀孔和刀柄的装置，机械结构复杂。刀库控制系统要收发信号进行选刀，进而接收刀具的换刀到位信号和到达等信号，因此换刀机构须进行电气元器件与数控系统的信息交互。此外，抓刀、取刀还需要气压或液压系统配合。这导致换刀故障的原因较多，如机械结构、液压气压系统、电气元器件及接线、PLC 程序编制问题（由于目前机床厂家都配置好 PLC 程序并通过测试，一般来说这类问题较少出现）等，都会引起换刀故障，产生如刀库旋转定位误差过大、刀库转刀出错、刀库或主轴夹持刀柄不稳定等故障现象。因此，准确判断换刀故障需要具备较全面的机、电、液基础知识及数控机床故障诊断知识。

经验及可靠性试验均表明，当换刀机构出现故障时，一般的检测方法是查看数控系统 I/O 端口信号及报警信息，遵循先硬后软的原则。先检查机械结构上是否存在异物阻碍换刀运动、机械结构破损等明显的故障现象，再结合刀库系统机械结构图进行检查，进而进行如刀库电动机电流、刀库及主轴气液压力的检测，通过电流、压力信号的异常辅助判断、推测故障机理。最后，通过数控系统的 I/O 口检查及用万用表等检测仪器进行电气结构的逐一排查。结合本项目，将刀库故障排查思路及步骤示于图 6-1。对于本项目故障描述的现象，先从机械结构入手，分析、定位故障机械部位，这就需要对换刀刀库结构和主轴端与换刀相关的机械结构进行深入的了解。

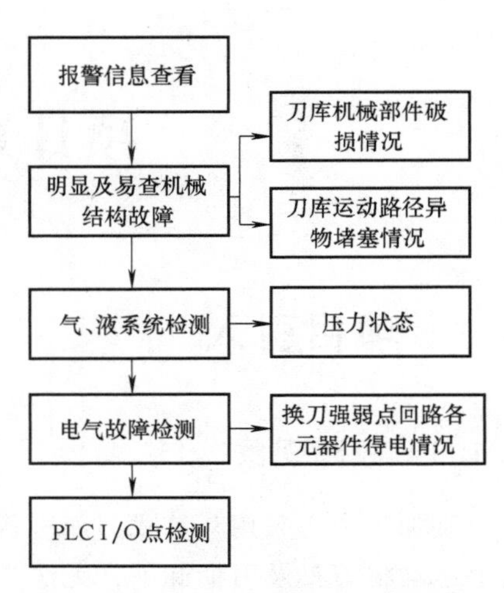

图 6-1　本项目故障排查思路及步骤

6.2.1　换刀相关机械结构故障分析

一、由刀库结构引起的故障现象及原因分析

本故障中加工中心的刀库结构如图 6-2 所示，由刀库座、刀库固定板、导轨、限位开关、限位挡块、气缸、轴承、轴、防尘盖、刀库电动机、拐盘、刀库基位、刀库计数器、刀盘、压头、弹簧片、刀盘罩、刀库罩等主要部件组成。为了直观地了解刀库结构，采用实物图结合 VNUM 数控机床调试维修教学软件演示刀库的安装过程，便于了解刀库的基本结构，如图 6-3 所示。

a)

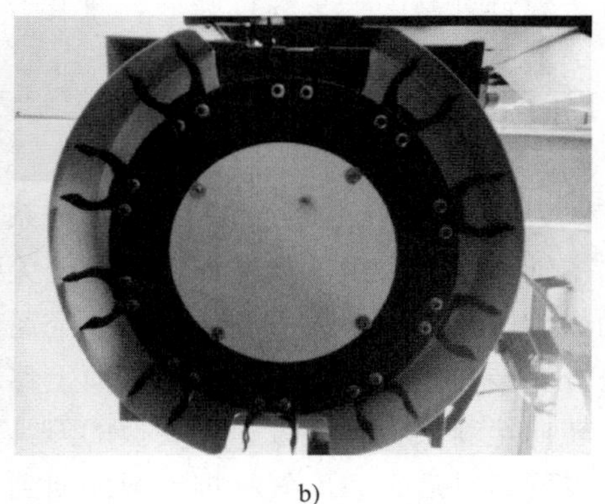

b)

图 6-2　刀库的整体结构

a）拆卸刀库罩后刀库实物图　b）刀盘实物图

图 6-3a～e 安装了控制刀库水平移动的机械部件，推刀库气缸由两个电磁阀控制伸出、缩回动作的切换，通过气缸推动活塞杆左右运动，可使刀库在两根圆柱导轨上水平移动，其移动距离通过限位开关及限位挡块控制。

图 6-3f～m 安装控制刀库旋转运动的机械部件，刀库的运动由刀库伺服电动机连接拐盘带动刀盘实现，控制刀库的转速、转向及行程，并由伺服电动机中的计数编码器定位。为精

确控制刀盘旋转位置，在刀库换刀点装有刀库基位传感器。

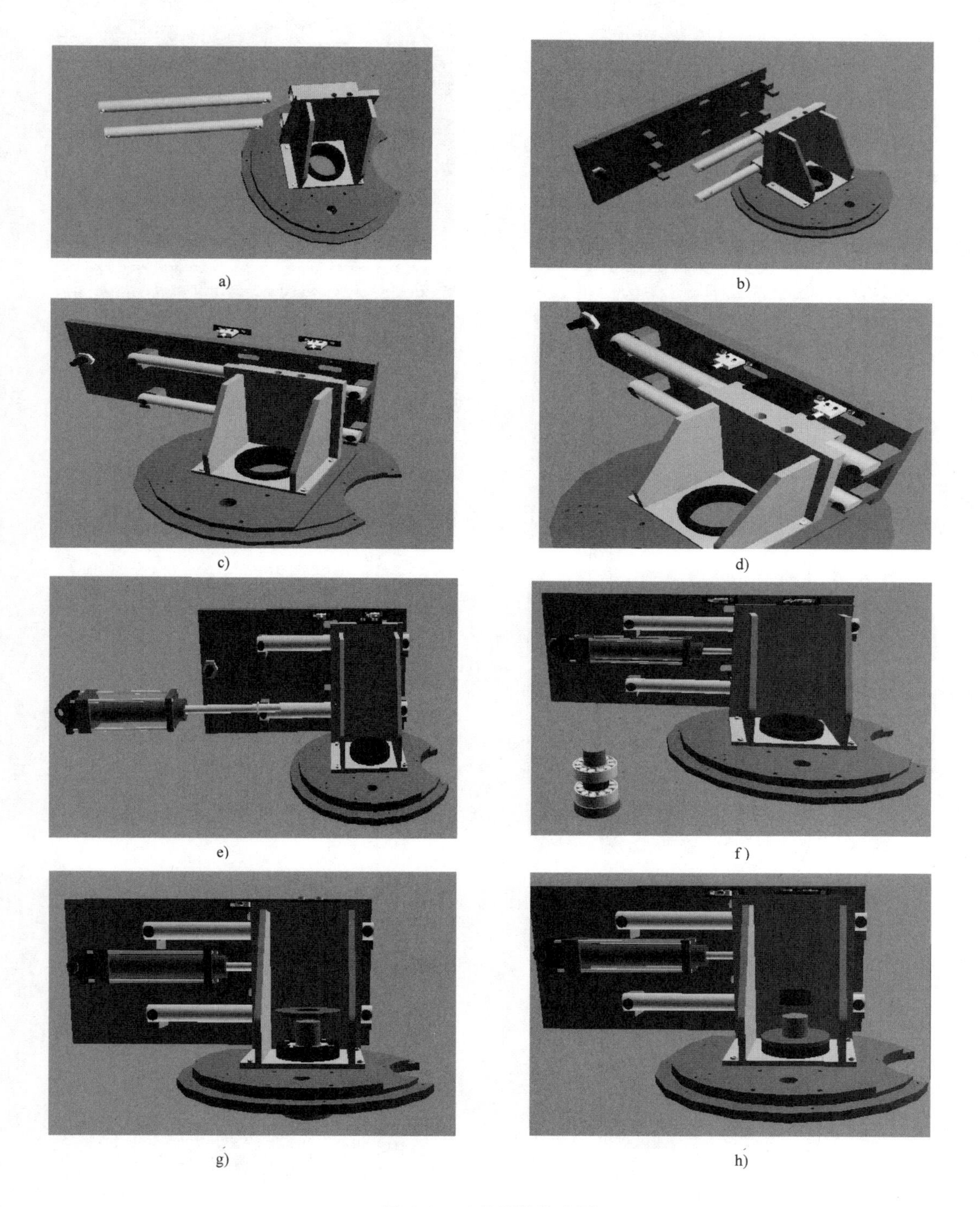

图 6-3　刀库拆装仿真图

a）徒手安装刀库座　b）徒手安装刀库固定板　c）徒手安装限位开关　d）徒手安装限位挡块
e）徒手安装气缸　f）用木榔头安装轴　g）徒手安装防尘盖　h）用钩头扳手安装轴圆螺母

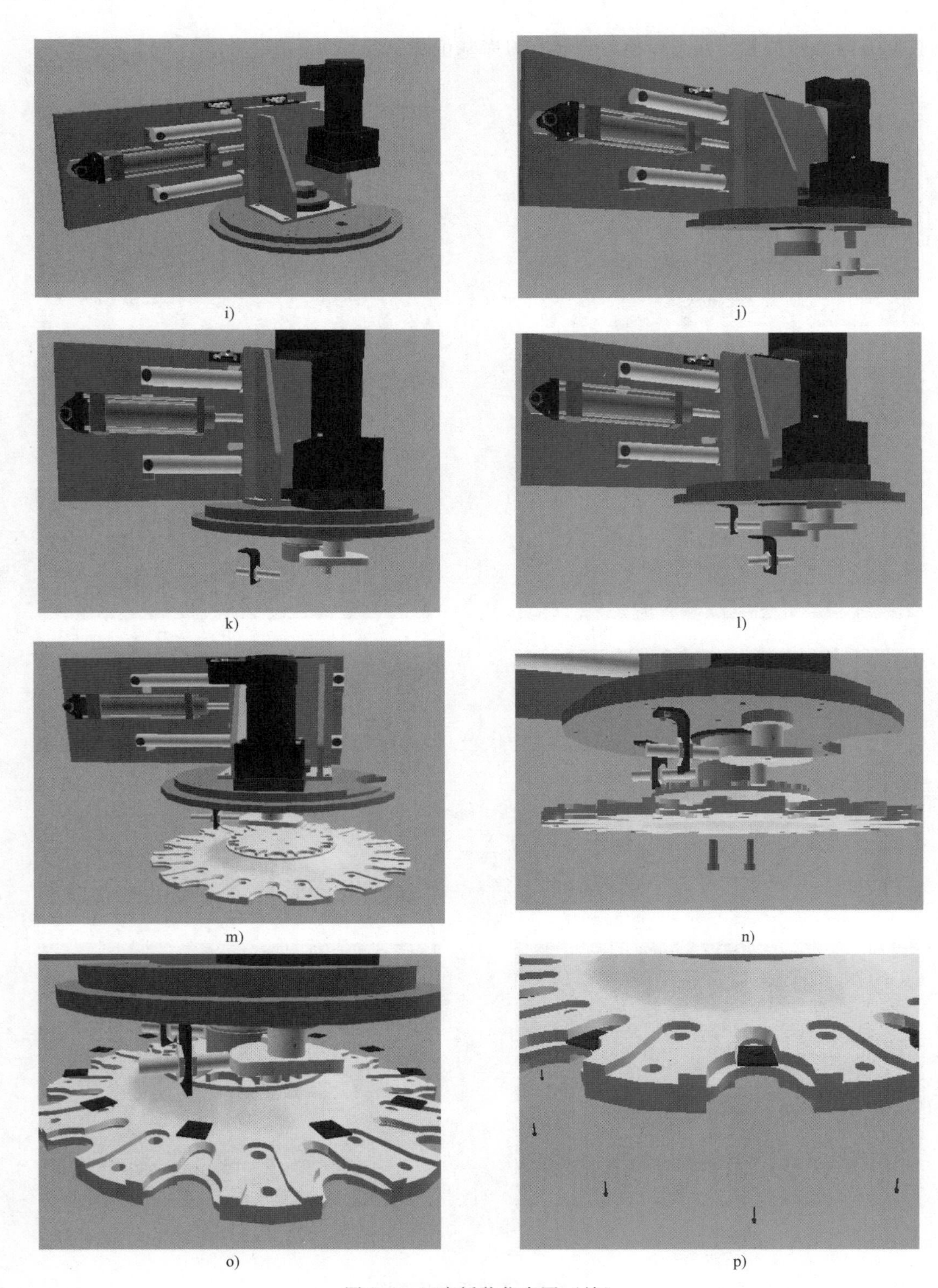

图 6-3 刀库拆装仿真图（续）

i）徒手安装刀库电动机 j）徒手安装拐盘 k）徒手安装刀库基位传感器 l）徒手安装刀库计数器 m）徒手安装刀盘 n）用内六角扳手安装刀盘紧固螺栓 o）徒手安装压头 p）用内六角扳手安装压头紧固螺栓

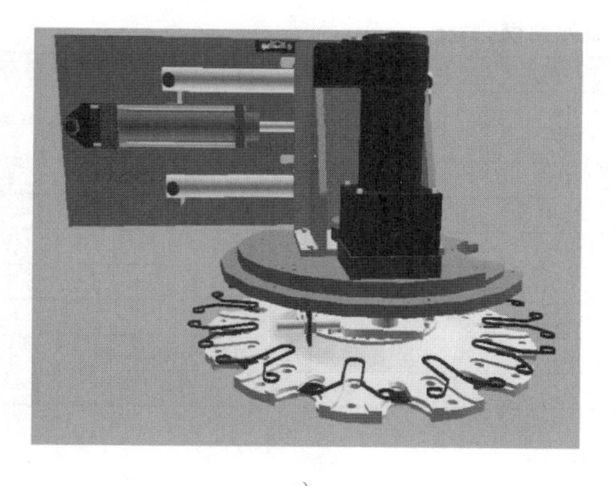

q)

r)

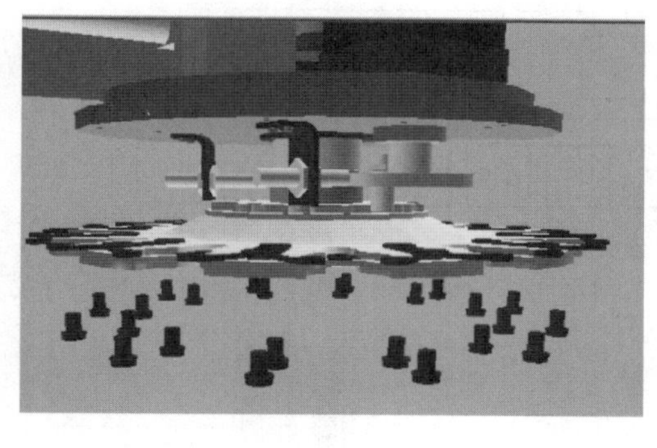

s)

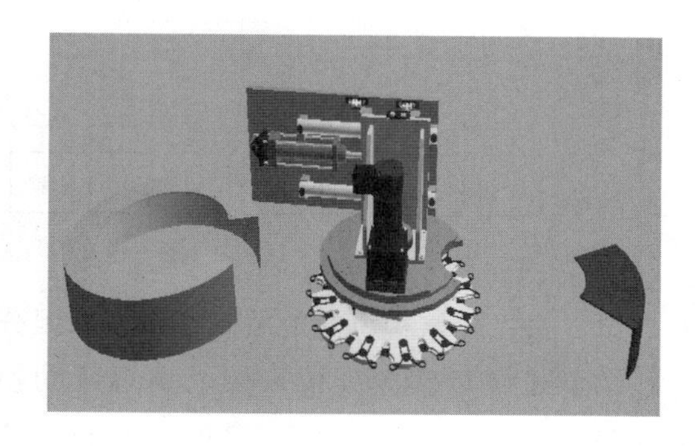

t)

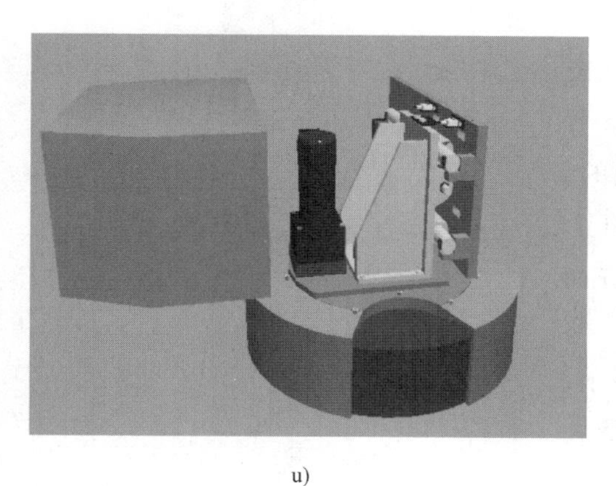

u)

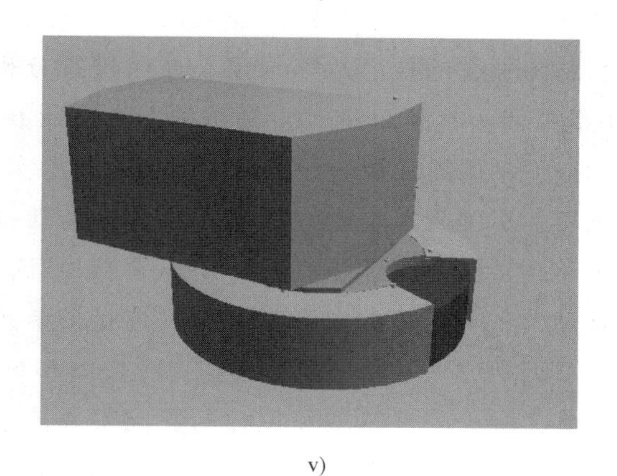

v)

图 6-3　刀库拆装仿真图（续）

q）徒手安装弹簧片　r）徒手安装弹簧片紧固螺母　s）用内六角扳手安装弹簧片紧固螺栓

t）徒手安装刀盘罩　u）徒手安装刀库罩　v）安装完毕图

图 6-3n～s 安装了控制刀库装夹刀柄的机械部件，弹簧片安装在刀盘上可实现 24 把刀具的装夹。

通过上述分析，可将刀库故障分类为水平运动部件故障、旋转部件故障和刀柄装夹部件故障三类，刀库故障列表和刀库故障分类故障树见表 6-1 和图 6-4。

表 6-1 刀库故障列表

符号	内容	符号	内容
T	刀库故障	B6	刀盘轴承润滑不良
A1	水平运动部件故障	B7	刀盘轴承损坏
A2	旋转部件故障	B8	基位传感器及计数器有异物阻碍
A3	刀柄装夹部件故障	B9	传感器接线松动
B1	圆柱导轨有异物堵塞	B10	传感器位置松动
B2	气压系统故障	B11	传感器损坏
B3	圆柱导轨磨损	B12	电动机故障
B4	限位开关、限位挡块松动	B13	弹簧片紧固螺栓松动
B5	刀盘轴承异物堵塞	B14	弹簧片老化，弹力不足

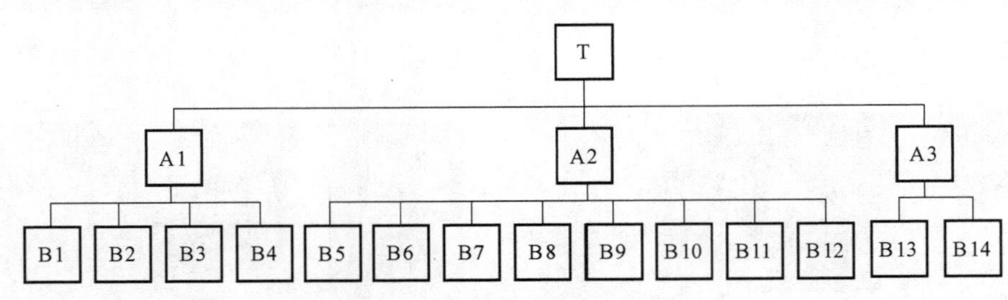

图 6-4 刀库故障分类故障树

二、由主轴结构引起的故障现象及原因分析

从上述换刀任务分析可知，实现成功换刀是刀库与主轴打刀缸、拉杆、碟形弹簧和刀柄装夹装置等相关换刀结构配合完成的。本节重点对主轴结构引起的换刀故障现象及原因进行分析。图6-5所示为本项目机床主轴结构图，由图6-5a可知，刀柄的抓紧和松开是通过卡爪的抓卡实现的，其工作原理为通过主轴上端的液压缸推动拉杆上下移动，实现碟形弹簧组件的压紧与松开，进而带动与主轴内部的碟形弹簧组件连接的卡爪，实现对刀柄的夹紧和松开，其实物图如图6-6所示，图6-7所示为液压缸和拉杆的装配实物图，最大拉刀力和最大锁紧力矩可通过调整图6-8中打刀缸的打刀距离实现。液压缸内活塞移动的左右两个极限位置，都有相应的行程开关，可发出刀夹松开及夹紧完成信号。

通过上述分析，可将主轴引起的换刀故障分为刀库与主轴装配精度故障、液压故障及结构故障三类，其故障列表和故障分析故障树见表6-2和图6-9。

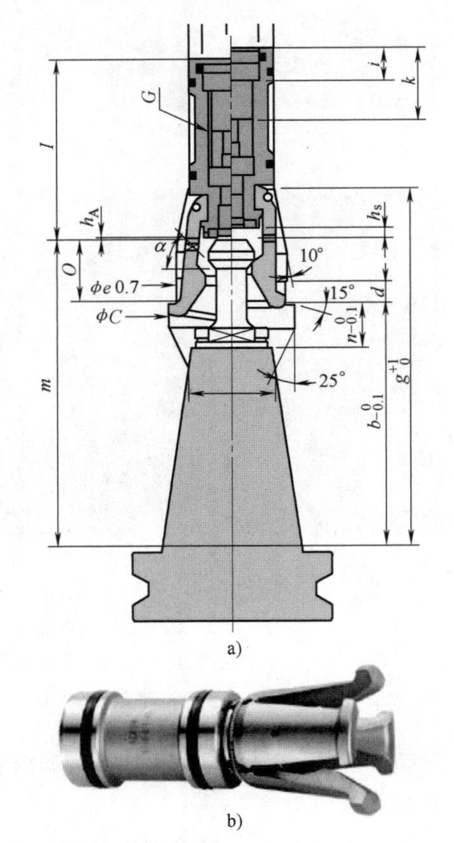

图 6-5 主轴结构

a）卡爪及刀柄装夹示意图 b）卡爪实物图

表 6-2　主轴引起换刀故障列表

符号	内容	符号	内容
T	主轴拉刀部件故障	B7	限位开关接线松动
A1	主轴与刀库定位同轴度误差	B8	限位开关损坏
A2	拉刀缸液压系统故障	B9	打刀缸与拉杆间位置调整不当
A3	主轴换刀相关机械结构故障	B10	主轴准停位置误差
B1	刀库位置未到达	B11	碟形弹簧与拉刀杆部位损坏(不常发生)
B2	刀库固定板松动	B12	卡爪损坏(不常发生)
B3	刀库或主轴刚度不够引起位置变形	C1	主轴准停编码器位置松动
B4	卡爪无法松刀	C2	主轴准停编码器信号不良
B5	液压系统泄漏	C3	主轴准停编码器损坏
B6	限位开关松动		

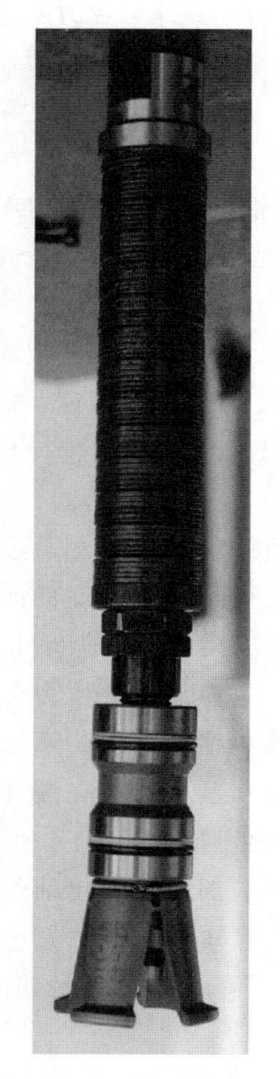

图 6-6　碟形弹簧组件与卡爪的连接

图 6-7　液压缸和拉杆的装配实物图

图 6-8　打刀缸打刀距离可调部位

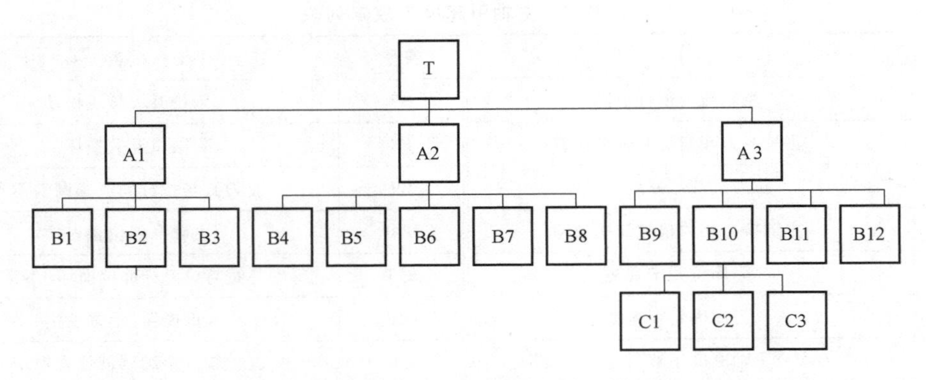

图 6-9 主轴引起换刀故障分析故障树

6.2.2 换刀相关气液压系统故障分析

通过对刀库及主轴的结构分析可知，本项目中刀库系统靠气缸实现斗笠式刀库沿导轨的移动，靠主轴液压缸实现换刀时刀柄的松开与拉紧。气、液压系统是刀库移动及主轴拉刀的动力源，给换刀动作提供一定的压力。当控制元件，如溢流阀、换向阀、电磁阀等出现堵塞、损坏等故障时，可能会导致系统无压力或压力不稳定，刀库、主轴无法动作。液压油液位过低或液压缸由于长期使用损坏，都会影响刀库、机械手的正常工作。另外，刀库及主轴的气管、油管在长期移动过程中容易在接口处破裂，从而出现泄漏、压力不足等情况。气管、油管接口处采用扩孔连接，一旦气、液管的端口没有达到扩孔的精度要求，必然出现泄压、漏油故障，导致夹持力过大或过小造成无法正常拔刀，刀库、机械手无动作或动作不到位。如果调压弹簧松动或溢流阀严重泄漏，会造成回路油压过低，从而导致刀库、机械手动作缓慢和拔刀无力。因此，须重点检测电磁阀故障，气缸、法兰连接处或油管泄漏导致的液压压力不足故障。

此外，气、液压缸的压力冲击还会造成刀库、换刀机构的振动和噪声。通过调节缓冲节流口的直径，可以使换刀机构的旋转平稳性和刀位准确性得到一定程度的改善，但是变速瞬间换刀机构振动是不能够消除的。气、液压冲击是造成换刀机构振动和噪声的主要原因。在液压系统中，突然打开或者关闭液流通道时，管道内液体的压力会瞬间发生急剧的波动。当发生液压冲击时，会引起振动和噪声以及液体泄漏，影响系统的正常工作。以刀库气缸为例，在刀库被推至主轴下方换刀处的到位瞬间，刀库在缓冲作用下运动速度没有减到零，但这时限位装置已检测到到位信号，在信号的控制下，电磁换向阀到中位，两个气控单向阀形成锁紧回路。当换向阀到中间位置时，进、出油气口与气缸的两腔突然切断，而这时刀库和气流在惯性的作用下还在继续运动，使气缸一端气腔中的气体受到压缩，压力突然升高，而另一端气腔中的压力下降，形成了局部的真空，从而产生气压冲击。

根据上述结构分析，将本项目故障机床的气、液系统可能出现的故障分类为刀库气缸故障和主轴液压缸故障，其故障列表和故障树列于表 6-3 和图 6-10 中。

表 6-3　气、液压引起换刀故障列表

符号	内容	符号	内容
T	气液系统故障	B3	气泵损坏
A1	刀库气缸系统故障	C1	气缸拉毛或研损
A2	主轴液压缸系统故障	C2	密封圈损坏
B1	气缸漏气导致气压不足	C3	阀类零件漏气
B2	节流阀卡死	C4	管类零件漏气

6.2.3　换刀相关电气电路故障分析

在斗笠式换刀系统中，使用了大量的电气元器件，如断路器、接近开关、行程开关、接触器、继电器、接线端子等，并布置有大量的电路。由于机械零部件的寿命比电气元器件的寿命要长得多，因此数控系统换刀部件长期使用后，元器件会出现接线松动或元器件失效的情况，产生刀库故障。为分析加工中心刀库系统电气故障产生的原因，以本项目故障机床配置的 FANUC 0i-MD 数控系统为例，介绍与刀库系统相关的所有强弱电电气连接原理图，如图 6-11～图 6-16 所示。图 6-17 所示为 FANUC 0i-MD 数控系统电控柜实物图。

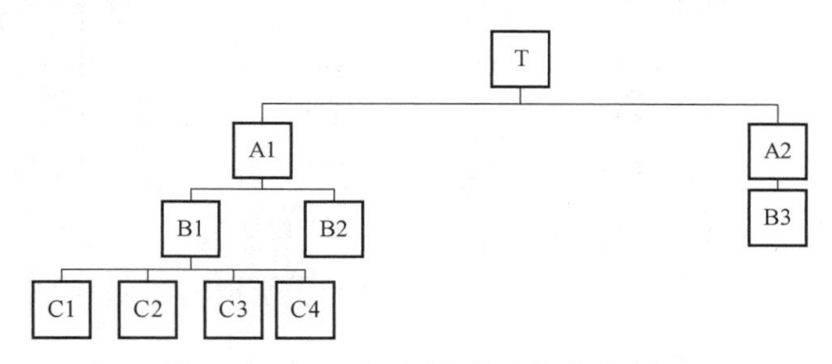

图 6-10　气、液压引起换刀故障故障树

由图 6-11～图 6-13 分析可知，刀库系统的强电元件从接入端开始经过了电源总开关 SA1，断路器 QF7，接触器 KM3、KM4 的主触点，刀库强电输入端，各种电气元器件如图 6-18所示。

分析刀库系统的弱电控制信号，数控系统连接 I/O 模块，并从 I/O 模块接入两个分线器。图 6-19 所示为 I/O 输入模块电路板，图 6-20 所示为 I/O 模块分线器。

由图 6-16 可知，分线器 CE56 将 PLC 输出的刀盘正转、刀盘反转、打刀缸松刀、刀盘推出信号接入继电器 KA2、KA3、KA4、KA5 的线圈。

如图 6-15 所示，将刀盘计数、刀盘前限位、刀盘后限位、刀盘基位、打刀缸夹紧和打刀缸松开的 6 个接近开关信号通过分线器 CE56 接入数控系统 PLC。图 6-14 所示的电气原理控制过程为：按下按钮 SB1（SB1 为数控系统启动按钮，SB2 为急停按钮键），继电器 KA1 线圈得电→KA1 常开触点闭合→按钮 SB1 形成自锁电路→接触器 KM1 线圈得电→图 6-11 中的 KM1 主触点闭合→KM1 常开辅助触点闭合 { 数控系统给正转信号 / 数控系统给反转信号 }（图 6-13）

（KA2 常开触点闭合）→KM3 线圈得电（电气互锁）→KM3 主触点得电→电动机正转

（KA3 常开触点闭合）→KM4 线圈得电（电气互锁）→KM4 主触点得电→电动机反转。

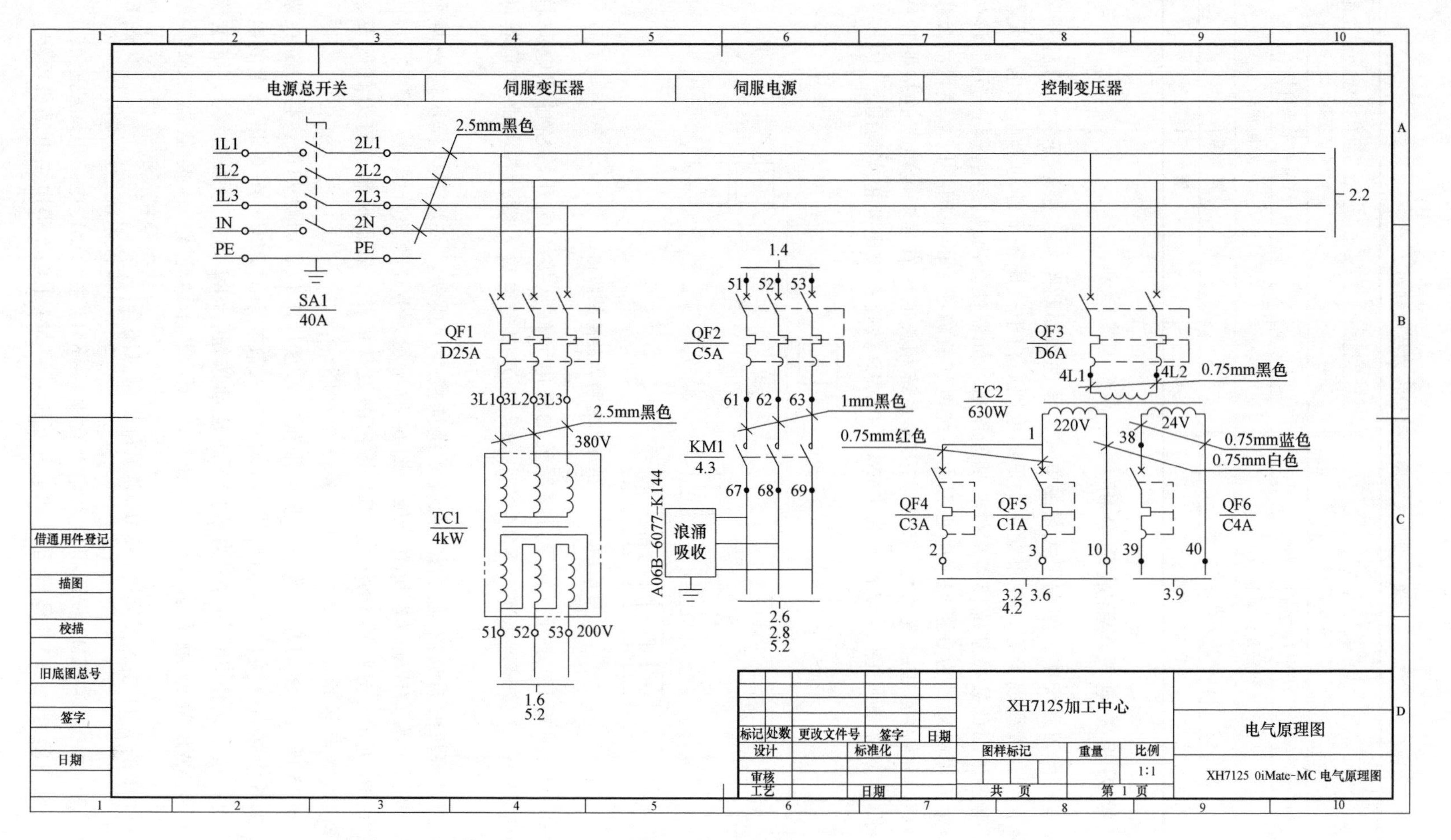

图 6-11 数控系统强电外部接入及变压

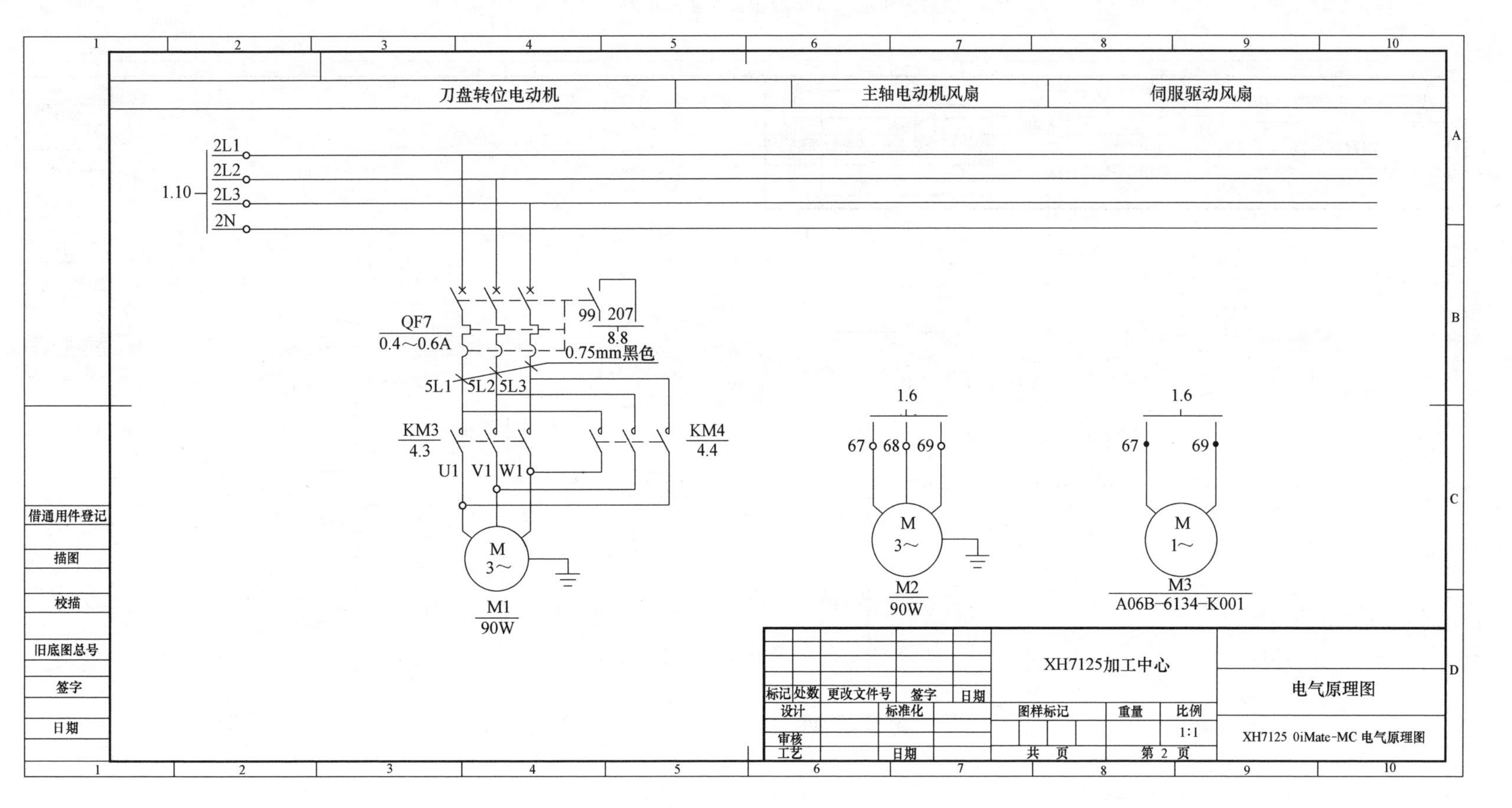

图 6-12　刀盘转位电动机强电连接

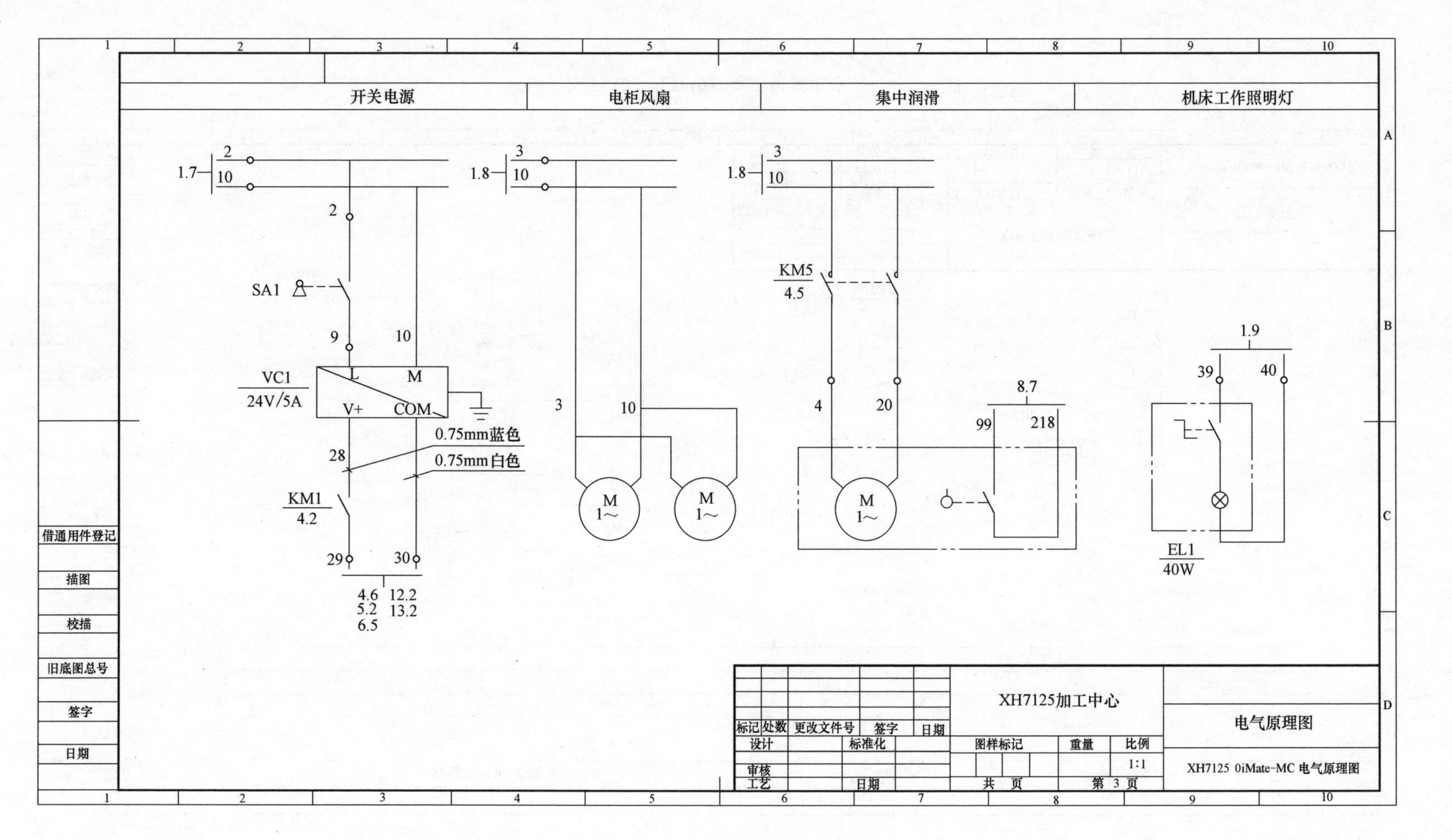

图6-13 利用开关电源进行24V直流电压转换

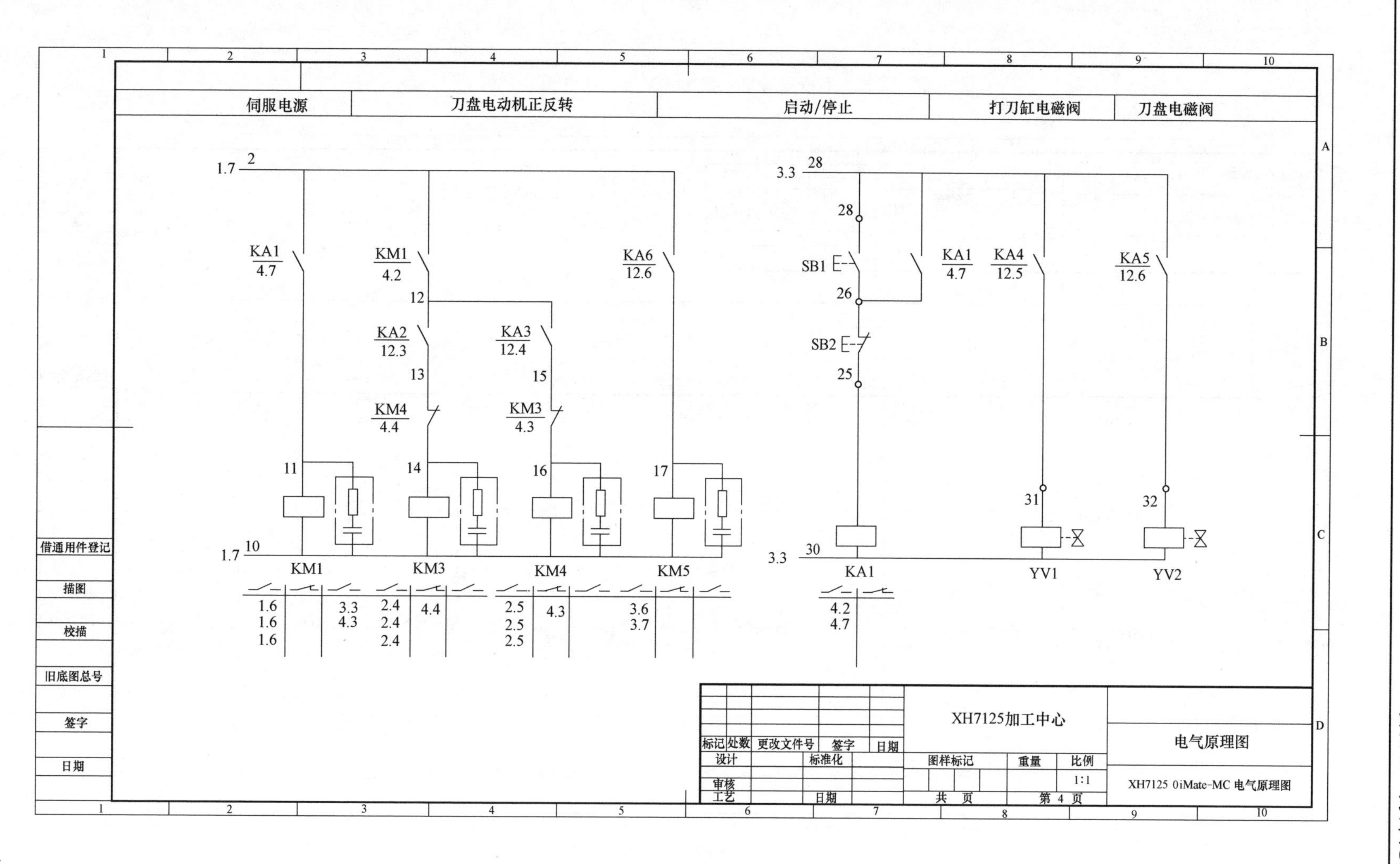

图 6-14　刀盘电动机正反转及液压缸电磁阀控制信号

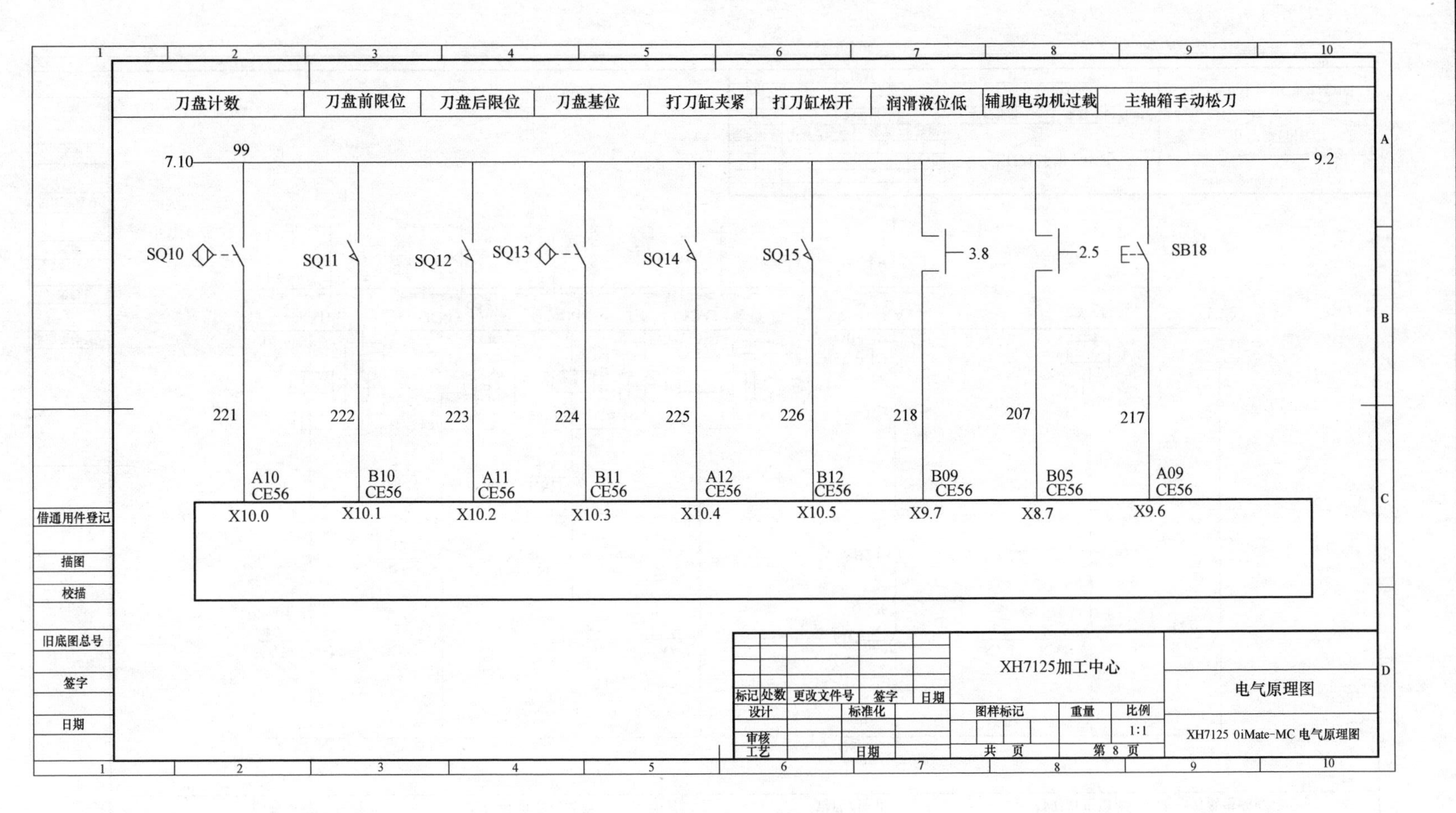

图 6-15 接入 PLC 的刀库控制信号

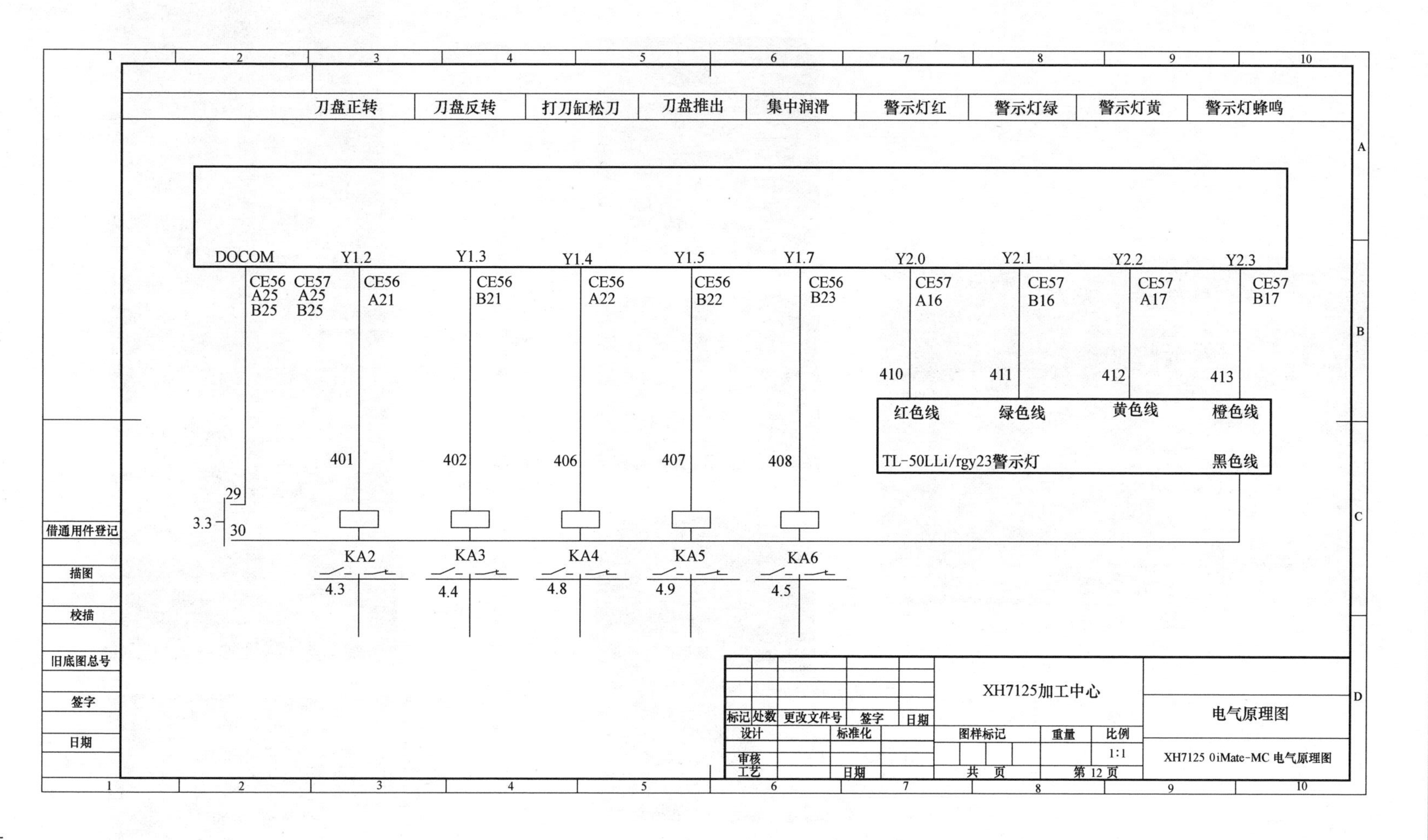

图 6-16　从 PLC 接出的刀库控制信号

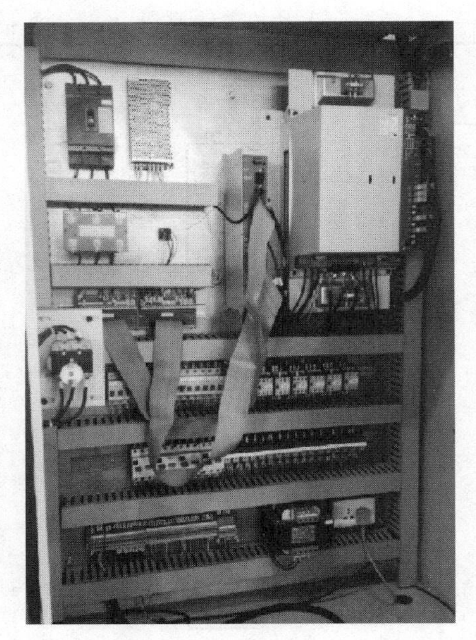

图 6-17　FANUC 0i-MD 数控系统电控柜实物图

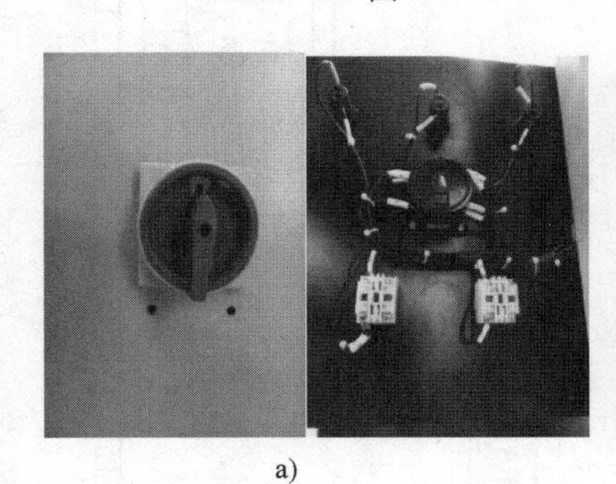

a)

b)

c)

图 6-18　强电回路经过的元器件

a）电源总开关正面及接线　b）断路器　c）接触器

图 6-19　I/O 输入模块电路板

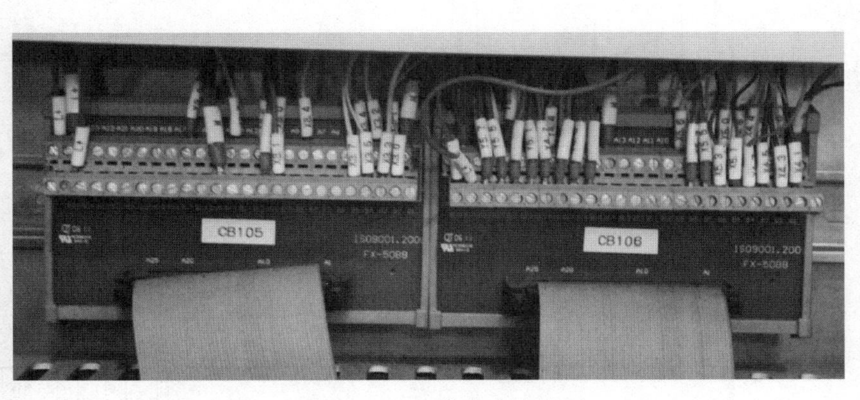

图 6-20　I/O 模块分线器

在了解和熟悉电气原理图的基础上，便可逐一排查由元器件损坏、接线不良等引起的刀库故障，如接线不良导致的 PLC I/O 点输入输出信号错误、刀库电动机转动故障导致的刀库不转或转动错乱、行程开关损坏或接线松动引起的刀库转动失灵、刀库基位和计数器传感器接线松动或损坏导致的刀库转位错误等。

根据上述电气原理图分析，将本项目故障机床的电路系统可能出现的故障分类为强电故障和弱电故障，其故障列表和故障树列于表 6-4 和图 6-21 中。

表 6-4　电气元器件引起换刀故障列表

符号	内容	符号	内容
T	电气故障	B6	继电器 KA3 虚接或损坏
A1	强电故障	B7	继电器 KA4 虚接或损坏
A2	弱电故障	B8	继电器 KA5 虚接或损坏
B1	电源总开关 SA1 虚接或损坏	B9	刀库前限位开关虚接或损坏
B2	断路器 QF7 虚接或损坏	B10	刀库后限位开关虚接或损坏
B3	接触器 KM4 虚接或损坏	B11	刀库基位传感器虚接或损坏
B4	刀库强电输入端虚接	B12	刀库计数器虚接或损坏
B5	继电器 KA2 虚接或损坏		

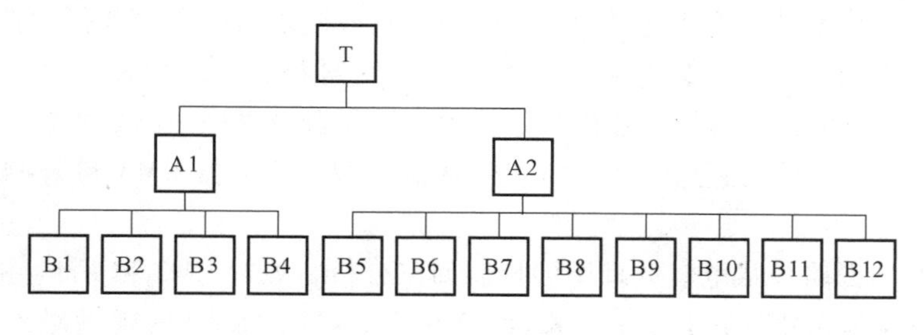

图 6-21　电气元器件引起换刀故障故障树

6.2.4　故障定位

本节以图 6-22 所示的流程图进行故障定位分析，其故障列表见表 6-5，具体故障定位步骤如下：

1. 定位刀库不转的原因

刀库不转的原因分两类：一为刀库不转但刀库电动机转，二为刀库电动机不转。第一类故障一般要考虑：刀库是否因为异物堵塞而卡死；电动机与刀库间的连接轴承、联轴器等部件是否出现故障。此类故障一般不易出现，且在故障产生初期便有较大的振动和异响，不会严重到此种程度才发现。这类故障可通过刀库检查及部件更换的方法方便地解决。从故障描述

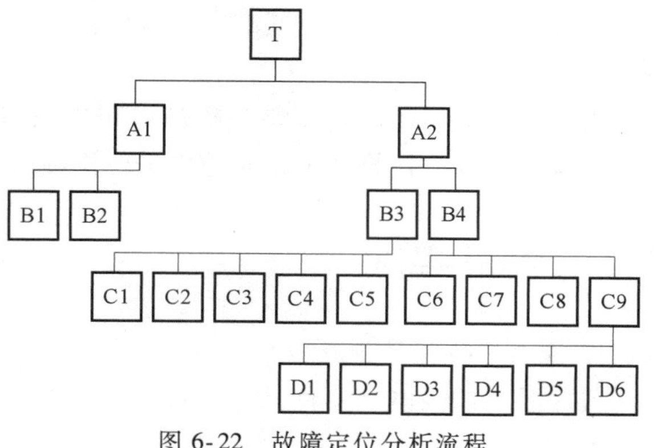

图 6-22　故障定位分析流程

可知，应将故障定位为引起刀库电动机不转。

表 6-5 故障定位分析的故障列表

符号	内容	符号	内容
T	刀库不转	C5	刀库电动机损坏
A1	刀库不转电动机转	C6	KM3、KM4 辅助触点故障(电气互锁电路故障)
A2	刀库、电动机均不转	C7	KA1、SB1 故障(自锁电路故障)
B1	刀库异物堵塞卡死	C8	KM1 故障
B2	电动机与刀库间轴承、联轴器损坏	C9	PLC 无正反转输出信号输出
B3	强电回路故障	D1	无基位传感器 PLC 输入信号
B4	控制回路故障	D2	无计数器 PLC 输入信号
C1	SA1	D3	无刀库前限位 PLC 输入信号
C2	QF4	D4	无刀库后限位 PLC 输入信号
C3	KM3、KM4 主触点故障	D5	无气缸电磁阀 PLC 输入信号
C4	刀库强电输入端故障	D6	无打刀缸电磁阀 PLC 输入信号

2. 定位刀库电动机不转的原因

分析刀库不转的原因，需从电气原理图的强电及控制电路两方面进行排查。

(1) 分析强电回路　虽然强电回路相对于控制回路较少出现故障，但考虑机床刀库涉及的强电回路相对简单，通过的元器件数量较少，可先进行强电回路的排查，按照强电进入数控机床的顺序依次排查电源总开关 SA1、断路器 QF7、接触器 KM3 和 KM4、刀库强电输入端和刀库电动机。

(2) 分析控制回路　从电气原理图的控制回路分析，控制 KM3 和 KM4 主触点得电并带动电动机转动的控制元器件包括 SB1、KA1、KM1 和 KM3、KM4 的辅助触点，此外还需要数控系统给出的正转、反转信号正常。故控制回路可能出现的故障包括：SB1、KA1 故障(自锁电路故障)，KM1 故障，KM3、KM4 辅助触点故障（互锁电路故障）及数控系统无法输出正、反转控制信号故障。当检测为控制回路中元器件故障后，可通过将元器件松动接线重新拧紧或更换元器件的方法排除故障。若故障为数控系统无法输出正、反转控制信号故障，则需通过查看 PLC 梯形图和 I/O 点输入情况进行排查，具体查看基位传感器、计数器、刀库前限位、刀库后限位、气缸电磁阀、打刀缸电磁阀是否因为接线松动或元器件故障引起 PLC 无输入信号。

由于故障的具体定位需要在实施过程中获得，故本节将故障定位为刀库电动机不转故障，具体的原因分析将在项目实施中进行详细的阐述。

6.3 项目实施

1. 强电回路故障排查

刀库系统的强电元器件从接入端开始包括电源总开关 SA1、断路器 QF7、接触器 KM3 和 KM4。

1）首先系统上电，系统启动，证明电源总开关 SA1 没有损坏。

2）根据图 6-12，进行断路器 QF7、接触器 KM3 和 KM4 的检查。

① 检测断路器是否良好。系统断电，将万用表拨到蜂鸣档，分别检测三相电路断路器的通路是否发出蜂鸣声，测试方法如图 6-23 所示。或者给系统上电，将万用表拨到交流“1000V”档，检测断路器的电压，如图 6-24 所示，如断路器的输入电压和输出电压相等，则验证断路器良好。

图 6-23　用万用表蜂鸣档测试断路器的故障排查方法

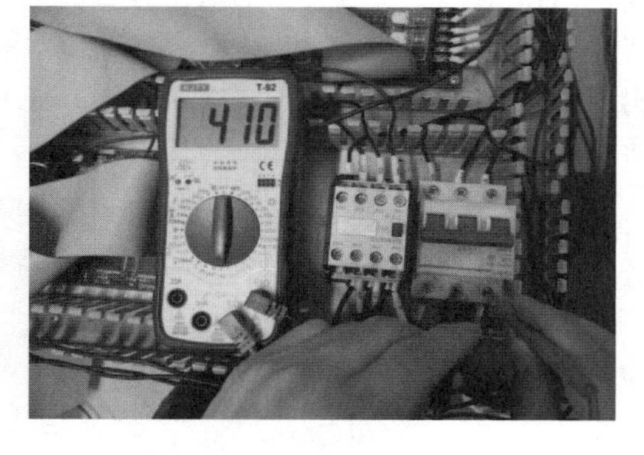

图 6-24　用电压档测试断路器的故障排查方法

② 检测接触器是否良好。系统上电，将万用表拨到交流“1000V”档，分别测试接触器主触点输入端和输出端电压，测试方法如图 6-25 所示。测试结果发现，接触器输入端电压为 410V，但输出端为 0V。故将系统断电，测试接触器是否良好。将万用表拨到欧姆档“20k”处，检测接触器的线圈有电阻，如图 6-26 所示。将万用表拨到蜂鸣档，测试三个主触点及辅助常开触点，在手动按下线圈上的按钮后发出接通蜂鸣声，证明接触器良好。

图 6-25　用电压档测试接触器主触点

图 6-26　用欧姆档测试接触器线圈

当强电回路出现故障时，使用万用表对电源总开关、断路器、接触器等强电元器件进行检测，可有效查找故障点。本项目检测出强电回路接触器处存在故障但接触器并未损坏，故对控制回路进行检测，以查找引起接触器线圈不得电的故障点。

2. 控制回路故障排查

经过强电回路故障排查，发现接触器本身没有损坏。通过对电气原理图 6-14 进行分析，逐一检查执行换刀动作时，数控系统启动按钮 SB1、继电器 KA1、接触器 KM1、继电器 KA2 和 KA3、接触器 KM3 和 KM4 的得电情况。从 SB1 开始测试，至常开触点 KM1 能正常工作，到继电器 KA2，KA3 后发现继电器常开触点无法闭合。分析图 6-16，产生此种故障的原因有两种：①继电器 KA2、KA3 均损坏；②从 PLC 输出至 KA2、KA3 的线圈不得电。一般两继电器同时损坏的可能性较小，所以先检查 PLC 至继电器 KA2、KA3 线圈的接线是否松动或 PLC 是否无 Y001.2 和 Y001.3 信号输出。在排除接线松动可能后，进行 PLC I/O 点查看。在 FANUC 0i-MD 系统中，查看 I/O 点的步骤：①按［SYSTEM］功能键，CRT 出现图 6-27 所示的界面；②按三次扩展键，显示图 6-28 所示的界面；③单击图中的［PMCMNT］软键，出现图 6-29 所示的 I/O 点查看界面；④输入 Y0001，单击“搜索”功能键，显示如图6-30 所示。

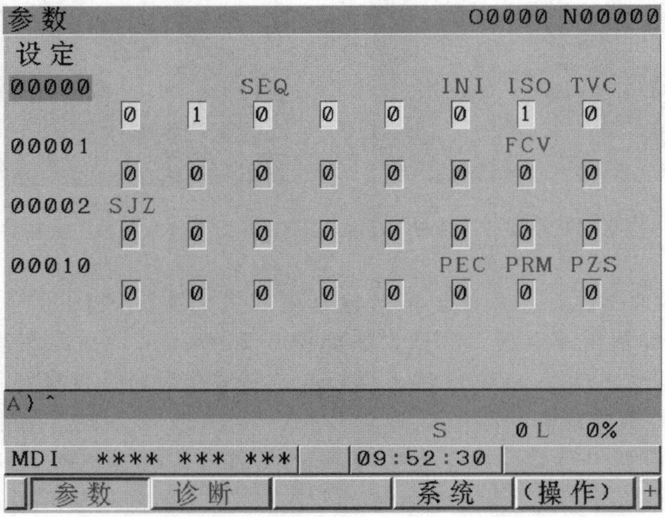

参数 O0000 N00000
设定
00000 SEQ INI ISO TVC
0 1 0 0 0 0 1 0
00001 FCV
0 0 0 0 0 0 0 0
00002 SJZ
0 0 0 0 0 0 0 0
00010 PEC PRM PZS
0 0 0 0 0 0 0 0
A)^
S 0L 0%
MDI **** *** *** 09:52:30
参数 诊断 系统 (操作) +

图 6-27 按［SYSTEM］功能键后系统界面

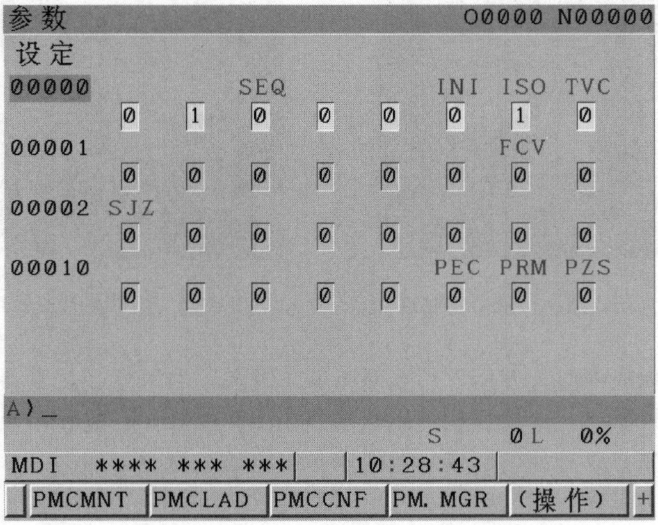

参数 O0000 N00000
设定
00000 SEQ INI ISO TVC
0 1 0 0 0 0 1 0
00001 FCV
0 0 0 0 0 0 0 0
00002 SJZ
0 0 0 0 0 0 0 0
00010 PEC PRM PZS
0 0 0 0 0 0 0 0
A)_
S 0L 0%
MDI **** *** *** 10:28:43
PMCMNT PMCLAD PMCCNF PM. MGR (操作) +

图 6-28 按三次扩展键后系统界面

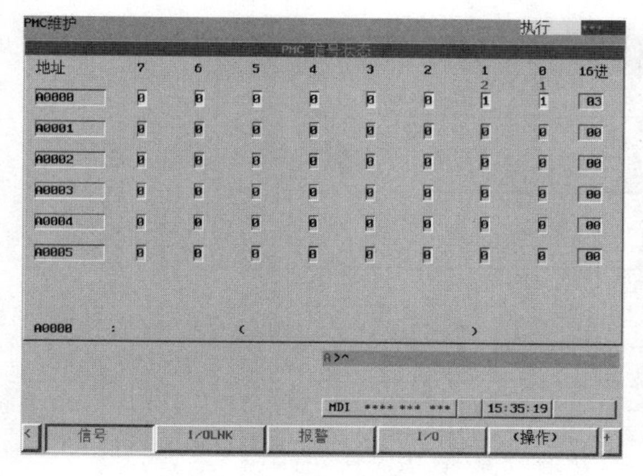

图 6-29　I/O 点查看界面

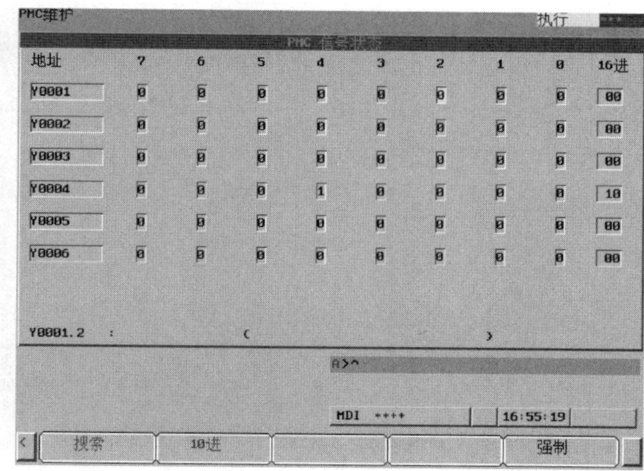

图 6-30　Y001.2 输出点状态

从图 6-30 发现，PLC 扩展模块 CE56 的 I/O 点 A21 和 B21 在换刀指令发生时无高低电平变化（Y001.2 和 Y001.3）。经控制回路的故障排查得出结论：图 6-16 中的 PLC 扩展模块 CE56 的 I/O 点 A21 和 B21 无信号输出→图 6-16 中的继电器 KA2、KA3 线圈无法得电→图 6-14 中 KA2、KA3 常开触点无法闭合→图 6-14 中 KM3、KM4 线圈不能得电→图 6-12 中的 KM3、KM4 主触点不能得电→图 6-12 中的刀库电动机无法正、反转，应该对 PLC 梯形图进行分析和查找。

3. PLC 无正反转输出信号故障排查

根据图 6-15 可知线圈 KA2、KA3 PMC 的输出点地址。当指令发出时，PMC 梯形图显示无输入信号，说明 PMC 输入端外部 I/O 点有问题。进入系统 I/O 点界面检查，发现当发出指令时 I/O 的状态指示灯没有显示，检查相应的机床结构部件，发现传感器松动导致接线松动，反馈信号不能发送至数控系统 PMC，才导致 I/O 点无法接通，PMC 无输入信号。

在 FANUC 0i 系统中打开 PMC 的步骤：①按［SYSTEM］功能键，显示如图 6-27 所示界面；②再按三次扩展键，显示如图 6-28 所示界面；③单击［PMCLAD］功能键，CRT 出现图 6-31 所示界面；④搜索 F007.3，找到换刀 PMC 梯形图，如图 6-32 所示。沿着梯形图从故障输出点 Y001.2 和 Y001.3 向 PMC 输入端查找，发现刀盘前限位输入端 X10.1 无信号输入，根据电气原理图 6-15 可知，刀盘前限位传感器无信号输入。

结论：经过 PLC 的故障排查，查看前限位开关，发现前限位开关接线松动，这就解释了故障现象中，10 次换刀有 2 次可实现换刀的原因，即前限位开关接线并不是完全断开，而是虚接，故 PLC 的输入信号不稳定。同时，检查发现，接近开关固定螺母松动。故出现本项目刀库不转的原因为刀库长期使用，接近开关挡板长期撞击接近开关，导致固定螺母松动，进而拖拽接近开关接线，使得接线松动，无法将刀库到位信号送至 PLC，调整接近开关固定螺母并重新接好接线，故障排除。

4. 故障后续排查

在排除故障正常使用后不久，相同故障再次出现。经调查发现，在机床使用中常伴随换刀异响，故对斗笠式刀库换刀故障进行后续排查。由于在较短的时间内就发生了接近开关固定螺母松动导致拖拽接近开关接线，使接线松动的现象，结合换刀时出现异响的问题，初步将故障定位为机械冲击导致接近开关松动。故本项目的故障后续排查定位为查找换刀异响的

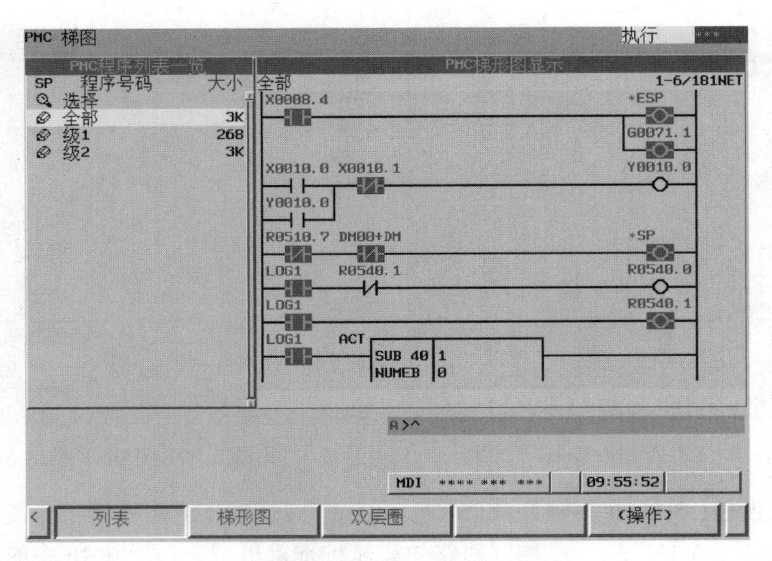

图 6-31 PMC 梯形图查看首界面

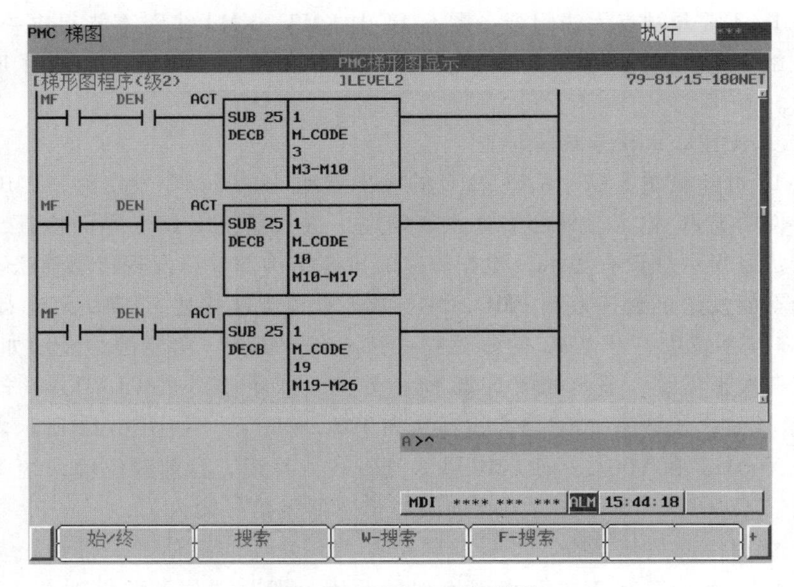

图 6-32 PMC 换刀梯形图

产生原因。本节以表 6-6 和图 6-33 所示的流程图进行故障定位分析和项目实施，具体步骤如下：

分析机械冲击造成的换刀异响需结合换刀相关机械结构和气、液压故障进行分析。引起换刀刀库异响的常见故障有：刀库气缸活塞运动冲击过大、主轴拉刀缸（液压缸）活塞运动冲击过大、换刀时刀库与主轴同轴度误差大、换刀时主轴抬起和下降高度定位精度差。由于换刀异响造成了接近开关松动，故重点考虑水平方向的冲击产生原因。刀库到换刀点定位精度差与刀库的水平运动部件产生故障有必然的联系，需作为重点进行排查。故按照检查及修调的难易程度进行了如下步骤的检查。

表 6-6　故障定位分析的故障列表

符号	内容	符号	内容
T	换刀冲击异响	B8	打刀缸与拉杆距离过远
A1	刀库气缸活塞运动冲击过大	B9	刀库到换刀点到位精度差
A2	主轴拉刀缸（液压缸）活塞运动冲击过大	B10	主轴到换刀点到位精度差
A3	换刀时主轴抬起和下降高度定位精度差	C1	刀库圆柱导轨上有异物
A4	换刀时刀库与主轴同轴度误差大	C2	刀库圆柱导轨摩擦大
B1	缓冲节流阀调整不当	C3	刀库导轨冲击变形
B2	气缸冲击过大	C4	固定板松动
B3	缓冲节流阀调整不当	C5	接近开关、挡块松动
B4	打刀缸冲击过大	C6	接近开关电源线松动
B5	打刀缸与拉杆距离过近	C7	接近开关反馈线松动
B6	主轴回换刀点定位精度差	C8	刀库夹刀柄处调整弹簧松动
B7	主轴准停定位精度差	C9	气缸漏气未将刀库推到位

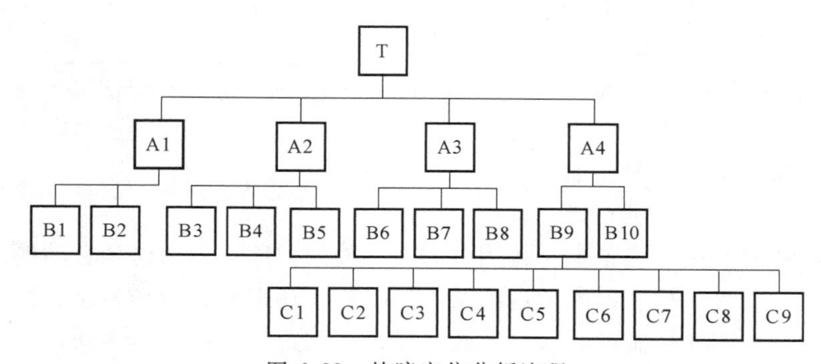

图 6-33　故障定位分析流程

1）检查刀库圆柱导轨上有无异物。

2）检查刀库圆柱导轨是否因为润滑不良或磨损导致摩擦大。

3）检查刀库导轨是否产生冲击变形。

4）检查刀库固定板是否松动。

5）检查接近开关、挡块是否松动。

6）检查接近开关电源线是否松动。

7）检查接近开关反馈线是否松动。

8）检查刀库夹刀柄处调整弹簧是否松动。

9）检查气缸是否漏气。

经过故障排查得出结论：固定板松动，即由于固定板松动，导致刀库刚度变差，刀库不能准确定位于换刀主轴轴线位置下，因此换刀时产生较大的振动。由于此时刀库限位挡块和前限位开关接触，故换刀冲击直接作用在前限位开关处，引起前限位开关位置的变形和固定螺母松动，进而产生接线松动，刀库换刀到位信号无法送入 PLC 进行逻辑处理，最终导致执行换刀指令后，刀库不转的换刀故障。

6.4 项目评估

项目结束，请各小组针对故障维修过程中出现的各种问题进行讨论，罗列出现的失误，并总结在今后的学习和操作过程中如何更好地发挥团队精神，如何提高水平及效率，并填写故障记录表及项目评估表，见附表1和附表2。

6.5 项目拓展

由刀库和机械手组成的自动换刀装置也是常用的刀库形式之一，其结构示意图如图6-34所示。此类换刀结构在数控机床上的应用最为广泛。其刀具的交换过程为，当数控系统发出M06换刀指令后，内部PLC译码，根据换刀指令在刀库中进行刀库电动机的旋转，实现选刀，刀库气缸推出到位开关信号得电的情况下，经过逻辑处理使机械手锁刀套电磁阀得电，锁刀液压缸活塞伸出卡住刀套，同时机械手获得旋转信号，通过电动机或液压驱动转向，进行刀具交换，然后将新刀具装入主轴中，将用过的刀具放回刀库。采用这种自动换刀系统，需要刀具的自动夹紧、放松机构、刀库的运动及定位机构，还需要有清洁刀座、刀孔和刀柄的装置，机械结构复杂。刀库控制系统通过发送信号进行选刀，并接收刀具到位信号，因此换刀机构须进行电气元器件与数控系统的信息交互。此外，抓刀、取刀还需要气压或液压系统配合。下面就此类刀库的机械结构进行介绍。

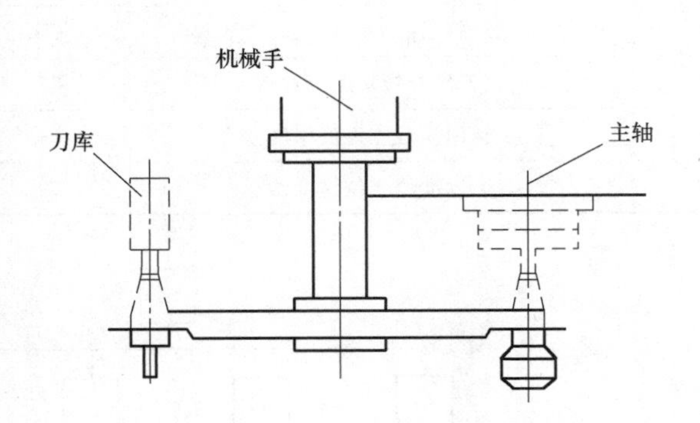

图6-34 刀库换刀装置结构示意图

6.5.1 常用刀库的形式

根据刀库存放刀具的数目和取刀方式，上述刀库可设计成多种形式。图6-35a～d所示为单盘式刀库，图6-35d所示为刀具可做90°翻转的圆盘刀库，采用这种结构能够简化取刀动作。单盘式刀库的结构简单，刀库的容量通常为15～30把刀，取刀比较方便，因此应用最为广泛。图6-35e所示为鼓轮弹仓式（又称刺猬式）刀库，其结构十分紧凑，在相同的空间内，它的刀库容量较大，但选刀和取刀的动作较复杂。图6-35f所示为链式刀库，其结构有较大的灵活性，存放刀具的数量也较多，选刀和取刀动作十分简单。当链条较长时，可以增加支承链轮的数目，使链条折叠回绕，提高了空间的利用率。图6-35g和图6-35h所示分别为多盘式和格子式刀库，它们虽然也具有结构紧凑的特点，但选刀和取刀动作复杂，应用较少，其刀库的容量一般为10～60把刀，但随着加工工艺的发展，目前刀库的容量似乎有进一步增大的趋势。图6-35i所示为圆盘式刀库；图6-35j所示为链式刀库，双臂机械手换刀；图6-35k、l所示为单排链式刀库。

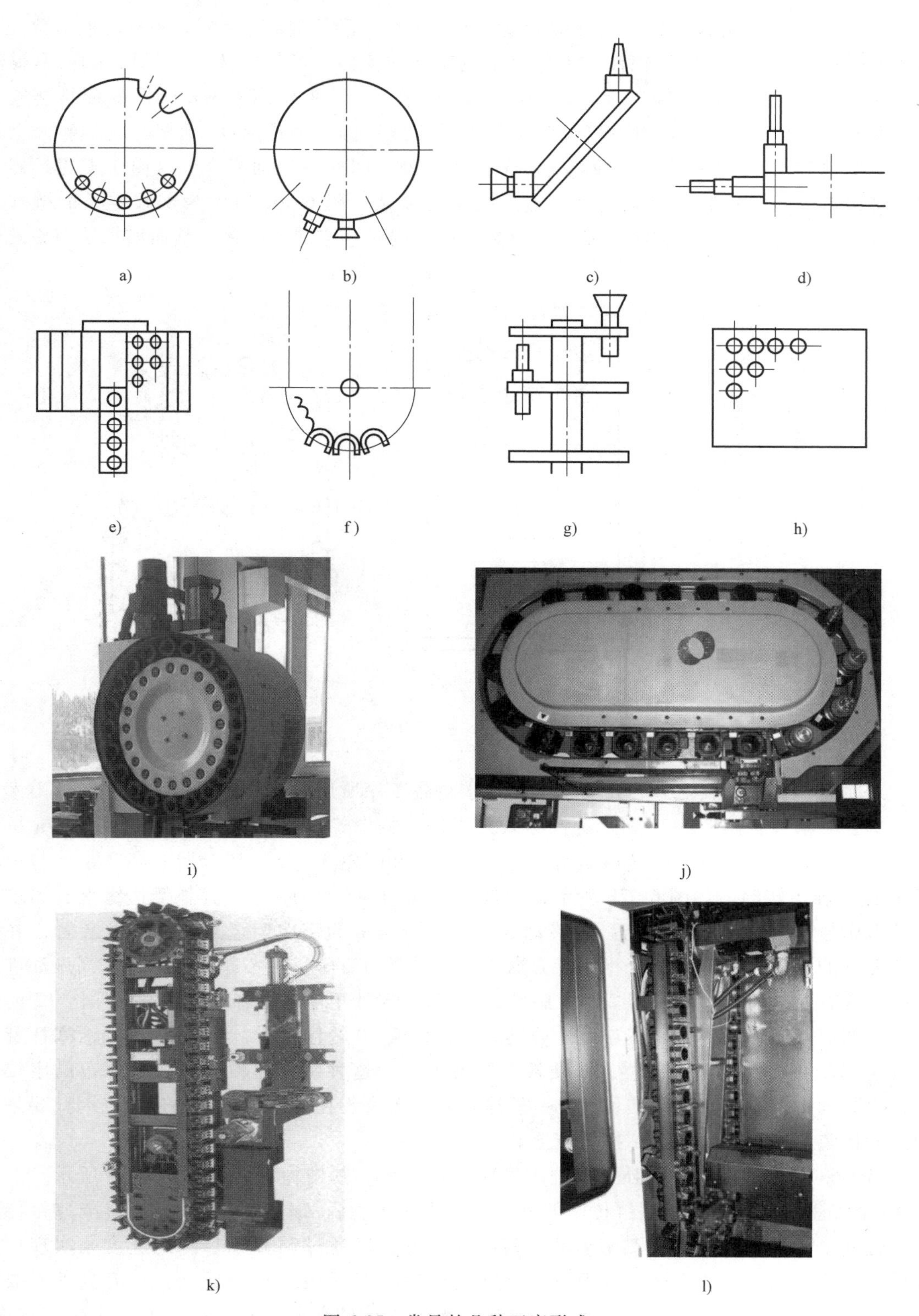

图 6-35　常见的几种刀库形式

图 6-36 所示为链式刀库，其结构有较大的灵活性。图 6-36a 所示为某一自动换刀数控镗铣床所采用的单排链式刀库简图，刀库置于机床立柱侧面，可容纳 45 把刀具，如刀具储存量过大，将使刀库过高。为了增加链式刀库的储存量，可采用图 6-36b 所示的多排链式刀库，我国 JCS-013 型自动换刀数控镗铣床采用了四排刀链，每排储存 15 把刀具，整个刀库可储存 60 把刀具。这种刀库常独立安装于机床之外，因此占地面积大，且由于刀库远离主轴，必须有中间搬运装置，故整个换刀系统结构复杂。图 6-36c 所示为加长链条的链式刀库，采用增加支承链轮的方法，使链条折叠回绕，提高其空间利用率，从而增加了刀库的储存量。

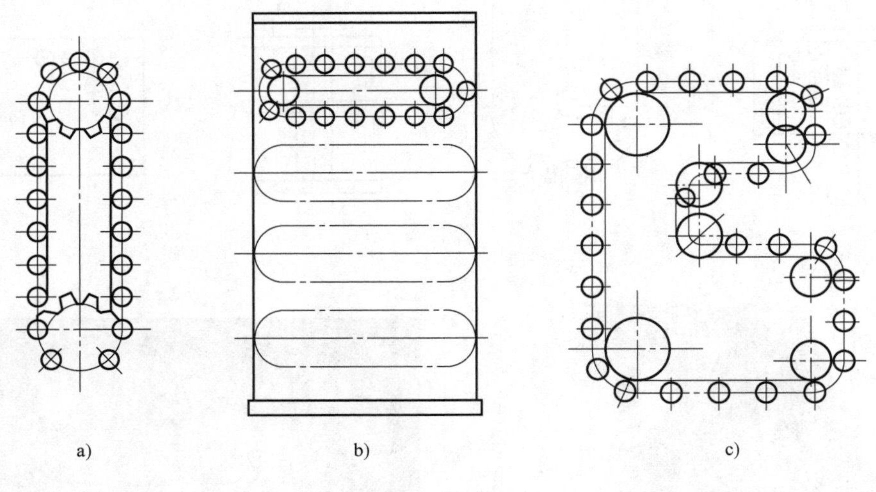

图 6-36　链式刀库

刀库除了存储刀具之外，还要能根据要求将各工序所用的刀具运送到取刀位置。刀库常采用单独驱动装置。图 6-37 所示为圆盘式刀库的结构图，可容纳 40 把刀具，图 6-37a 所示为刀库的驱动装置，由液压马达驱动，通过蜗杆 4 和蜗轮 5，端齿离合器 2 和 3 带动与圆盘 13 相连的轴 1 转动。如图 6-37b 所示，圆盘 13 上均布 40 个刀座 9，其外侧边缘上有固定不动的刀座号读取装置 7。当圆盘 13 转动时，刀座号码板 8 依次经过刀座号读取装置，并读出各刀座的编号，与输入指令相比较，当找到所要求的刀座号时，即发出信号，高压油进入液压缸 6 右腔，使端齿离合器 2 和 3 脱开，使圆盘 13 处于浮动状态。同时，液压缸 12 前腔的高压油通路被切断，并使其与回油箱连通，在弹簧 10 的作用下，液压缸 12 的活塞杆带着定位 V 形块 14 使圆盘 13 定位，以便换刀装置换刀。这种装置比较简单，总体布局比较紧凑，但圆盘直径较大，转动惯量大。一般这种刀库多安装在离主轴较远的位置，因此要采用中间搬运装置来将刀具传送到换刀位置。

THK6370 自动换刀数控卧式镗铣床采用链式刀库。其结构示意图如图 6-37 所示。刀库由 45 个刀座组成，刀座就是链传动的链节，刀座的运动由 ZM-40 液压马达通过减速箱传到下链轮轴上，由下链轮带动刀座运动。刀库运动的速度通过调节 ZM-40 的速度来实现。刀座的定位用正靠的办法将所要的刀具准确地定位在取刀（还刀）位置上。在刀具进入取刀位置之前，刀座首先减速。刀座上的燕尾进入刀库立柱的燕尾导轨，在选刀与定位区域内，刀座在燕尾导轨内移动，以保持刀具编码环与选刀器的位置关系的一致性。

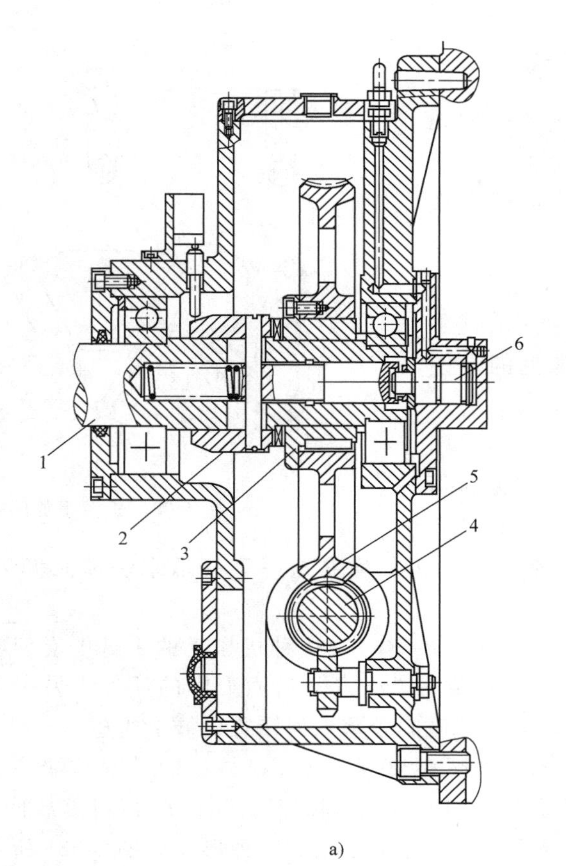

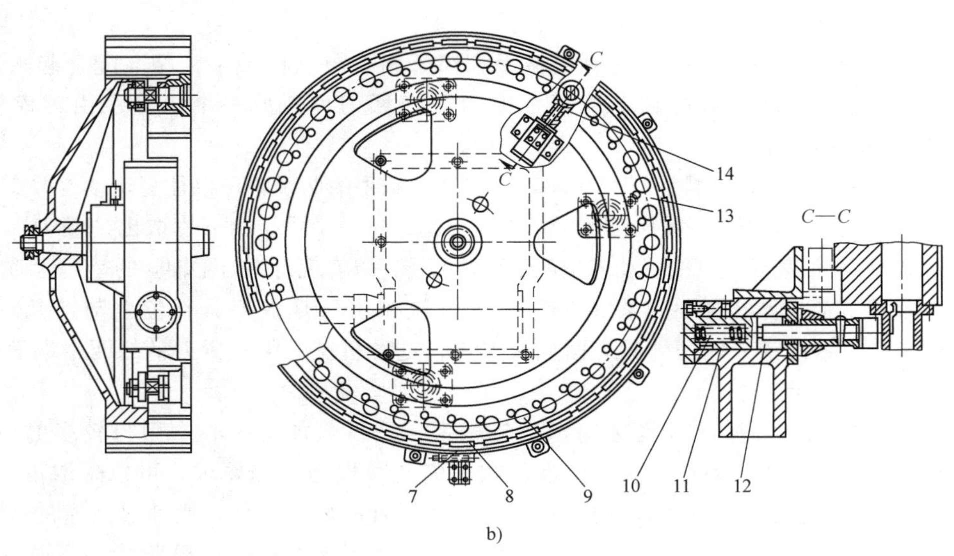

图 6-37　圆盘式刀库结构图

a）刀库的驱动装置　b）刀盘结构

1—轴　2、3—端齿离合器　4—蜗杆　5—蜗轮　6、12—液压缸　7—刀座号读取装置　8—刀座号码板　9—刀座　10—弹簧　11—套　13—圆盘　14—V 形块

6.5.2 常用机械手的形式

采用机械手进行刀具交换的方式应用得最为广泛，这是因为机械手换刀有很大的灵活性，而且可以减少换刀时间。

1. 机械手的形式与种类

在自动换刀数控机床中，机械手的形式也是多种多样的，常见的有图6-38所示的几种形式。

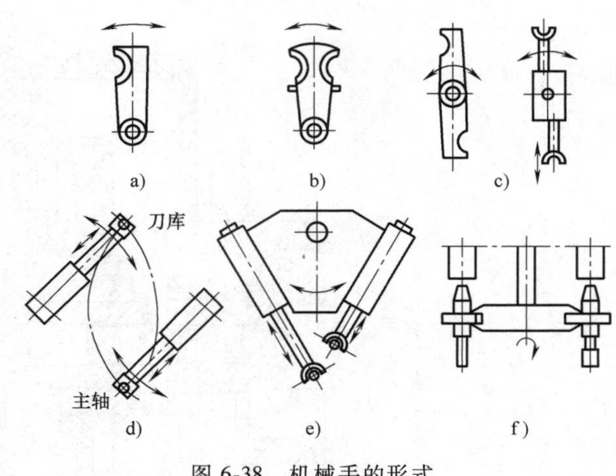

图 6-38 机械手的形式

(1) 单臂单爪回转式机械手（图6-38a） 这种机械手的手臂可以回转不同的角度进行自动换刀，手臂上只有一个夹爪，不论在刀库上还是在主轴上，均靠这一个夹爪来装刀及卸刀，因此换刀时间较长。

(2) 单臂双爪摆动式机械手（图6-38b） 这种机械手的手臂上有两个夹爪，两夹爪有所分工，一个夹爪只执行从主轴上取下"旧刀"送回刀库的任务，另一个夹爪则执行由刀库取出新刀送到主轴的任务。其换刀时间较单爪回转式机械手要短。

(3) 单臂双爪回转式机械手（图6-38c） 这种机械手的手臂两端各有一个夹爪，两个夹爪可同时抓取刀库及主轴上的刀具，回转180°后，又同时将刀具放回刀库及装入主轴，换刀时间较以上两种单臂机械手均短，是最常用的一种形式。图6-38c所示右边的机械手在抓取刀具或将刀具送入刀库及主轴时，两臂可伸缩。

(4) 双机械手（图6-38d） 这种机械手相当于两个单爪机械手，相互配合起来进行自动换刀。其中一个机械手从主轴上取下"旧刀"送回刀库，另一个机械手由刀库里取出"新刀"装入机床主轴。

(5) 双臂往复交叉式机械手（图6-38e） 这种机械手的两手臂可以往复运动，并交叉成一定的角度。一个手臂从主轴上取下"旧刀"送回刀库，另一个手臂由刀库取出"新刀"装入主轴。整个机械手可沿某导轨直线移动或绕某个转轴回转，以实现刀库与主轴间的运刀运动。

(6) 双臂端面夹紧机械手（图6-38f） 这种机械手只是在夹紧部位上与前几种不同。前几种机械手均靠夹紧刀柄的外圆表面抓取刀具，这种机械手则夹紧刀柄的两个端面。

2. 常用换刀机械手

(1) 单臂双爪式机械手 也称扁担式机械手，是目前加工中心中用得较多的机械手。这种机械手的拔刀、插刀动作，大都由液压缸来完成。根据结构要求，可以采取液压缸动、活塞固定，或活塞动、液压缸固定的结构形式。而手臂的回转动作，则通过活塞的运动带动齿条齿轮传动来实现。其机械手臂的不同回转角度，由活塞的可调行程来保证。

这种机械手采用了液压装置，既要保持不漏油，又要保证机械手动作灵活，而且每个动作结束之前均必须设置缓冲机构，以保证机械手的工作平衡、可靠。由于液压驱动的机械手需要严格的密封，还需较复杂的缓冲机构，且控制机械手动作的电磁阀都有一定的时间常数，因而换刀速度慢。近年来研制的凸轮联动式单臂双爪机械手，如图6-39所示。

这种机械手的优点是：由电动机驱动，不需较复杂的液压系统及密封、缓冲机构，没有漏油现象，结构简单，工作可靠。同时，机械手手臂的回转和插刀、拔刀的分解动作是联动的，部分时间可重叠，从而大大缩短了换刀时间。

（2）双臂单爪交叉机械手　由北京机床研究所开发和生产的 JCSl3 卧式加工中心，所用换刀机械手就是双臂单爪交叉机械手，如图 6-40 所示。

（3）单臂双爪且手臂回转轴与主轴成 45°的机械手　其结构如图 6-41 所示。这种机械手换刀动作可靠，换刀时间短，缺点是刀柄精度要求高，结构复杂，联机调整的相关精度要求高，机械手离加工区较近。

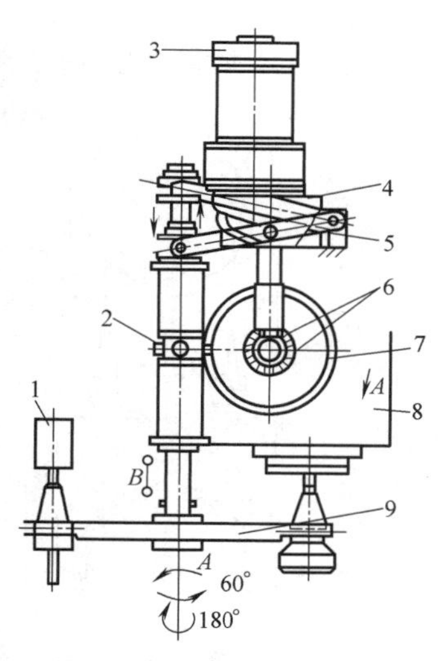

图 6-39　凸轮联动式单臂双爪机械手

1—刀套　2—十字轴　3—电动机　4—圆柱槽凸轮（手臂上下）　5—杠杆　6—锥齿轮　7—凸轮滚子（平臂旋转）　8—主轴箱　9—换刀手臂

3. 手爪形式

（1）钳形机械手的杠杆手爪　如图 6-42 所示，锁销 2 在弹簧（图中未画出此弹簧）作用下，其大直径外圆顶着止退销 3，手爪 6 就不能摆动张开，手爪中的刀具就不会被甩出。当抓刀和换刀时，锁销 2 被装在刀库主轴端部的撞块压回，止退销 3 和手爪 6 就能够摆动、放开，刀具就能装入和取出。这种手爪均为直线运动抓刀。

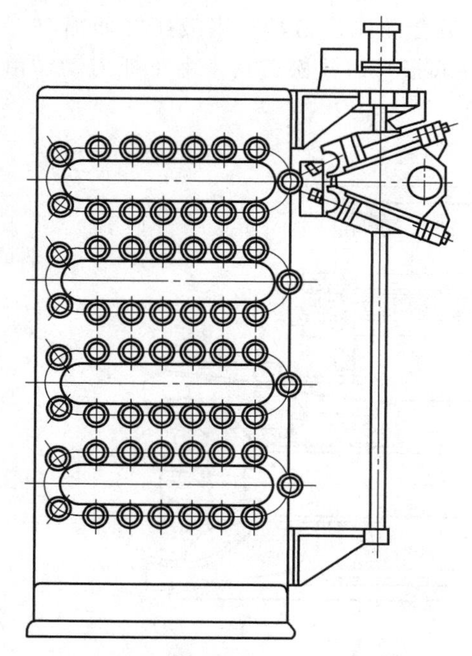

图 6-40　双臂单爪交叉机械手

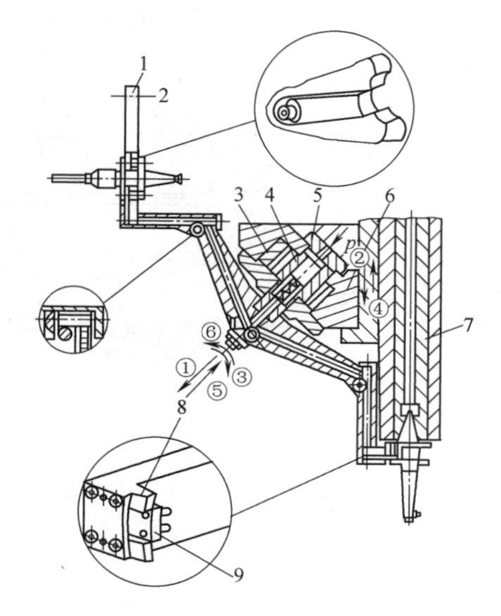

图 6-41　斜 45°机械手

1—刀库　2—刀库轴线　3—齿条　4—齿轮　5—抓刀活塞　6—机械手托架　7—主轴　8—抓刀定块　9—抓刀动块　①—抓刀　②—拔刀　③—换位（旋转 180°）　④—插刀　⑤—松刀　⑥—返回原位（旋转 90°）

（2）刀库夹爪　刀库夹爪既起着刀套的作用又起着手爪的作用。图 6-43 所示为刀库夹爪。

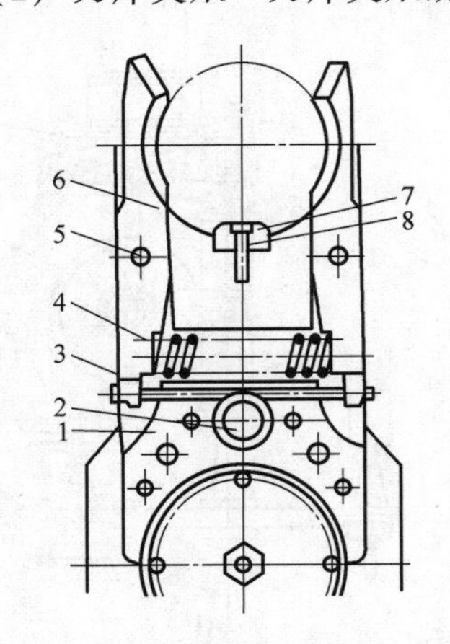

图 6-42　钳形机械手的杠杆手爪

1—手臂　2—锁销　3—止退销　4—弹簧　5—支点轴　6—手爪　7—键　8—螺钉

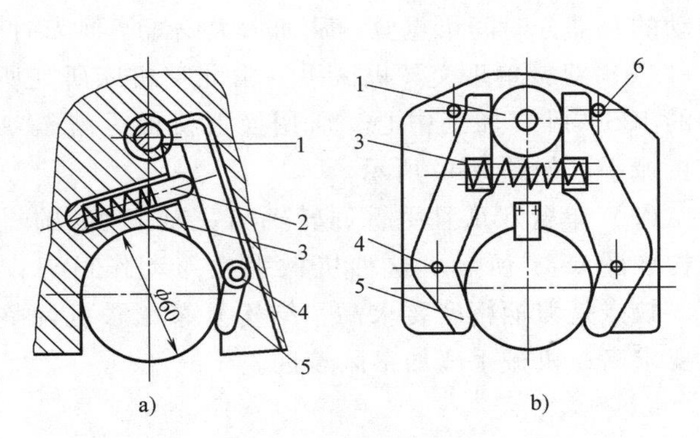

图 6-43　刀库夹爪

1—锁销　2—顶销　3—弹簧　4—支点轴　5—手爪　6—挡销

4. 机械手结构原理

如图 6-44 所示，机械手结构及工作原理如下：机械手有两对抓刀爪，分别由液压缸 1 驱动，当液压缸推动机械手爪外伸时（图 6-44 中上面一对抓刀爪），抓刀爪上的销轴 3 在支架上导向槽 2 内滑动，使抓刀爪绕销 4 摆动，抓刀爪合拢抓住刀具；当液压缸回缩时（图 6-44中下面的抓刀爪），支架 2 上的导向槽迫使抓刀爪张开，放松刀具。由于抓刀动作由机械机构实现，且能自锁，因此工作安全可靠。

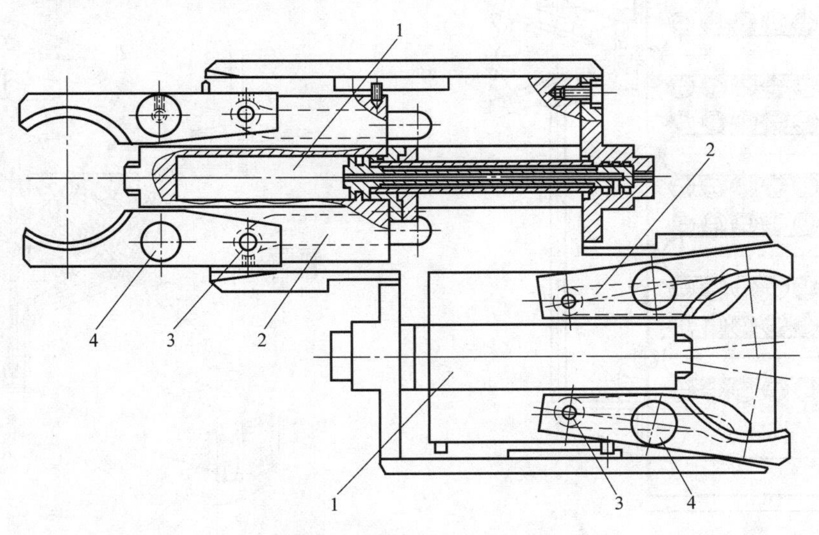

图 6-44　机械手结构原理图

1—液压缸　2—支架导向槽　3—销轴　4—销

5. 机械手的驱动机构

图 6-45 所示为机械手的驱动机构，升降气缸 1 通过杆 6 带动机械手臂升降，当机械手在

上边位置时（图示位置），液压缸 4 通过齿条 2、齿轮 3、传动盘 5、杆 6 带动机械手臂回转；当机械手在下边位置时，传动气缸 7 通过齿条 9、齿轮 8、传动盘 5 和杆 6，带动手臂回转。

图 6-46 所示为机械手臂和手爪结构图。手臂的两端各有一手爪，刀具被带弹簧 1 的活动销 4 紧靠着固定爪 5。锁紧销 2 被弹簧 3 弹起，使活动销 4 被锁位，不能后退，这就保证了在机械手运动过程中．手爪中的刀具不会被甩出。当手臂在上方位置从初始位置转过 75°时锁紧销 2 被挡块压下，活动销 4 就可以活动，使得机械手可以抓住（或放开）主轴和刀套中的刀具。

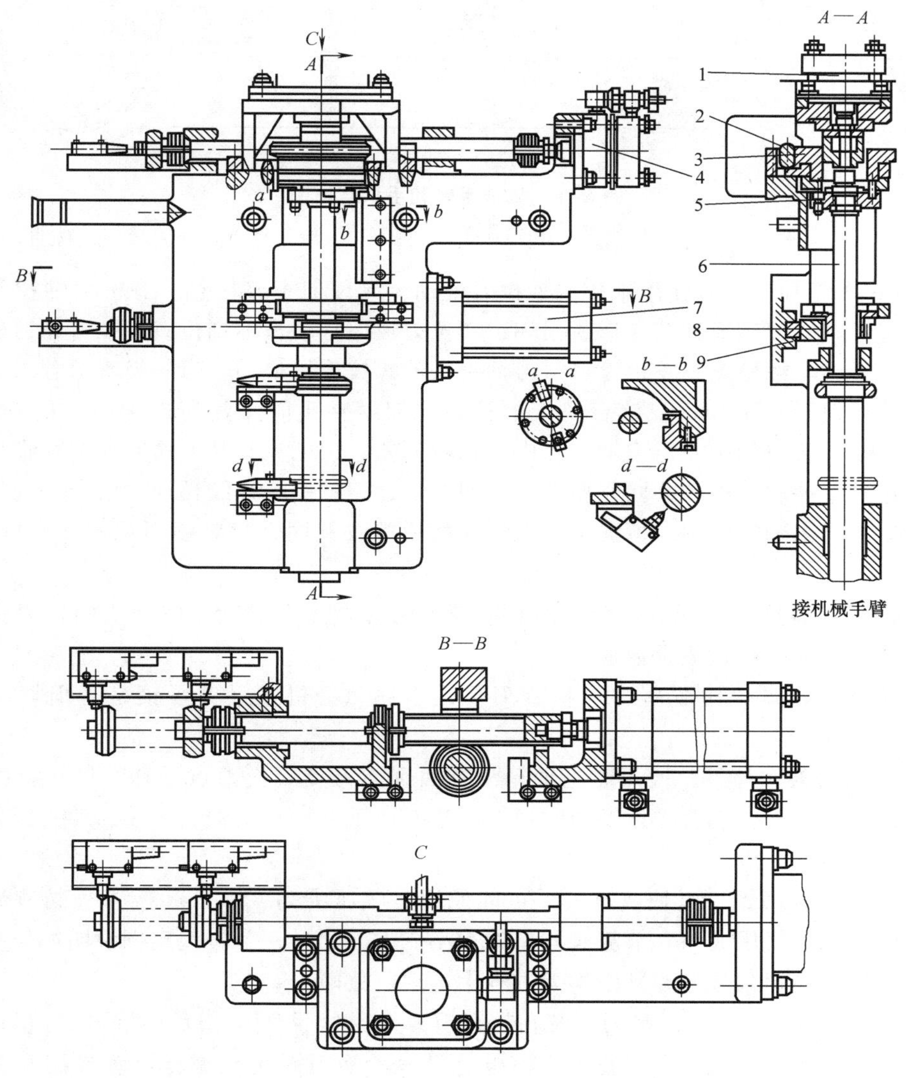

图 6-45　机械手的驱动机构

1—升降气缸　2、9—齿条　3、8—齿轮　4—液压缸　5—传动盘　6—杆　7—传动气缸

6.5.3　机械手换刀故障分析

（1）刀具夹不紧　可能原因有气泵气压不足、漏气、刀具松开弹簧上的螺母松动等。

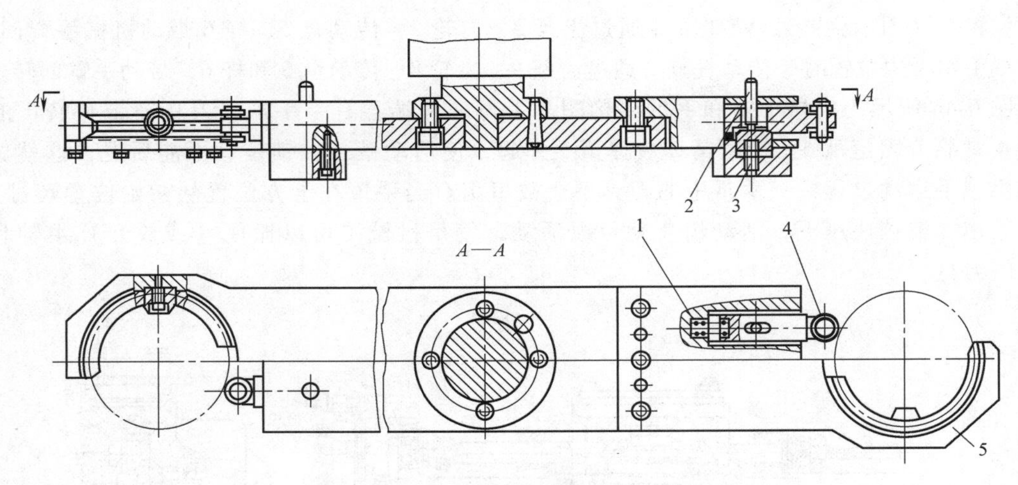

图 6-46 机械手臂和手爪结构图

1、3—弹簧 2—锁紧销 4—活动销 5—固定爪

例如 VMC-65A 型加工中心使用半年主轴拉刀松动，无任何报警信息。分析主轴拉不紧刀的原因是：①主轴拉刀碟形弹簧变形或损坏；②拉力液压缸动作不到位；③拉钉与刀柄夹头间的螺纹连接松动。经检查，发现拉钉与刀柄夹头的螺纹连接松动，刀柄夹头随着刀具的插拔发生旋转，后退了约 1.5mm。该台机床的拉钉与刀柄夹头间无任何连接防松的锁紧措施。在插拔刀具时，若刀具中心与主轴锥孔中心稍有偏差，刀柄夹头与刀柄间就会存在一个偏心摩擦。在这种摩擦和冲击的共同作用下，时间一长，刀柄夹头螺纹松动，就会出现主轴拉不住刀的现象。将主轴拉钉和刀柄夹头的螺纹连接用螺纹锁固密封胶锁固及锁紧螺母锁紧后，故障排除。

(2) 刀具夹紧后松不开　可能原因有松锁刀的弹簧压合过紧，应调节松锁刀弹簧上的螺钉，使最大载荷不超过额定数值。

(3) 刀具从机械手中脱落　应检查刀具是否超重，机械手夹紧锁是否损坏或没有弹出来。

(4) 刀具交换时掉刀　换刀时主轴箱没有回到换刀点或换刀点漂移，机械手抓刀时没有到位，就开始拔刀，都会导致换刀时掉刀。这时应重新操作主轴箱运动，使其回到换刀点位置，重新设定换刀点。

(5) 机械手换刀速度过快或过慢　可能原因是气压太高或太低和换刀气阀节流开口太大或太小，应调整气压大小和节流阀开口的大小。下面通过一个典型实例说明如何从换刀装置的结构、换刀过程来分析和判断换刀过程中出现的故障。

[例 6-1]　某数控机床的换刀系统在执行换刀指令时不动作，机械臂停在行程中间位置上，CRT 显示报警号，查阅手册得知，该报警号表示换刀系统机械臂位置检测开关信号为“0”及“刀库换刀位置错误”。

根据报警内容，可诊断故障发生在换刀装置和刀库两部分，由于相应的位置检测开关无信号送至 PLC 的输入接口，从而导致机床中断换刀。造成开关无信号输出的原因有两个：一是液压或机械上的原因造成动作不到位而使开关得不到感应；二是电感式开关失灵。

首先检查刀库中的接近开关，用一薄铁片去感应开关，以排除刀库部分接近开关失灵的可能性；接着检查换刀装置机械臂中的两个接近开关，一是“臂移出”开关，一是“臂缩回”开关。由于机械臂停在行程中间位置上，这两个开关输出信号均为“0”，经测试，两个开关均正常。

机械装置检查：“臂缩回”动作是由电磁阀控制的，手动电磁阀，把机械臂退回至“臂缩回”位置，机床恢复正常，这说明手控电磁阀能使换刀装置定位，从而排除了液压或机械阻滞造成换刀系统不到位的可能性。

由以上分析可知，PLC 的输入信号正常，输出动作执行无误。问题在 PLC 内部或操作不当。经操作观察，两次换刀时间的间隔小于 PLC 所规定的要求，从而造成 PLC 程序执行错误，引起故障。

对于只有报警号而无报警信息的报警，必须检查数据位，并与正常数据相比较，明确该数据位所表示的含义，以采取相应的措施。

［**例 6-2**］　图 6-47 所示为某立式加工中心自动换刀控制示意图。

故障现象：换刀臂平移至 C 时，无拔刀动作。

数控机床上刀具及托盘等装置的自动交换动作都是按照一定的顺序来完成的，因此观察机械装置的运动过程，比较正常与故障时的情况，就可发现疑点，判断出故障的原因。

ATC 动作的起始状态：①主轴保持要交换的旧刀具；②换刀臂在 B 位置；③换刀臂在上部位置；④刀库已将要交换的新刀具定位。

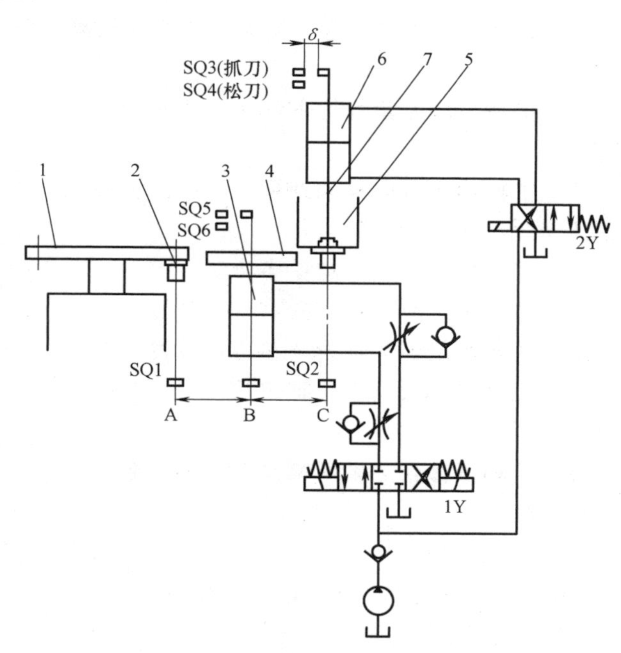

图 6-47　某立式加工中心自动换刀控制示意图

1—刀库　2—刀具　3—换刀臂升降液压缸　4—换刀臂　5—主轴　6—主轴液压缸　7—拉杆

自动换刀的顺序：换刀臂左移（B→A）→换刀臂下降（从刀库拔刀）→换刀臂右移（A→B）→换刀臂上升→换刀臂右移（B→C，抓住主轴中刀具）→主轴液压缸下降（松刀）→换刀臂下降（从主轴拔刀）→换刀臂旋转 180°（两刀具交换位置）→换刀臂上升（装刀）→主轴液压缸上升（抓刀）→换刀臂左移（C→B）→刀库转动（找出旧刀具位置）→换刀臂左移（B→A，返回旧刀具给刀库）→换刀臂右移（A→B）→刀库转动（找下把刀具）。

换刀臂平移至 C 位置时，无拔刀动作，分析原因，有以下几种可能。

1）SQ2 无信号，使松刀电磁阀 2Y 未得电，主轴仍处于抓刀状态，换刀臂不能下移。

2）松刀接近开关 SQ4 无信号，则换刀臂升降电磁阀 1Y 状态不变，换刀臂不下降。

3）电磁阀有故障，给予信号也不能动作。

逐步检查，发现 SQ4 未发出信号，进一步对 SQ4 进行检查，发现感应间隙过大，导致接近开关无信号输出，产生动作障碍。

6.5.4 斗笠式换刀装置的PMC程序

1. 斗笠式刀库的换刀动作过程

自动换刀是加工中心的重要辅助功能，其作用是将主轴中用过的刀具还回刀库，再将需要的刀具从刀库取到主轴中，要求准确、无误、快速。斗笠式刀库换刀时，首先比较当前刀套号是否与主轴刀号一致，如果不一致，先旋转刀库，然后后刀库向主轴方向平行移动，取下主轴上原刀具，当主轴上的刀具进入刀库的卡槽时，主轴向上移动脱开刀具；接下来，主轴安装新刀具，首先刀库转动，当目标刀具对正主轴正下方时，主轴下移，使刀具进入主轴锥孔内，刀具夹紧后，刀库退回远离主轴位置，换刀过程结束。斗笠式刀库具有结构简单、成本低、易于控制和维护方便等优点，因此在中小型加工中心上得到了广泛的应用。

刀库换刀动作过程说明如下：

1）刀库处于准备位置，即刀库停留在远离主轴中心的位置，主轴沿Z方向移动到第一参考点。

2）如果当前刀套号与主轴刀号不一致，刀库旋转。

3）主轴沿Z方向移动到第二参考点，并完成定位动作，准备还刀。

4）刀库平行向主轴位置移动。

5）刀库抓刀确认后，主轴吹气松刀。

6）主轴抬起到Z轴第一参考点位置。

7）刀库旋转，使当前刀套号与T代码一致。

8）主轴下移到Z轴的第二参考点位置，并进行抓刀。

9）主轴夹紧刀具。

10）刀库向远离主轴中心位置侧平移。

11）换刀操作完成。

整个刀库的动作主要靠刀库电动机、气缸和主轴的相互结合控制实现。刀库通过PMC功能指令实现刀库的正反转就近找刀，其中的接近开关信号可用于刀库计数，以此实现刀库原点复归和数刀。气缸的功能主要是接收PMC发出的信号，以控制刀库整体向前进或向后退，为换刀或换刀后运行NC程序做准备。其换刀流程和思路如图6-48所示。

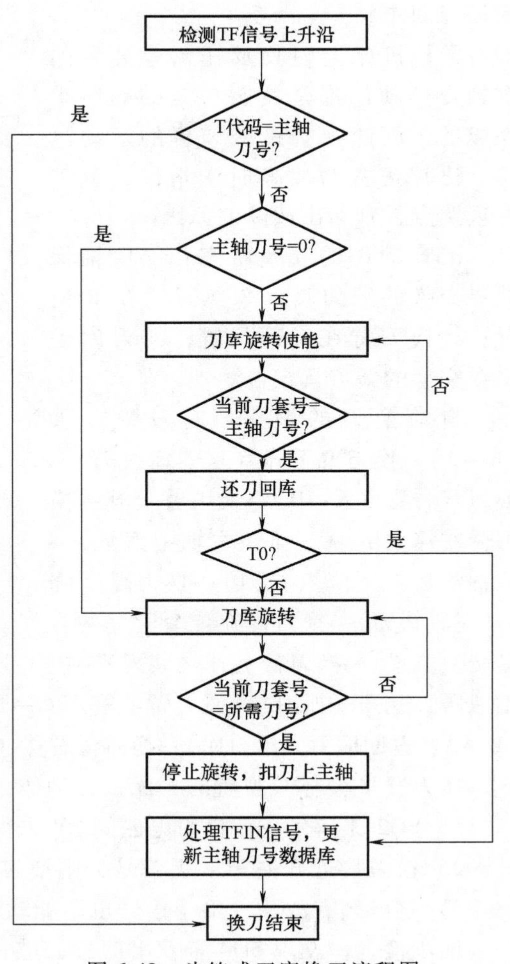

图6-48 斗笠式刀库换刀流程图

2. PMC I/O Link的设定

（1）数控系统的各模块连接 按图6-49所示的数控系统连接示意图，对数控系统以组、基座、槽进行I/O地址的定位。

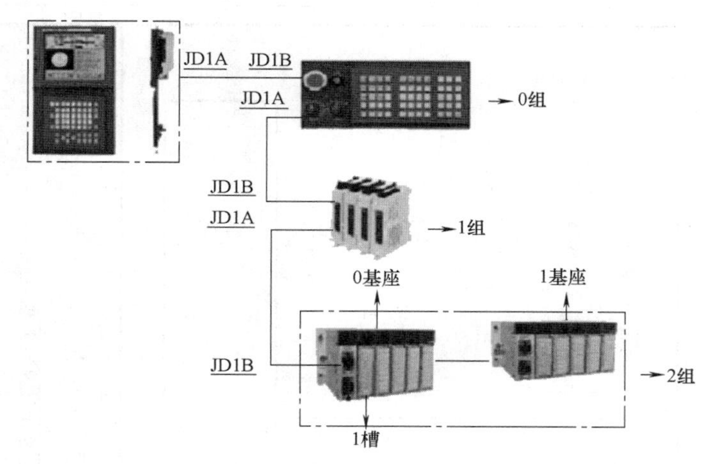

图 6-49　数控系统连接示意图

组：系统和 I/O 单元之间通过 JDIA→JD1B 串行连接，离系统最近的单元称为第 0 组，依次类推。

基座：使用 I/O UNIT-MODELA 时，在同一组中可以连接扩展模块，因此在同一组中为区分其物理位置，定义主副单元分别为 0 基座、1 基座。

槽：在 I/O UNIT-MODELA 时，在一个基座上可以安装 5～10 槽的 I/O 模块，从左至右依次定义其物理位置为 1 槽、2 槽。

（2）I/O Link 的软件设定　当通过硬件连接而确定 I/O 单元相关的硬件位置后，组、基座、槽通过数控系统软件来设定每个单元的输入、输出起始地址，具体步骤：单击数控面板［SYSTEM］键→软键［PMC］→ 软键［EDIT］→软键［MODEL］后，界面如图 6-50 所示。

PMC I/O MODULE　CHANNEL 1　PMC STOP

地址 ADDRESS	组 GROUP	基座 BASE	槽 SLOT	名称 NAME	ADDRESS	GROUP	BASE	SLOT	NAME
X000	0	0	1	OC02I	Y000	0	0	1	OC010
X001	0	0	1	OC02I	Y001	0	0	1	OC010
X002	0	0	1	OC02I	Y002	0	0	1	OC010
X003	0	0	1	OC02I	Y003	0	0	1	OC010
X004	0	0	1	OC02I	Y004	0	0	1	OC010
X005	0	0	1	OC02I	Y005	0	0	1	OC010
X006	0	0	1	OC02I	Y006	0	0	1	OC010
X007	0	0	1	OC02I	Y007	0	0	1	OC010
X008	0	0	1	OC02I	Y008				
X009	0	0	1	OC02I	Y009				
X010	0	0	1	OC02I	Y010				
X011	0	0	1	OC02I	Y011				
X012	0	0	1	OC02I	Y012				
X013	0	0	1	OC02I	Y013				
X014	0	0	1	OC02I	Y014				

GROUP. BASE. SLOT. NAME =

>

图 6-50　I/O 单元设定界面

3. 根据 PMC 梯形图及 I/O 点地址设定进行电气原理图设计（包括 PMC 输入及输出信号）

图 6-51 所示为 PMC 的 I/O 点输入电气接线图，是由 MT 发向 PMC 侧的信号；图 6-52 所示为 PMC 的 I/O 点输出电气接线图，是由 PMC 侧发向 MT 侧的信号。图中的 X 及 Y 信号根据 I/O Link 的设定进行编号。

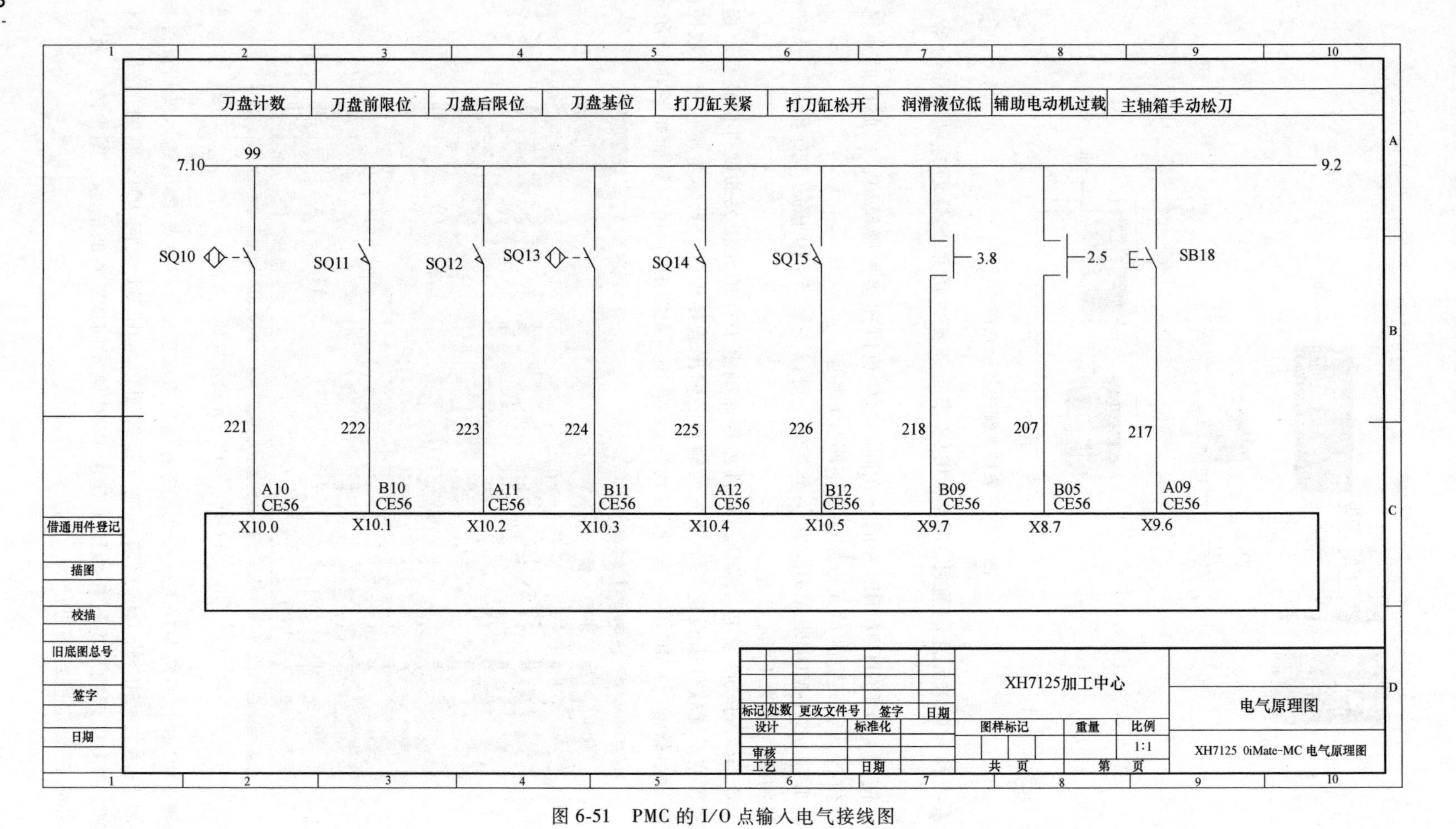

图 6-51 PMC 的 I/O 点输入电气接线图

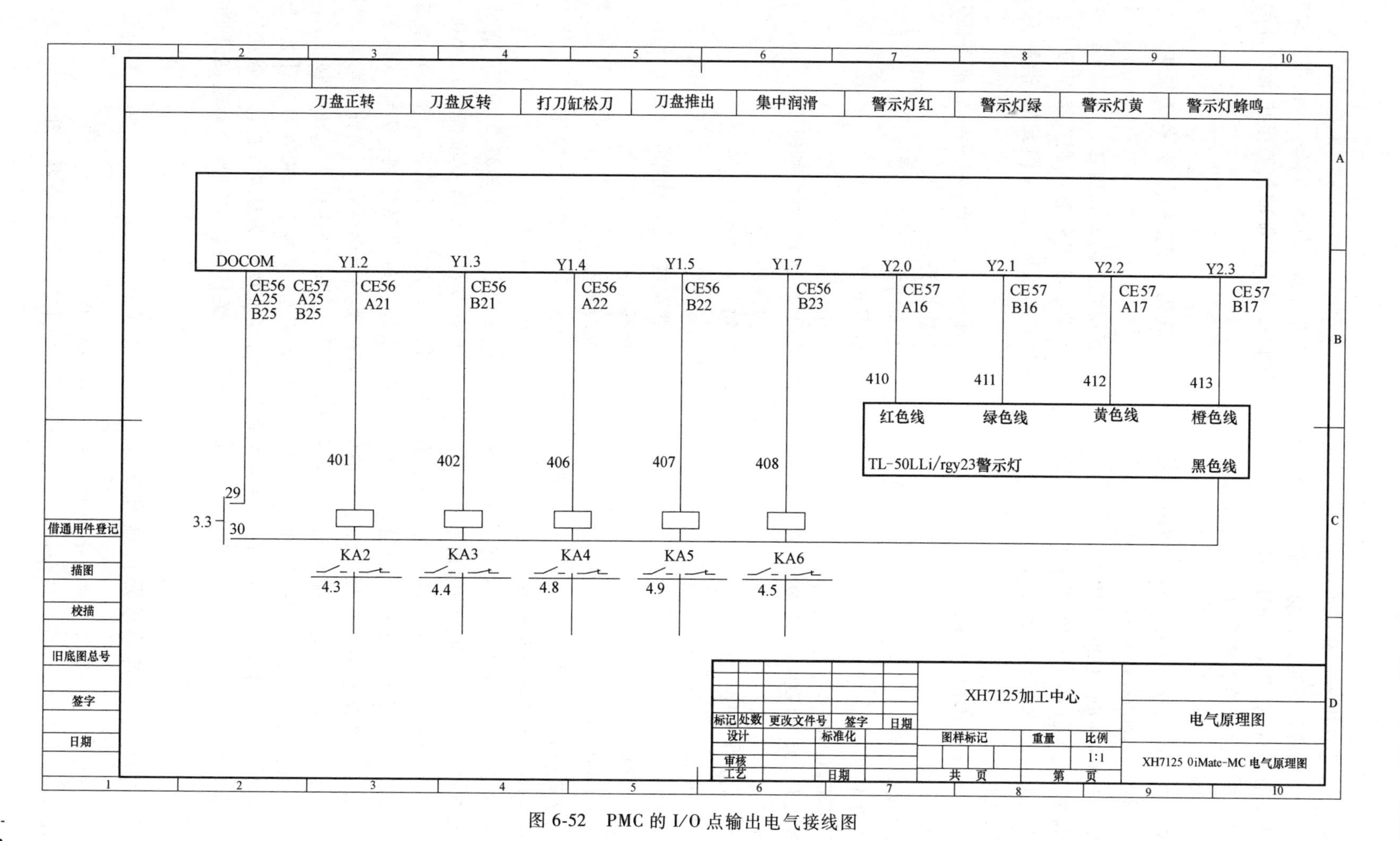

图 6-52　PMC 的 I/O 点输出电气接线图

4. 斗笠式刀库换刀程序

换刀动作的完成是执行换刀宏程序的过程，下面是斗笠式刀库换刀程序。在斗笠式刀库换刀过程中，NC 宏程序与 PMC 程序的结合使用，可以使刀库、轴的控制有机地结合起来，使机床的换刀过程控制更为准确、方便。

```
#O9001
N1 IF[#1000EQ1] GOTO19(TCODE=SPTOOL)    T代码等于主轴刀号,换刀结束
N2 #199=#4003(G90/G91MODLE)
N3 #198=#4006(G20/21MODLE)              保留之前的模态信息
N4 IF[#1002EQ1] GOTO7(SPTOOL=0)         如果主轴刀号为0,则直接抓刀
N5 G21 G91 G30 P2 Z0 M1                 (回第二参考点,M19定向,准备还刀)
N6 GOTO8
N7 G21 G91 G28 Z0 M19                   (回第一参考点,M19定向,准备抓刀)
N8 M50                                  刀库准备好(使能)
N9 M52                                  刀库向右(靠近主轴)
N10 M53                                 松刀吹气
N11 G91 G28 Z0                          回第一参考点
N12 IF[#1001EQ1] GOTO15(TCODE=0)        如果指令T0,则无须抓刀
N13 M54                                 刀盘旋转
N14 G91 G30 P2 Z0                       回第二参考点
N15 M55                                 刀具夹紧
N16 M56                                 刀盘向左(远离主轴)
N17 M51                                 旋转结束
N18 G#199 G#198                         恢复模态
N19 M99
```

5. 斗笠式刀库换刀梯形图

斗笠式刀库自动换刀 PMC 控制梯形图如图 6-53 所示，其中 F0007.3 为 TF 信号（T 码选通信号），F0026 为 T 码输出地址，F0001.1 为 RST 信号（系统复位信号），X0008.4 为 *ESP（急停信号），X0003.5 为刀库定位信号，C0002 为 2 号计数器。换刀动作过程：系统得到换刀信号后，主轴自动返回到换刀点，且实现主轴准停控制；刀盘从原位自动换刀，当刀盘到位开关接通后，刀盘立即停止，做好接刀动作准备；主轴自动松刀并进行吹气控制，完成主轴送刀控制动作；当主轴送刀到位开关接通后，主轴上移（返回到机床参考点位置）；刀盘根据程序的 T 码指令，进行就近选刀控制，同时刀盘计数器开关计数，当选刀到位时，电动机立即停止；主轴从参考点下移到换刀点，进行主轴接刀控制动作，同时主轴自动夹紧刀具；当主轴刀具夹紧到位开关接通后，刀盘自动返回到原始位置，完成自动换刀全过程。

6.5.5 刀库换刀常见故障排查方法

(1) 故障现象　数控系统发出换刀指令，刀库不动作。

① 检查机床的操作模式是否正确，机床是否为锁住状态，指令是否正确。

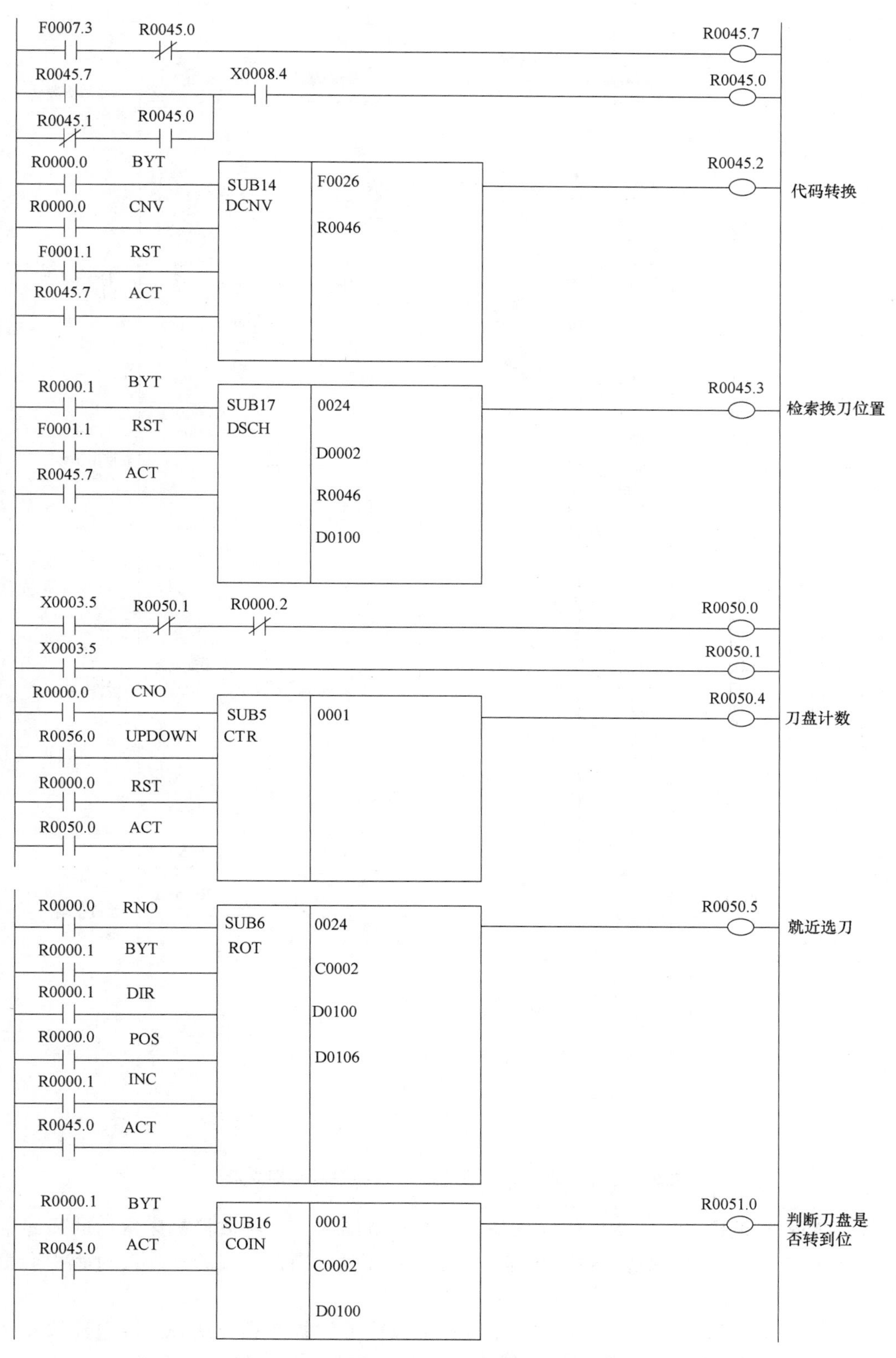

图 6-53　斗笠式刀库自动换刀 PMC 控制梯形图

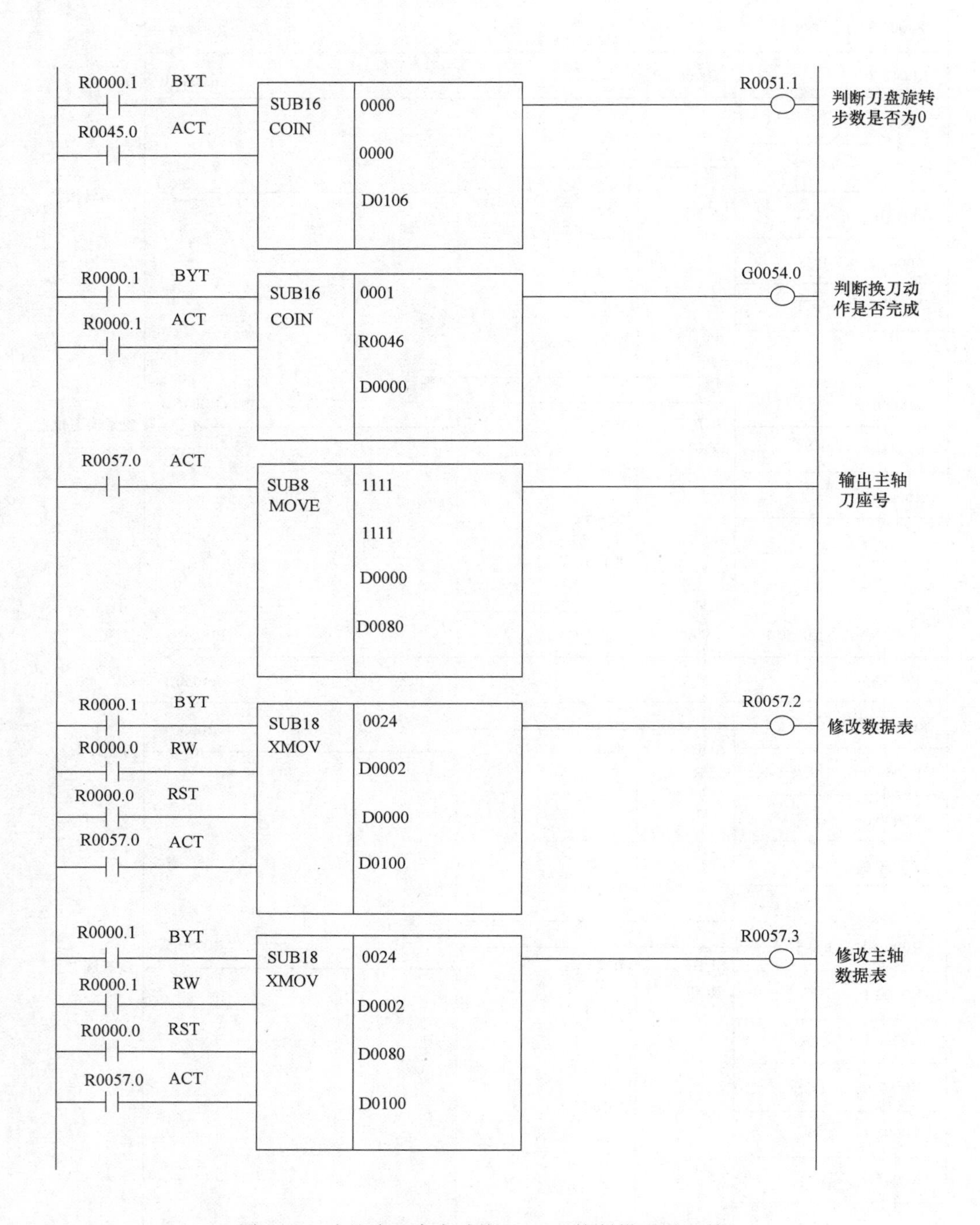

图 6-53　斗笠式刀库自动换刀 PMC 控制梯形图（续）

② 检查数控机床的压缩空气的气压是否在要求范围内。一般数控机床常用的压缩空气压力为 0.5~0.6MPa，如果所提供的压缩空气压力低于这个范围，在刀库换刀过程中会由于压力不够，造成不动作。

③ 检查刀库的初始状态是否正常，即检查限位开关的状态是否良好，输送到数控系统 PLC 的入口信号是否正确。可以通过数控系统提供的 PLC 地址诊断功能帮助检查。

（2）故障现象　刀库移动到主轴中心位置，但不进行接下来的动作。

① 检查刀库到主轴侧的前限位开关是否良好，发送到数控系统 PLC 中的信号状态是否正常。

② 如果限位传感器状态及信号都正常，检查主轴刀具是否夹紧。

③ 检查主轴定位是否完成。

④ 确认第一参考点返回是否完成。

（3）故障现象　刀库从主轴取完刀，不旋转到目标刀位。

一般刀库的旋转电动机为三相异步电动机，如果发生以上故障，要进行以下检查。

① 参照机床的电气图样，利用万用表等检测工具检查电动机的启动电路是否正常。

② 检查刀库部分的电源是否正常，交流接触器与开关是否正常。一般刀库主电路部分的动力电源为三相交流 380V 电压，交流接触器线圈控制部分的电源为交流 110V 或直流 24V，检查此部分的电路并保证电路正常。

③ 在保证以上部分都正常的情况下，检查刀库驱动电动机是否正常。

④ 如果以上故障都排除，考虑刀库机械部分是否有干涉的地方，刀库旋转驱动电动机和刀库的连接是否脱离。

（4）故障现象　主轴抓刀后，刀库不移回初始位置。

① 检查气源压力是否在要求范围内。

② 检查刀库驱动气压控制回路是否正常。

③ 检查主轴刀具抓紧情况，主轴刀具抓紧通过夹紧传感器发出回馈信号到数控系统，如果数控系统接收不到传感器发送的夹紧确认信号，刀库不执行下面的动作。

④ 检查刀库部分是否存在机械干涉现象。

（5）故障现象　刀库换刀时旋转不停。

① 检查基位传感器和计数器是否有油污或切屑等异物阻挡。

② 适当调整基位传感器和计数器离刀库的距离，避免感应距离太远。

③ 检查基位传感器和计数器是否接线不良。

④ 通过 PLC 的 I/O 口情况及 PLC 梯形图诊断功能检查基位传感器和计数器信号 PLC 输出及反馈信号状态。

⑤ 检查 24V 电源线是否断。

⑥ 检查基位传感器和计数器是否损坏。

（6）故障现象　自动换刀过程中停电，开机后系统显示报警。

由于本机床故障是由于自动换刀过程中的突然停电引起的，观察机床状态，斗笠式刀库已经取下主轴上的刀具，正常的换刀动作被突然停止，刀库处于非正常的开机状态，引起系统的急停。通过手动控制液压阀，完成刀库退回原位动作，使机床恢复正常的初始状态，并关机。再次启动机床，报警消失，机床恢复正常。

（7）故障现象　主轴刀具不能夹紧到位。

① 检查打刀杆与夹爪拉杆之间的距离是否大于 5mm，调整打刀杆处的调整螺母，使其与拉杆之间距离 1~5mm。

② 检查主轴换刀液压油是否足够。

③ 检查主轴换刀压力是否足够，气、液缸及其管路是否存在泄漏；压缩空气压力是否

达到 0. 392MPa 以上。

(8) 故障现象　刀具送入主轴时不能安全进入夹爪且工件加工质量变坏，如钻孔出现圆柱度超差等。

① 检查夹爪是否破裂（在主轴停止状态下，置“点动”模式，手动上下刀具，会感觉到刀具上下不灵活自如）。

② 检查主轴拉杆上的碟形弹簧是否断裂（在主轴停止状态下，用手沿轴线方向上下拉动刀具，会发现刀具有上下窜动现象）。

(9) 故障现象　刀具交换时掉刀。

① 检查是否刀具超重。

② 检查刀库抓刀弹簧是否过松，通过拧紧调整螺钉调整弹簧的松紧。

③ 检查刀库抓刀弹簧是否疲劳，确认是否需要更换弹簧。

④ 若掉刀故障下换刀声音明显较大，检查刀库换刀位置和主轴的装配精度。该故障的产生原因较多，需检查是否因为长期换刀冲击导致刀库位置微变，是否因泄漏导致刀库气缸气压较低，无法将刀库推到位，检查刀库前后接近开关及挡块是否松动，检查是否因刀库固定板螺钉松动导致刚度较差，检查主轴是否准确回到换刀点，检查主轴准停位置是否偏移（主轴准停传感器或主轴编码器信号是否不通）。

(10) 故障现象　换刀时刀库乱刀。

由于自动换刀是通过记忆数据表中的数据进行换刀的，如果系统 PMC 参数丢失或换刀装置拆修后，系统就会出现换刀过程中乱刀或不执行换刀动作的故障。此时应当恢复系统参数和换刀机械动作，然后对刀库的数据表进行初始化。

项目 7　辅助装置故障诊断与维修

7.1　任务 1　气动系统的故障诊断及维修

7.1.1　任务引入

一、故障现象

FANUC 0i-MD 数控系统加工中心出现刀具不能夹紧的故障，在连续加工过程中降低了该数控机床生产率。

二、故障调查

1）刀具不能夹紧。

2）夹紧刀具时常常掉刀。

三、维修前准备

1）技术手册：参数手册、维修手册、操作手册等。

2）测量工具：万用表，示波器等。

3）螺钉旋具、六角扳手等。

7.1.2　任务分析

图 7-1 所示为立式加工中心主轴刀具夹紧机构的辅助控制回路和 I/O 接口图，其工作原理如下：

1）由 CNC 程序执行主轴刀具夹紧 M71/松开 M72 指令，CNC 对 M71、M72 进行二进制译码处理，结果分别存放于 PMC 地址 R748.7 和 R749.0。

2）执行主轴刀具夹紧/松开控制。当 PMC 判定机床主轴已停止运转（R664.3=1），主轴刀具的夹紧请求信号 R664.5=1→PMC 向机床侧输出信号 Y2.1=1→线圈 RY02 得电驱动电磁阀 YV10B 动作→刀具夹紧机构的气缸上腔无气体→在碟形弹簧的恢复力下拉杆、钢球和活塞退回原位（钢球式夹紧机构）或拉杆退回使卡爪由张开变为闭合（卡爪式夹紧机构)→拉钉被向上拉紧→刀柄与主轴锥孔紧密配合→主轴刀具被夹紧。

同理，刀具松开请求信号 R664.4=1→PMC 向机床侧输出信号 Y2.2=1→线圈 RY03 得电驱动电磁阀 YV10A 动作→刀具夹紧机构的气缸上腔通入气体，气缸的活塞推动拉杆向下移动→碟形弹簧被压缩，钢球进入主轴锥孔上端槽内（钢球式夹紧机构）或拉杆前进使卡爪张开（卡爪式夹紧机构)→松开拉钉→主轴刀具被松开。

3）PMC 向 CNC 发送刀具夹紧/松开完成信号。主轴刀具夹紧/松开到位后，对应的到位检测开关 IS-10B/IS-10A 点亮（夹紧到位时 X8.6=1，松开到位时 X8.7=1），信号延时确认有效后 PMC 向 CNC 发送 M71/M72 代码执行完毕信号 G5.0，同时机床主轴夹刀/松刀指示灯 HL20 点亮（Y42.5 =1）。

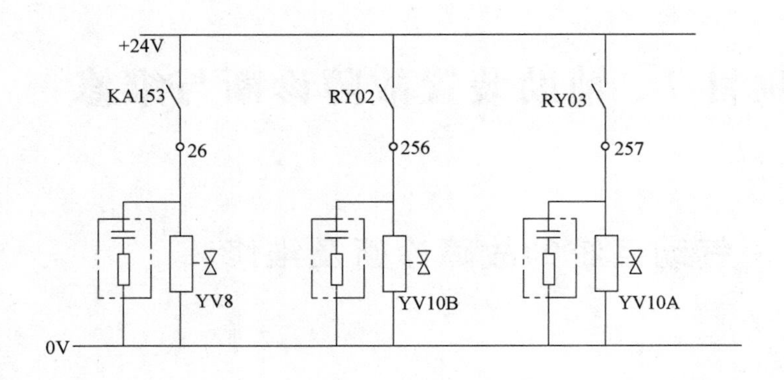

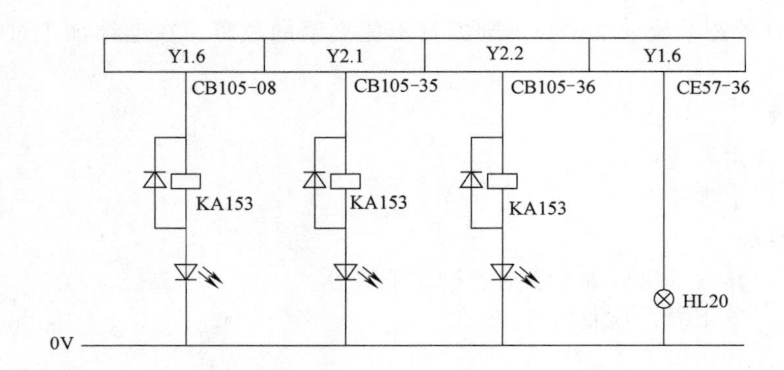

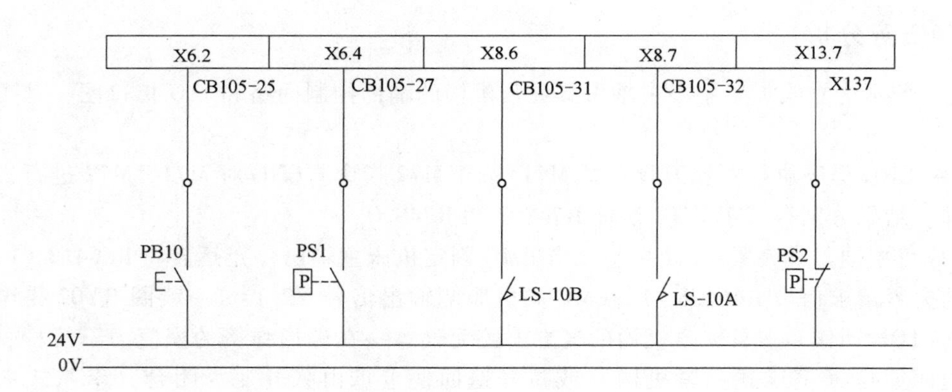

图 7-1 立式加工中心主轴刀具夹紧机构的辅助控制回路和 I/O 接口

一、松刀/夹刀气动原理图分析

1. 气动元件认知

（1）气源装置（图 7-2） 气源装置为启动系统提供了一定质量要求的压缩空气，它是启动系统的一个重要组成部分。气动系统对压缩空气的主要要求：具有一定压力和足够的流量，同时要保证其清洁度和干燥度。

气源装置主要由以下几部分组成，见表 7-1。

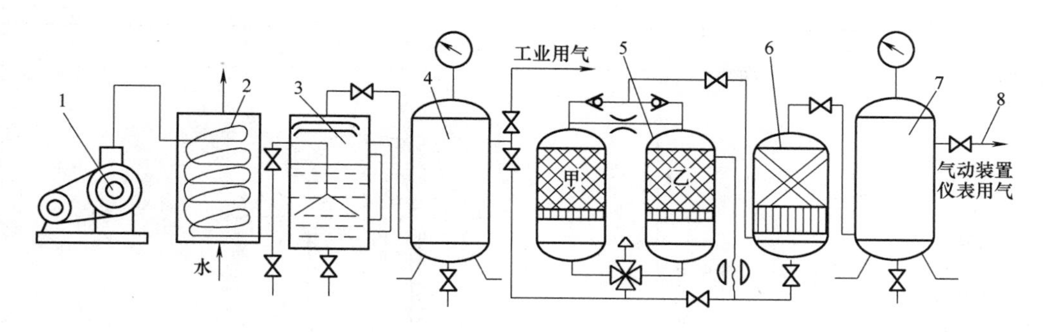

图 7-2　气源装置

1—空气压缩机　2—冷却器　3—除油器　4—储油罐　5—干燥器
6—过滤器　7—储气罐　8—输油管路

表 7-1　气源装置的组成

组成部分	图示
1. 空气压缩机 功用：将机械能转变为气体压力能的装置，是启动系统的动力源 分类：活塞式、膜片式、螺杆式，其中气压系统最常使用的机型为活塞式压缩机 在选择空气压缩机时，其额定压力≥工作压力，其流量应等于系统最大耗气量并考虑管路泄漏等因素	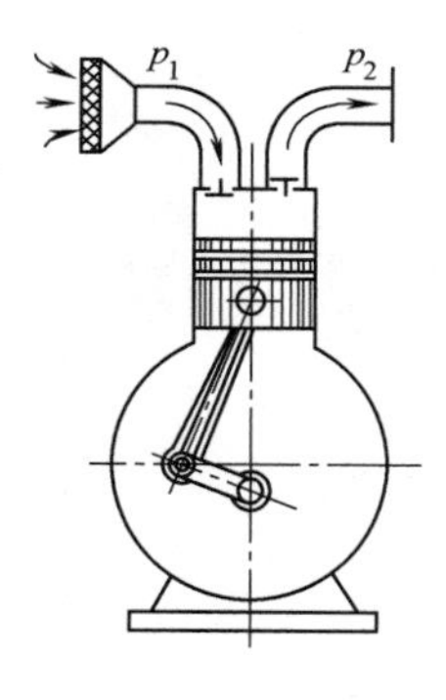
2. 冷却器 功用：将压缩机排出的压缩气体温度由120~150℃降至40~50℃，使其中水汽、油雾汽凝结成水滴和油滴，以便经除油器析出 分类：后冷却器一般采用水冷换热装置，其结构形式有列管式、散热片式、管套式、蛇管式、板式等，蛇管式冷却器最为常用	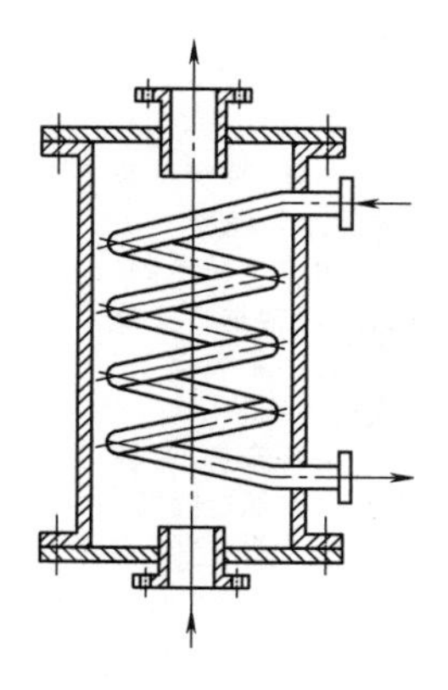

（续）

组 成 部 分	图 示
3. 除油器 功用：分离压缩空气中凝聚的水分和油分等杂质，使压缩空气得到初步净化 分类：环形回转式、撞击折回式、离心旋转式和水浴式等	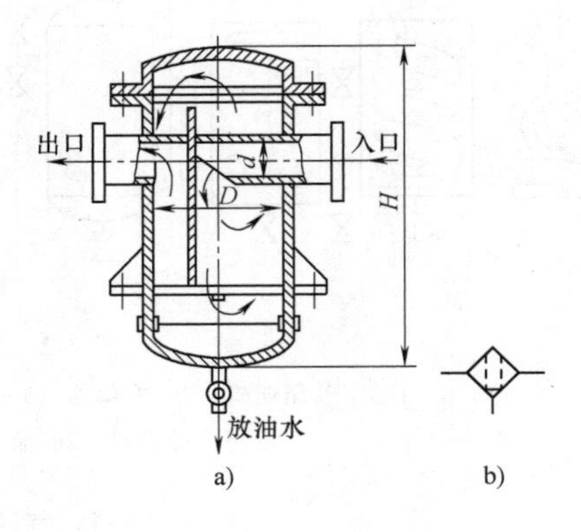 a)　　　b)
4. 干燥器 功用：为了满足精密启动装置用气要求，把初步净化的压缩空气进一步净化以吸收和排除其中的水分、油分及杂质，使湿空气变成干空气 分类：潮解式、加热式、冷冻式等	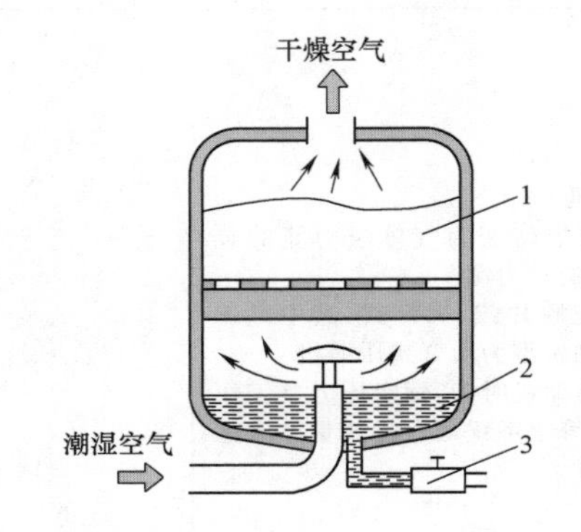 1—干燥剂　2—冷凝水　3—冷凝水排水阀
5. 空气过滤器 功用：滤除压缩空气中的水分、油滴及杂质，以达到气动系统所要求的净化程度 安装：它属于二次过滤器，大多与减压阀、油雾器一起构成气动三联件，通常垂直安装在气动设备入口处，进、出气孔不得装反，使用中注意定期放水、清洗或更换滤芯 选择：主要根据系统所需要的流量、过滤精度和容许压力等参数来选取空气过滤器	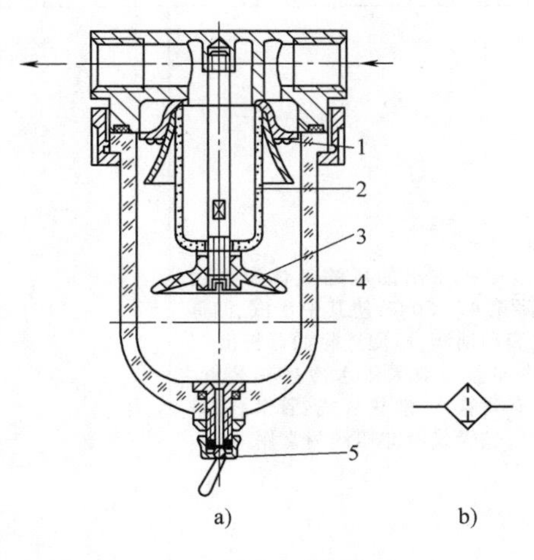 a)　　　b) a）结构原理图　b）图形符号 1—旋风叶子　2—滤芯　3—挡水板 4—存水杯　5—手动放水阀

（续）

组成部分	图示
6. 气动三联件 工作原理：压缩空气从输入口进入后，沿旋风叶子强烈旋转，夹在空气中的水滴、油滴和杂质在离心力的作用下被分离出来，沉积在存水杯底，而气体经过中间滤芯时，又将其中微粒杂质和雾状水分滤下，沿挡水板流入杯底，洁净的空气经出口输出	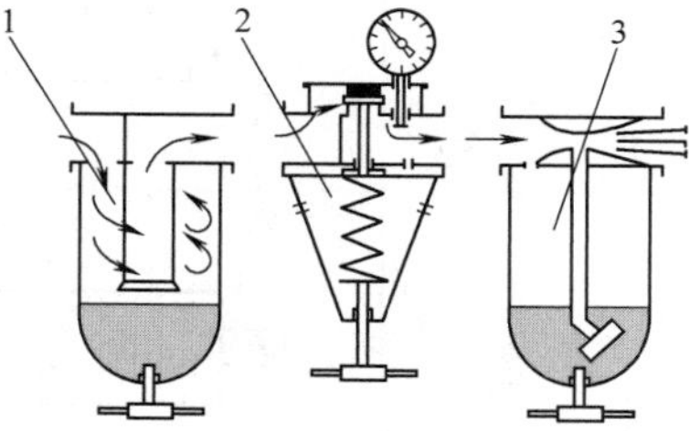 1—过滤器 2—减压阀 3—油雾器

（2）控制装置 控制装置是用来控制压缩空气的压力、流量和流动方向的，以便使执行机构完成预定的工作循环，包括各种压力控制阀、流量控制阀和方向控制阀等。

各类气动控制装置元件的名称及工作特点见表 7-2。

表 7-2 气动系统控制装置元件的名称及工作特点

类别	名称	图形符号	工作特点
压力控制阀	减压阀	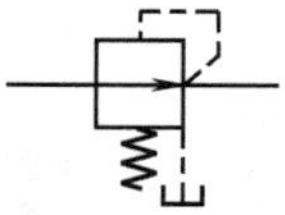	调整或控制气压的变化，保持压缩控制器减压后稳定需要值，又称为调压阀。一般与分水过滤器、油雾器共同组成气动三联件。对低压系统则需用高精度的减压阀—定制器
	溢流阀	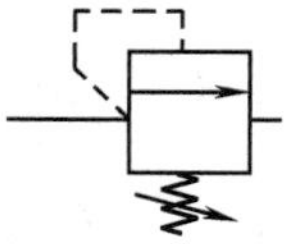	为保证气动回路的安全，当压力高过某一调定值时，实现自动向外排气，使压力回到某一调定范围内，起过压保护作用，也称为安全阀
	顺序阀	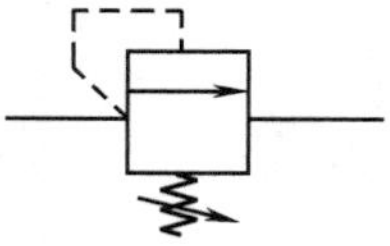	依靠气路中压力的作用，按调定的压力控制执行元件顺序动作或输出压力信号。与单向阀并联可组成单向顺序阀
流量控制阀	节流阀		通过改变阀的流通面积来实现流量调节。与单向阀并联组成单向节流阀，常用于气缸的调速和延时回路中
	排气消声节流阀	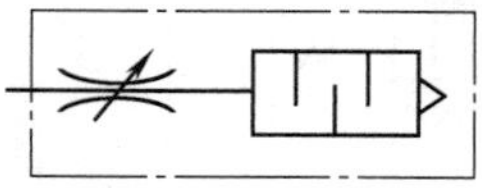	装在执行元件主控阀的排气口处，调节排入大气中气体的流量，用于调整执行元件的运动速度并降低排气噪声

（续）

类别		名称	图形符号	工 作 特 点
方向控制阀	换向型控制阀	气压控制换向阀	A B T P	以气压为动力切换主阀，使气流改变流向，操作安全可靠，适用于易燃、易爆、潮湿和粉尘多的场合
		电磁控制换向阀	B A a) B A b)	用电磁力的作用来实现阀的切换以控制气流的流动方向。分为直动式和先导式两种 先导式结构应用于通径较大时，由微型电磁铁控制气路产生先导压力，再由先导压力推动主阀阀芯实现换向，即电磁、气压复合控制
		机械控制换向阀	A P T a) A P T b) A P T c)	依靠凸轮、撞块或其他机械外力推动阀芯使其换向，多用于行程程序控制系统，作为信号阀使用，也称为行程阀
		人力控制换向阀	A P T a) A P T b) A P T c)	分为手动和脚踏两种操作方式

（续）

类别	名称		图形符号	工　作　特　点
方向控制阀	单向型控制阀	单向阀		气流只能沿一个方向流动而不能反向流动
		梭阀		两个单向阀的组合，其作用相当于“或门”
		双压阀		两个单向阀的组合结构形式，作用相当于“与门”
		快速排气阀		常装在换向阀与气缸之间，它使气缸不通过换向阀而快速排出气体，从而加快气缸的往返运动速度，缩短工作周期

（3）执行装置　气动执行装置是将压缩空气的压力能转变为机械能的装置，包括气缸和气马达，其中实现直线往复运动和做功的是气缸，实现旋转运动和做功的是气马达。

执行装置各元件的特点见表7-3。

表7-3　执行装置各元件的特点

类别	名　　称	特　　点
气缸	普通气缸	压缩空气作用在活塞右侧面积上的作用力，大于作用在活塞左侧面积上的作用力和摩擦力等反向作用时，压缩空气推动活塞向左移动，使活塞杆伸出。反之，压缩空气推动活塞向右移动，使活塞和活塞杆缩回到初始位置。在气缸往复运动的过程中，推（或拉）动机构做往复运动
	无活塞杆气缸	工作时，膜片在压缩空气作用下推动活塞杆运动
	膜片气缸	在压缩空气作用下，活塞-滑块机械组合装置可以做往复运动
	增力气缸	增力气缸综合了两个双作用气缸的特点，即将两个双作用气缸串联连接在一起，形成一个独立执行元件
气马达	气马达	当压缩空气从左气口进入气室后立即喷向叶片，作用在叶片的外伸部分，产生转矩带动转子做顺时针方向的旋转运动，输出旋转的机械能，废气从中间气口排出，残余气体则从右气口排出；若左、右气口互换，则转子反转，输出相反方向的机械能。转子转动的离心力和叶片底部的气压力、弹簧力使得叶片紧密地抵在气马达的内壁上，以保证密封，提高容积效率

（4）辅助装置　辅助装置各元件见表7-4。

2. FANUC加工中心气动原理图分析

图7-3所示为FANUC数控加工中心气动系统原理图，该气动系统主要实现加工中心的自动换刀功能，在换刀过程中实现主轴定位、主轴松刀、拔刀、向主轴锥孔吹气排屑和插刀动作的自动循环过程。

图7-3所示回路是利用压力继电器控制电磁阀换向来实现夹刀/松刀动作的回路。电磁铁YV8得电，电磁阀2的左位接入回路，主轴吹气，吹掉铁屑和污物。当YV10A得电时，电磁阀6左位接入回路气体进入气缸C的下端，系统回路完成刀具夹紧工作；当YV10B得电时，电磁阀右位接入回路，气体进入气缸B的上端，气缸B的活塞杆推动气缸C的活塞杆完成松刀动作。

表 7-4 辅助装置各元件

元件	图示
1. 消声器 气缸、气阀等工作时排气速度较高，气体体积急剧膨胀，会产生刺耳的噪声。噪声的强度随排气速度、排气量和空气通道的形状而变化。排气的速度和功率越大，噪声也越大，一般可达 100～130dB。为了降低噪声，可以在排气口装设消声器	1—连接套 2—消声套 3—端口
2. 气液转换器 用于将气动调节仪表或气动手动操作器的输出信号转变为液压信号，驱动液动执行机构动作。液动执行器具有功率大、刚性好、动态响应快等特点	

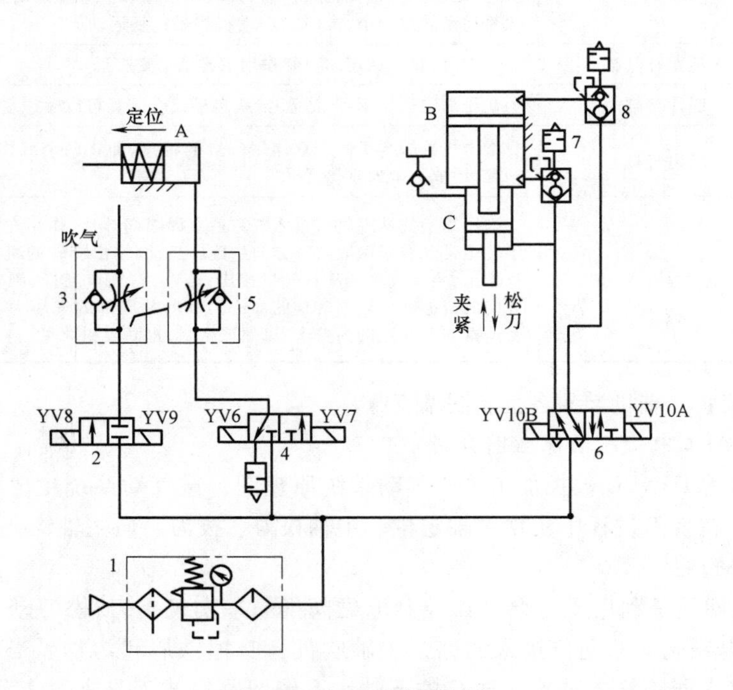

图 7-3 气动系统原理图

1—溢流阀 2、4—电磁阀 3、5—单向节流阀 6—两位三通电磁阀 7、8—消声器

二、硬件故障分析

通过对刀库及主轴的结构分析，本项目的刀库系统气缸实现斗笠式刀库沿导轨的移动，主轴气缸实现换刀时刀柄的松开与夹紧。气压系统是刀库移动和主轴拉刀的动力源，给换刀动作提供一定的压力。当控制元件，如溢流阀、换向阀、电磁阀等出现堵塞、损坏等故障时，可能会导致系统无压力或压力不稳定，刀库、主轴无法动作。另外，刀库及主轴的气管、油管在长期移动拉扯过程中容易在接口处破裂，从而出现泄漏、压力不足等情况。气管、油管接口处采用扩孔连接，一旦气、液管的端口没有达到扩孔的精度要求，必然出现泄压、漏油故障，导致因夹持力过大或者过小造成无法正常拔刀，刀库、机械手无动作或动作不到位。调压弹簧松动或者溢流阀严重泄漏，都会造成回路油压过低，从而导致刀库、机械手动作缓慢和拔刀无力。因此，需重点检测气缸、法兰连接处或气管泄漏导致的气压压力不足故障。

此外，气缸的压力冲击还会造成刀库、换刀机构的振动和噪声。通过调节缓冲节流口的直径，可以使换刀机构的旋转平稳性和刀位准确性得到一定程度的改善，但是变速瞬间换刀机构的振动是不能够消除的。气压冲击是造成换刀机构的振动和噪声的主要原因。在气压系统中，突然打开或关闭气流通道时，管道内液体的压力会瞬间产生急剧的波动。当发生气压冲击时，会引起振动和噪声以及气体泄漏，影响系统的正常工作。以刀库气缸为例，在刀库推至主轴下方换刀处的到位瞬间，刀库在缓冲作用下运动速度没有减到零，但这时限位元件已检测到到位信号，在检测信号的控制下电磁换向阀到中位，两个气控单向阀形成锁紧回路。当换向阀到中间位置时，进出油气口与气缸的两腔突然切断，而这时刀库和气流在惯性的作用下还在继续运动，使得气缸一端气腔中的气体受到压缩，压力突然升高，而另一端气腔中的压力下降，形成了局部真空，从而产生气压冲击。

根据上述结构分析，将本项目故障机床的气、液系统可能出现的故障分类为刀库气缸故障和主轴液压缸故障，其故障列表和故障树列于表 7-5 和图 7-4 中。

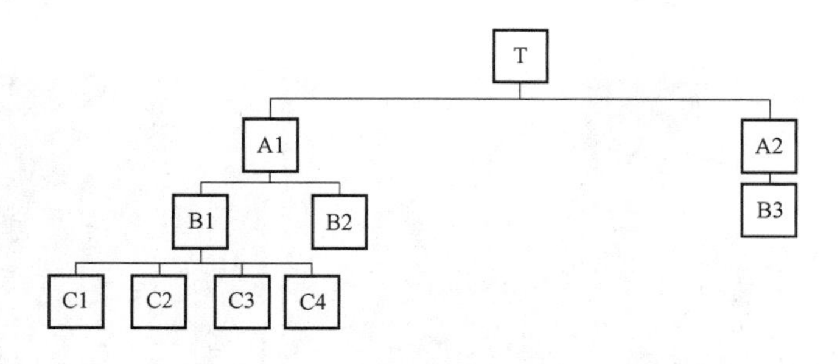

图 7-4　气、液压引起换刀故障分析故障树

表 7-5　气、液压引起换刀故障列表

符　号	内　容	符　号	内　容
T	气液系统故障	B3	气泵损坏
A1	刀库气缸系统故障	C1	气缸拉毛或研损
A2	主轴液压缸系统故障	C2	密封圈损坏
B1	气缸漏气导致气压不足	C3	阀类零件漏气
B2	节流阀卡死	C4	管类零件漏气

三、故障定位

我们知道，夹紧刀具是加工中心加工换刀时必要的步骤，特别是在工件加工内容较多时，需要经常性地更换刀具，以实现不同工序的加工。如机床自身出现问题或者加工中出现一些异常时，都会造成不能夹紧刀具的现象发生。造成立式加工中心刀库卡刀故障的原因有很多，常见的有动能切断，就是俗称的突然停电，或者气压不足，刀具无法正常拔下等外在因素。

根据多年维修经验，刀具无法夹紧的原因主要集中在打刀缸故障上，具体如下：

1）气缸损坏，不能使拉杆收回。

2）气管泄漏导致气压不足。

3）气动系统中控制元件损坏，造成控制精度不够。

图 7-5　加工中心主轴回零

7.1.3　任务实施

1）使设备各点回原点，如图 7-5 所示，打到进给状态，将 Z 轴降到人可以手拿到刀的位置，调整到手轮状态，左手拿刀，右手按松刀键，将刀取下，人不要站在防护板上，手要拿稳刀，防止刀具坠落。

2）将后面主轴吹气气动电磁阀（图 7-6）取下，防止测量时吹气影响测量精度，记住取出的位置，在测量完后将其安装回原位。

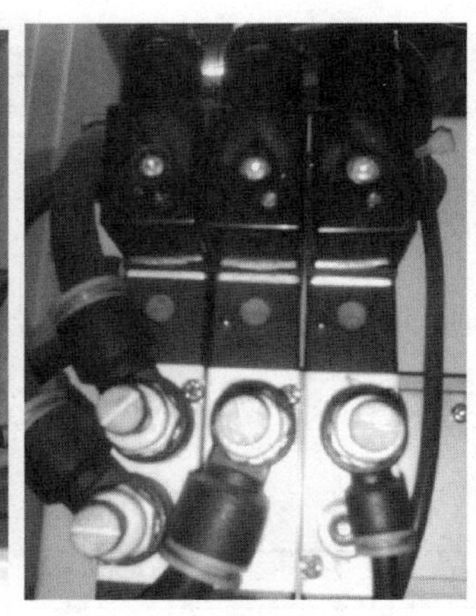

图 7-6　气动系统控制阀

3）安装刀模。将磁性百分表固定在滑台上，调整表方向，使表头打在刀模下端面上，将表调到零位，拉动表头看指针是否回零，如图 7-7 所示。

图 7-7　安装测量装置

4）调到手轮状态，一人顶住刀模，一人按松刀按钮。顶刀模的人力度要均匀，使刀模顺着打刀缸的力下行而刀模又不能离开主轴，如图 7-8 所示。

图 7-8　手动拔刀

5）观察百分表读数，在 0.55～0.70mm 范围内为正常。

6）如果正常就恢复气阀，如果不在 0.55～0.70mm 范围内则需要对打刀缸进行调整，使其到达正常数值。

7.1.4　任务评估

项目结束，请各小组针对故障维修过程中出现的各种问题进行讨论，罗列出现的失误，并总结在今后的学习和操作过程中如何更好地发挥团队精神，如何提高水平及效率，并填写故障记录表及项目评估表，见附表 1 和附表 2。

7.2　任务 2　液压系统的故障诊断及维修

7.2.1　任务引入

一、故障现象

液压夹紧装置不能夹紧。

二、故障调查

机床经长期工作和运行后，执行元件（单活塞杆液压缸）快速运动时工作正常，转为工进时即开始出现爬行现象。油箱油液状况正常，液压缸工作压力无明显变化。

三、维修前准备

1）技术手册：参数手册、维修手册、操作手册等。

2）测量工具：万用表、示波器等。

3）螺钉旋具、六角扳手等。

7.2.2 任务分析

液压夹紧装置不能夹紧主要是因为液压系统出现爬行故障。为了避免大量盲目的拆卸，提高效率，减少备件的浪费，对引起机床爬行现象的各种原因进行了系统归纳，结合所面对的具体情况，采用逐项排除的方法，快速准确地解决了问题，其过程如下：

一、液压系统油液中混有空气导致爬行故障

混入液压系统的空气以游离的气泡形式存在于液压油中，油液的可压缩性急剧增加，由于执行元件负载的波动使油液压力脉动，导致气体膨胀或收缩而引起液压缸进油明显变化，表现出低速时忽快忽慢，甚至时断时续的爬行现象。液压系统混入空气时可从以下两种情况进行考虑。

1. 液压泵连续进气

由于液压泵吸油侧油管接头螺母松动而吸气；密封元件损坏或密封不可靠而进气；油箱内油液不足，油面过低，吸油管在吸油时因液面波浪状导致吸油管端间断性露出液面而吸入空气；吸油过滤器堵塞使吸油管局部形成气穴现象等。

2. 液压系统中存有空气

产生这种故障的原因主要有三种：一是液压系统装配过程中存有空气；二是系统个别区域形成局部真空；三是液压系统高压区有密封不可靠或外泄漏处，工作时表现为漏油，不工作时则进入空气。

二、滑动副摩擦阻力不均导致爬行故障

1. 导轨面润滑条件不良导致爬行故障

执行元件低速运动时润滑油油楔作用减弱，油膜厚度减小。这时如润滑油选择不当或因油温变化导致润滑性能差、润滑油稳定器工作性能差或压力与流量调整不当、润滑系统油路堵塞等，均可使油膜破裂程度加剧。导轨面刮点不合要求、过多或过少等，都会造成油膜破裂形成局部或大部分的半干摩擦或干摩擦，从而导致爬行。而后一种情况主要发生在新设备上。

2. 机械锁死

运动部件几何精度发生变化、装配精度低均会导致摩擦阻力不均，容易引起液压缸爬行。例如液压缸活塞杆弯曲，液压缸与导轨不平行，导轨或滑块的压紧块（条）夹得太紧，活塞杆两端螺母旋得太紧，密封件过盈量过大，活塞杆与活塞不同轴，液压缸内壁或活塞表面拉伤，这些情况都是引起这类故障的原因。有的表现为液压缸两端爬行逐渐加剧，如活塞杆与活塞不同轴；有的表现为局部压力升高，爬行部位明显，如液压缸内壁或活塞表面拉伤等。

三、液压元件内漏或失灵

在液压系统中，某个元件磨损、堵塞、卡死等，也会造成低速爬行。在对机床进行维修时，主要从以下几方面考虑。

1）调速阀中差式减压阀阀芯被卡失灵，调速阀所调节的流量稳定性就无法保证，甚至出现周期性的脉动；而节流孔的堵塞现象也是典型的引起流量周期性脉动的因素，最后导致低速时的爬行。因此，首先对调速阀进行拆卸、清洗，直至更换一个新阀进行调试，爬行现象都没有消除，说明不是调速阀的问题。

2）单向行程阀故障。单向行程阀若因磨损而造成关闭不严，低速时则会对液压缸回油流量有较大影响，负载波动时使压力变化造成单向行程阀内漏量忽大忽小，引起液压缸运动速度忽快忽慢，最后导致低速时的爬行。为此，将单向行程阀拆下，使液压缸工进，观察阀的出油口无漏油，说明不是单向行程阀关闭不严。

3）液压缸的内漏问题。将液压缸活塞杆伸出至终点位置，然后卸下终点处回油管，放净有杆腔中的液压油，使液压缸无杆腔进油，观察有杆腔出油口处向外滴淌油液，说明液压缸中存在内漏。拆卸液压缸，检查发现活塞上密封圈已失效，更换密封圈后装好液压缸及其他元件，仔细检查液压系统后重新启动液压泵，爬行现象消除。

7.2.3 故障定位

液压缸爬行故障中问题最多、影响安全、污染环境的是外泄问题。液压缸的外泄漏主要是由于密封件损坏、缸筒与端盖结合部密封不良及进油管漏油等引起的。

7.2.4 任务实施

图7-9所示为单杆液压缸结构图，其拆卸过程如下：

1）拆卸时应防止损伤活塞杆顶端螺纹、油口螺纹和活塞杆表面、缸套内壁等。为了防止活塞杆等细长件弯曲或变形，放置时应用垫木支承均衡。

2）拆卸液压缸之前，应使液压回路卸压。否则，当把与液压缸相连接的油管接头拧松时，回路中的高压油就会迅速喷出。液压回路卸压时应先拧松溢流阀等处的手轮或调压螺钉，使压力油卸荷，然后切断电源或切断动力源，使液压装置停止运转。

3）拆卸时要按顺序进行。由于各种液压缸结构和大小不尽相同，拆卸顺序也稍有不同。一般应放掉液压缸两腔的油液，然后拆卸缸盖，最后拆卸活塞与活塞杆。在拆卸液压缸的缸盖时，对于内卡键式连接的卡键或卡环要使用专用工具，禁止使用扁铲；对于法兰式端盖必须用螺钉顶出，不允许锤击或硬撬。在活塞和活塞杆难以抽出时，不可强行打出，应先查明原因再进行拆卸。

拆卸过程中应注意以下问题。

1）预卸前后要设法创造条件防止液压缸的零件被周围的灰尘和杂质污染。例如，拆卸时应尽量在干净的环境下进行；拆卸后所有零件要用塑料布盖好，不要用棉布或其他工作用布覆盖。

2）液缸拆卸后要认真检查，以确定哪些零件可以继续使用，哪些零件可以修理后再用，哪些零件必须更换。

3）装配前必须对各零件进行仔细清洗。

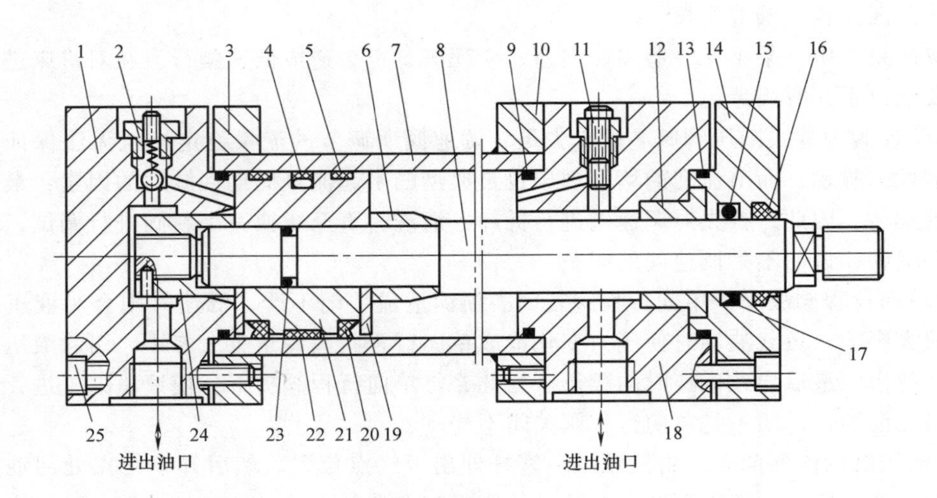

图 7-9　单杆液压缸结构图

1—缸底　2—溢流阀　3、10—法兰　4—密封圈　5—导向环　6—缓冲套　7—缸筒　8—活塞杆　9、13、23—O 形密封圈　11—缓冲节流阀　12—导向套　14—缸盖　15—斯特圈密封　16—防尘圈　17—Y 形密封圈　18—缸头　19—护环　20—V 形密封圈　21—活塞　22—导向环　24—无杆端缓冲套　25—连接螺钉

4）要正确安装各处的密封装置。

① 安装 O 形密封圈时，不要将其拉到永久变形的程度，也不要边滚动边套装，否则可能因形成扭曲状而漏油。

② 安装 Y 形和 V 形密封圈时，要注意其安装方向，避免因装反而漏油。对 Y 形密封圈而言，其唇边应对着有压力的油腔；此外，还要注意区分是轴用还是孔用，不要装错。V 形密封圈由形状不同的支承环、密封环和压环组成，当压环压紧密封环时，支承环可使密封环产生变形而起密封作用，安装时应将密封环的开口面向压力油腔；调整压环时，应以不漏油为限，不可压得过紧，以防密封阻力过大。

③ 密封装置如与滑动表面配合，装配时应涂以适量的液压油。

④ 拆卸后的 O 形密封圈和防尘圈应全部换新。

5）拧紧螺纹连接件时应使用专用扳手，扭紧力矩应符合标准要求。

6）活塞与活塞杆装配后，须设法测量其同轴度和在全长上的直线度是否超差。

7）装配完毕后移动活塞组件时应无阻滞感和阻力大小不匀等现象。

8）安装液压缸时，进出油口接头之间必须加上密封圈并紧固好，以防漏油。

9）按要求装配好后，应在低压情况下进行几次往复运动，以排除缸内气体。

7.2.5　任务评估

项目结束，请各小组针对故障维修过程中出现的各种问题进行讨论，罗列出现的失误，并总结在今后的学习和操作过程中如何更好地发挥团队精神，如何提高水平及效率，并填写故障记录表及项目评估表，见附表 1 和附表 2。

7.3 任务 3 润滑系统的故障诊断及装调

7.3.1 任务引入

一、故障现象

系统为 FANUC 0i-MD 加工中心，开机回参考点时，X 方向正常，Z 方向反走，并且速度很慢，但手动及手摇均正常。

二、故障调查

系统为 FANUC 0i-MD 加工中心，春节长假后上班，开机回参考点时，X 方向正常，Z 方向反走，并且速度很慢，但手动及手摇均正常。

三、维修前准备

1）技术手册：参数手册、维修手册、操作手册等。

2）测量工具：万用表等。

3）螺钉旋具、内六角扳手等。

7.3.2 任务分析

现代机床的润滑系统一般由润滑泵、油量分配器、分配系统、滤油器、电子程控器和压力开关等组成，应用于数控机床上干摩擦的部位，从而使相对运动的两接触面间形成润滑膜以达到减少摩擦、降低耗损和延长使用寿命的目的。

数控机床频繁地发生故障会影响产品的数量和质量。一般说来，为了使机床达到高的附加价值，必须对机床保养、点检、故障诊断等做有效的、复杂的工作；同时必须对出现的故障进行广泛的研究，探索故障发生的规律并采取有效措施，积累数据、建立故障的排除方法。

当前的 CNC 系统，无论是哪个公司生产的，都不能自动诊断出发生故障的确切原因，往往是同一报警号可以有多种起因，不可能将故障范围缩小到具体的某一部件。所以，有时自诊断出系统的某一部分有故障，究其原因，却不在数控系统，而是在机械部分。而机械设备故障中 40% 以上与润滑有关，为了保证数控机床机械部件的正常运行，减少机械摩擦和因机械部件磨损严重而引起的机床故障，应保证机床的润滑。润滑质量提高，可以增加数控机床机械故障的平均无故障时间。因此，要经常检查润滑装置、润滑泵的排油量、润滑油油位、润滑油油质及润滑效果，如检查润滑油管路是否损坏，管接头是否有松动、漏油现象。发现异常，应及时排除。图 7-10 所示为加工中心润滑系统连接图。

一台系统为 FANUC 0i-MD 的加工中心，春节长假后上班，开机回参考点时，X 方向正常，Z 方向反走，并且速度很慢，但手动及手摇均正常。该加工中心没有出现任何报警信息，说明快速移动参数设置是正确的。打开诊断参数检查 Z 轴“回参考点减速信号”，发现该信号在机床执行“回参考点”指令以前就为“0”；而 X 轴的减速信号为“1”，说明减速信号断线或减速信号行程开关的常闭触点压下没有复位。拆下轴“回参考点减速信号”行程开关检查发现，行程开关里浸满了润滑油，致使行程开关的常闭触点压下后没能自动弹

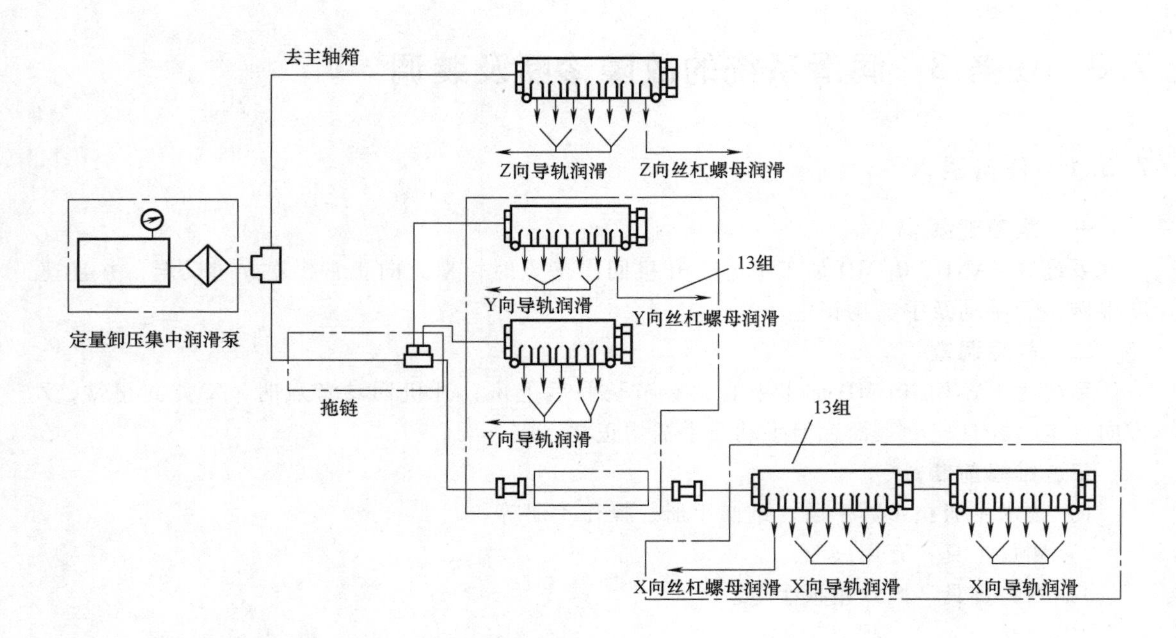

图 7-10　加工中心润滑系统连接图

起，因此机床在执行“回参考点”指令时就以搜索速度进给。

经询问操作者得知，这台加工中心主要用于实训教学，加工的工件是石蜡，而采用的润滑油是45号机油。夏天气温较高，在操作过程中，这种混入石蜡的机油慢慢渗进了行程开关里。到了冬天，因为气候寒冷，所以石蜡就凝固了，导致行程开关的常闭触点压下后不能自动弹起。检修时按规定更换合格的润滑油，清洗行程开关及导轨后，故障排除。

7.3.3　故障定位

1）润滑油中混入絮状物卡住了液面复位开关使其开路。

2）润滑油质量不合格。

3）导轨润滑出油孔堵塞。

4）单线阻尼式润滑系统的计量件与容积式润滑系统计量件混装，导致润滑系统压力不能建立。

5）润滑油量不足。

7.3.4　任务实施

一、润滑系统认知

1. 单线阻尼系统（SLR 系统）

该系统（图 7-11）是美国 BIJUR 润滑公司开发的一种低压润滑系统，工作压力为 0.17~1.4MPa，用于油（黏度范围 20~750mm^2/s）集中润滑，是各种机械的最佳润滑系统。其特点如下：

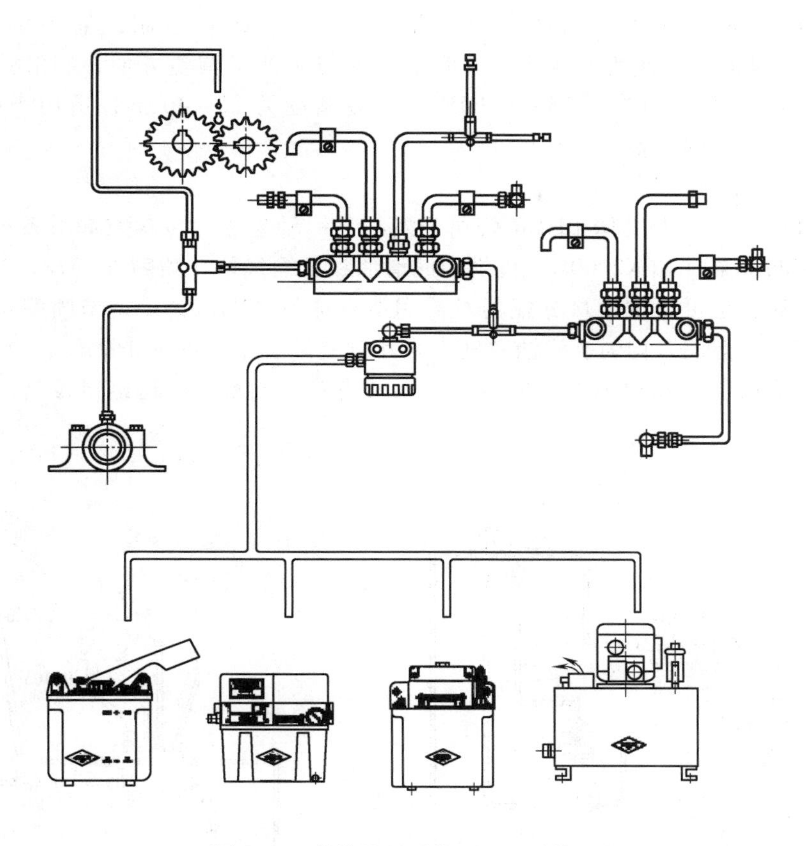

图 7-11　单线阻尼系统（SLR 系统）

1）润滑油都经过润滑泵中的滤油器过滤，过滤精度为 40μm。

2）润滑点供油量由计量件（或控制件）控制，可按事先确定的油量比例精确供油，与润滑点距离润滑泵的远近无关，油量控制比可达 1∶128。

3）分配系统可使油路在任何一处分流，以使系统中每个润滑点均得到供油。系统可设润滑点 1~50 处。

4）管路压力损失小，润滑点可设置在被润滑设备的任何位置。

5）采用压力供油，分配到各润滑点的油与温度、黏度变化无关。

6）独特的 BIJUR 密封设计，可有效防止接合处润滑油的泄漏。

7）整个系统结构紧凑，安装空间小。

8）适用于滚动轴承、滑动轴承、齿轮、链条、凸轮、导轨等各类运动副的润滑。

① 周期润滑系统。周期工作的润滑泵，通过计量件将润滑油按比例分配到各个润滑点，实现周期润滑。

② 连续润滑系统。连续工作的润滑泵，通过控制件将润滑油按比例地分配到各个润滑点，实现连续润滑。

2. 容积式润滑系统（PDI 系统）

该系统（图 7-12）是美国 BIJUR 公司开发的另一种周期自动集中润滑系统，可按需要

对润滑点精确地定量供油，供油量由定量注油件（PDI）控制，最小供油量每次为 0.025mL，最大供油量每次为 0.4mL。其润滑点数与供油量调整方便，润滑油黏度范围为 $10\sim1400\text{mm}^2/\text{s}$，工作压力为 1.75~3.5MPa，过滤精度为 25~40μm，适用于中小型设备，尤其是要求供油精确的设备。

3. 喷雾冷却润滑系统

该系统（图 7-13）是美国 BIJUR 公司开发的另一种先进的冷却兼润滑系统，由周期工作的气动喷雾润滑泵（如 K2000C）提供的润滑油和压缩气体在喷嘴处汇合，对运动副进行喷雾冷却、湿润，也可通过油量分配器对需润滑点进行周期润滑。调节喷嘴可控制喷雾状态，使喷雾细密、湿润、均匀、注油精确，尤其对复杂且集中的润滑表面，有独特的优点。该系统广泛地应用于深孔加工刀具的冷却，以及齿轮、轴承、传送链以及挤压机械的喷雾润滑。

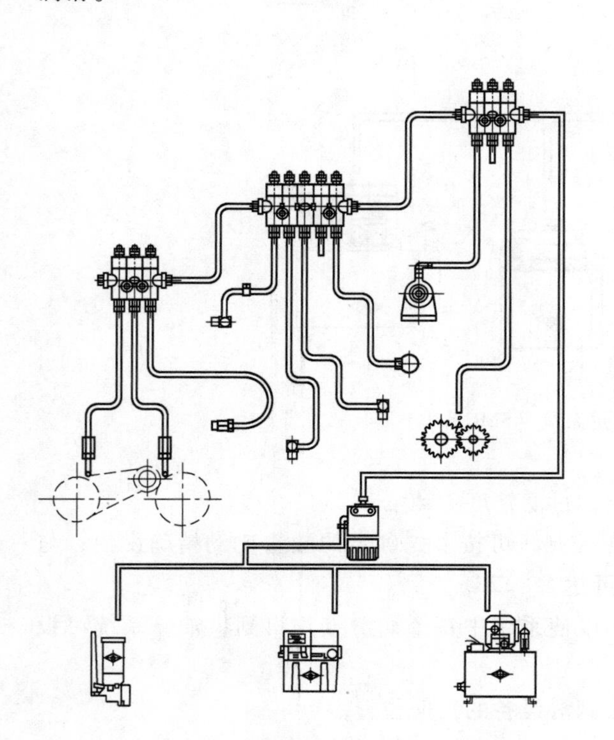

图 7-12　容积式润滑系统（PDI 系统）

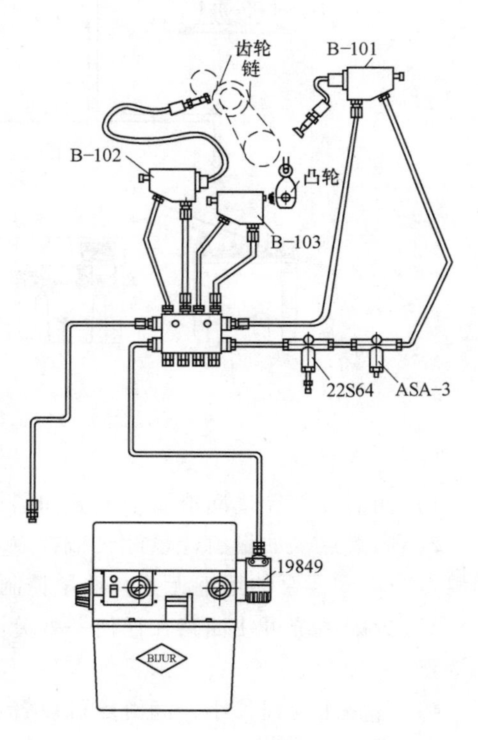

图 7-13　喷雾冷却润滑系统

4. 递进式润滑系统（PRG 系统）

该系统（图 7-14）是美国 BIJUR 公司开发的一种先进的润滑系统，适用于黏度范围为 $20\sim1600\text{mm}^2/\text{s}$ 的润滑油，压力范围为 1~6MPa，排量范围为 0.05~20mL/次；排量精确并可通过短接出油口的方式加以调整。该系统能按设备的需要，进行周期供油或近似于连续地供油，润滑点可在 200 个以内选择，结构紧凑，每个出油口的排量主要取决于递进式分油器内部结构（即活塞行程与截面积）。系统供油时，递进式分油器中一系列活塞按一定的顺序做差动往复运动，各出油点按一定顺序依次出油。该系统的另一特点：可配备给油指示杆和堵塞报警器，对整个系统进行监控，不会遗漏润滑点，可直观地反映活塞的运动情况。一旦系统堵塞，或某点不出油，该指示杆便停止运动，报警装置立即发出报警信号。该指示杆的运动还可通过控制器，实现计时或计数。该系统广泛应用于各种大型、中型、小型以及重型机械设备上。

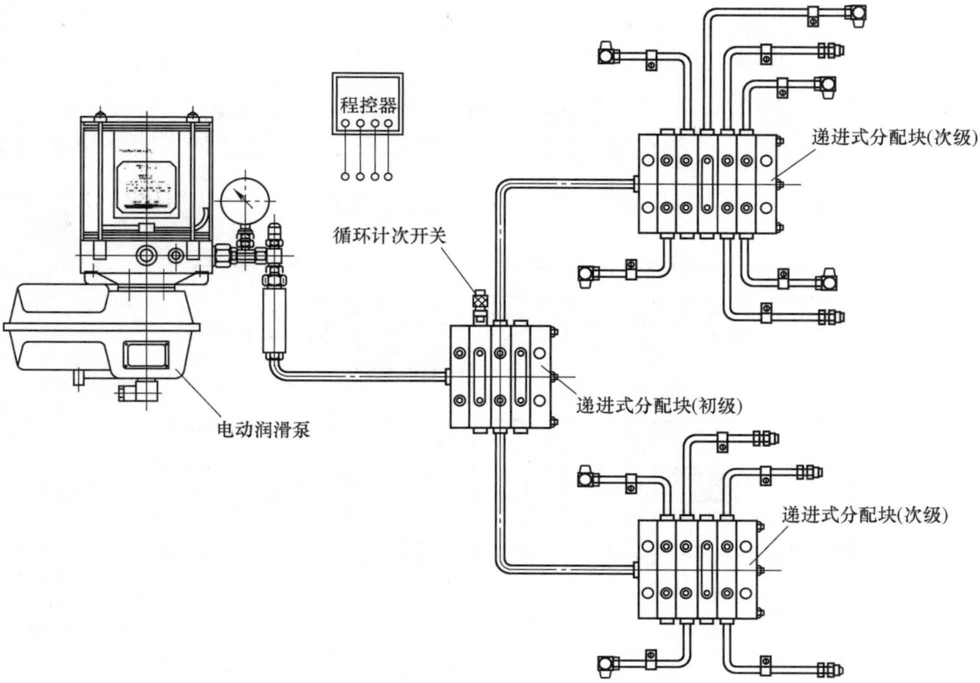

图 7-14　递进式润滑系统（PRG 系统）

二、清理与润滑机床

使用机床前，须将所有的保护涂层除去。在保护涂层尚未除去之前，切勿移动工作台、十字滑台和主轴头。请谨慎选用适当的清洁剂，用清洁刷涂抹石碏油，使保护涂层软化，然后可用清洁的抹布将涂层擦掉。具体的注意事项如下：

1）请勿使用汽油或任何可燃性溶剂去清洁机床。

2）清洁并润滑工作台、十字滑台和底座及所有外露的滑轨。移动工作台、十字滑台及各活动组件至行程一端的尽头，彻底清洁导轨；同样，将所有活动组件移至行程另一端的尽头，彻底清洁与润滑导轨。确定使用适当的润滑油如 Sunoco Waylube#1180 或 Mobil Vactra Oil#200。

3）在机床正常供电前，此项工作必须完成。

根据自动润滑原理图进行加工中心机床润滑系统连接，图 7-15 所示位置为润滑油管管路，通过查看各轴的润滑系统连接图，可知各轴润滑管路的安装位置和工作过程。

其他润滑部位和方法如下：

1）主轴轴承：主轴前支撑轴承和后支撑轴承，内装高速轴承润滑脂，只有在进行主轴维修或更换时，才需要更换。

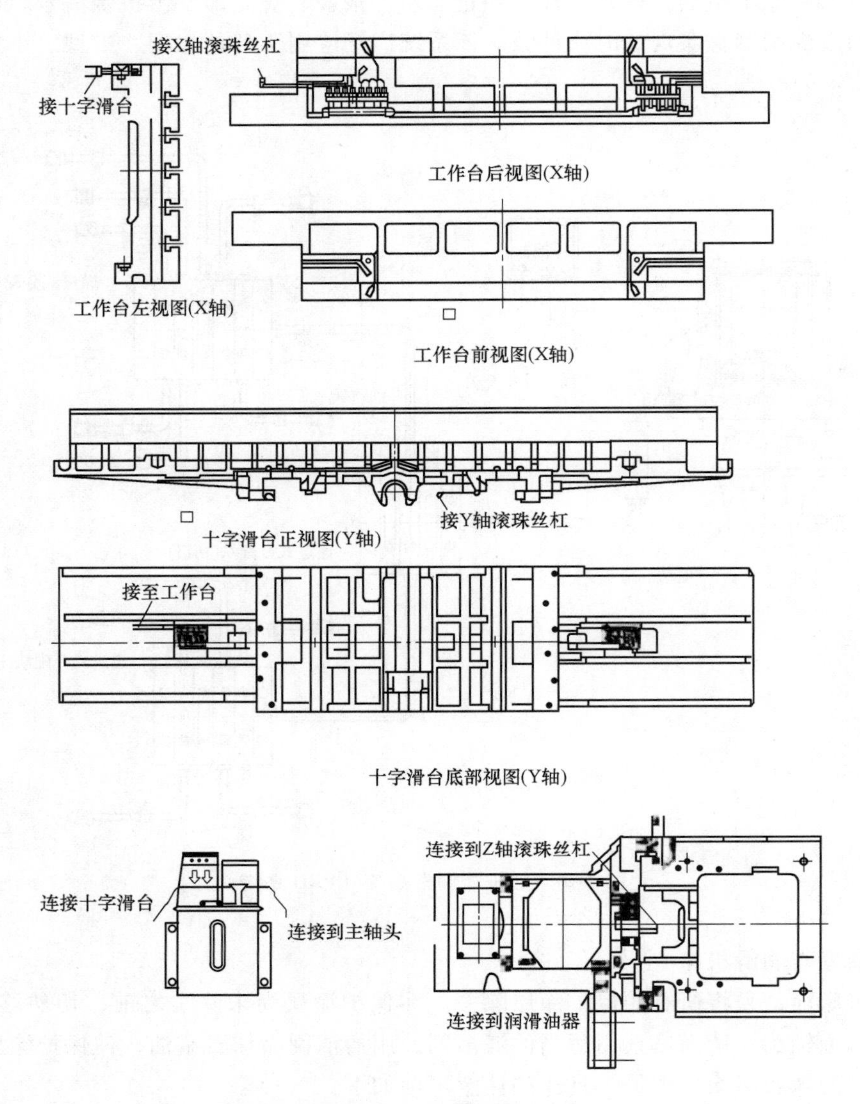

图 7-15　润滑油管管路

2）同步带：主轴编码器齿轮与主轴齿轮用同步带连接，注意此同步带不要沾油，同步带沾油会影响同步带的寿命。

3）X、Y、Z 轴滚珠丝杠支撑轴承用油脂润滑，一般每三年更换一次 2 号特种油脂。

4）链条：在重锤和主轴箱之间的两条专用链条采用脂润滑，三个月润滑一次，以保证 Z 坐标平稳工作。

三、润滑系统维修保养

在正常的操作温度下，检查所有润滑系统的接合是否良好，如发现漏油现象，应将漏油处重新旋紧，每日应检视油位是否正常。每天操作机床前请检视油槽内油量，如油量不足，请添加下列润滑油，见表 7-6。

表7-6 润滑系统日常维护

润滑源	检查周期	方法	油箱容量	适用的油品
自动润滑单元	低油位发讯时	加油至油表上限	1.8L	HL32液压油

在操作50h后，应检查所有润滑管路上的接合点，特别是管与管连接的地方，之后，可在每200h后检查一次。为了增大机床的效能，机床在使用三个月之后，其主轴头的精度必须再加以调整。此后，可每半年到一年调整一次，以保持机床的最佳精度。

7.3.5 任务评估

项目结束，请各小组针对故障维修过程中出现的各种问题进行讨论，罗列出现的失误，并总结在今后的学习和操作过程中如何更好地发挥团队精神，如何提高水平及效率，并填写故障记录表及项目评估表，见附表1和附表2。

7.4 任务4 其他辅助装置的故障诊断及装调

7.4.1 任务引入

一、故障现象

某FANUC 0i-MD数控系统加工中心不能喷出切削液，排屑也无法正常运行。

二、故障调查

1）切削液不能喷出，控制面板上的冷却按钮灯不亮，没有报警显示。

2）无切削液喷出，控制面板上的冷却按钮灯亮，冷却电动机不转，冷却泵不转，机床无任何报警现象。

3）FANUC 0i-MD数控系统加工中心，其刮板式排屑器不运转，无法排除切屑。

三、维修前准备

1）技术手册：参数手册、维修手册、操作手册等。

2）测量工具：万用表等。

3）螺钉旋具、内六角扳手等。

7.4.2 任务分析

一、冷却系统

机床的冷却系统由冷却泵、水管、电动机及控制开关等组成，冷却泵安装在机床底座的内腔里，冷却泵将切削液从底座泵出，经水管从喷嘴喷出，对切削部分进行冷却。冷却系统的核心是冷却电动机，其外形如图7-16所示，冷却系统的主电路如图7-17所示，接触器KM4起控制作用，热继电器FR2起过载保护作用。冷却电动机及其控制的正常与否是冷却系统正常工作的基础。数控系统通过PLC程序输入输出点Y1.1，控制中间继电器线圈KA5的通电（图7-18），利用中间继电器触点的通断去控制接触器KM4的线圈得电（图7-19），进而控制冷却电动机的通断电。因此，冷却电动机控制电路是通过控制面板的冷却按钮及PLC程序控制实现的单按钮起停控制电路。

图 7-16　冷却电动机

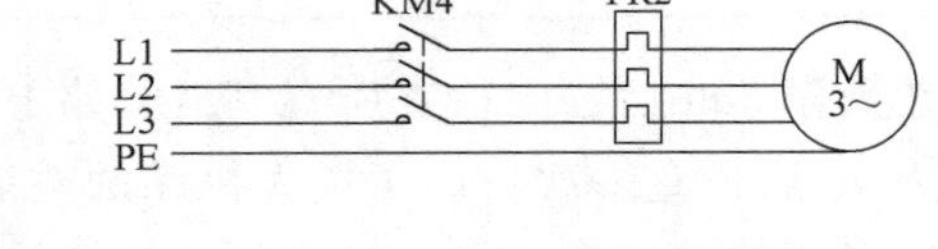

图 7-17　冷却系统主电路

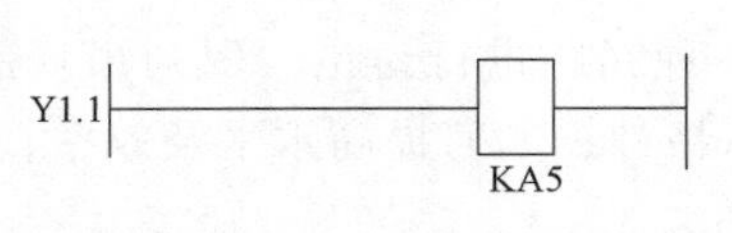

图 7-18　PLC 输出信号图

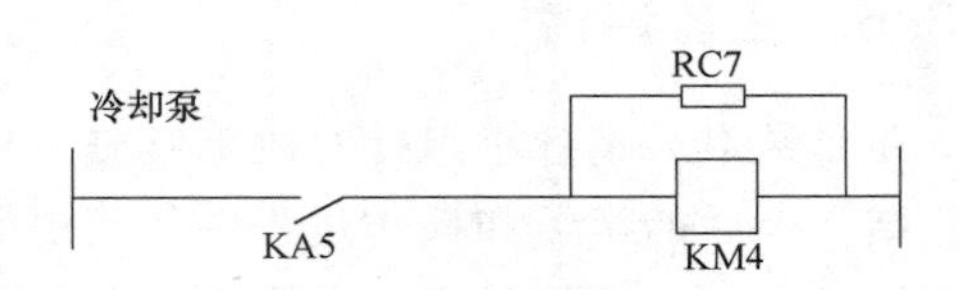

图 7-19　冷却泵局部控制电路

二、排屑装置

排屑装置是数控机床的必备附属装置，其主要作用是将切屑从加工区域排出数控机床之外。迅速、有效地排除切屑才能保证数控机床正常加工。排屑装置的安装位置一般都尽可能靠近刀具切削区域。如车床的排屑装置，装在回转工件下方；铣床和加工中心的排屑装置装在床身的回水槽上或工作台边侧位置，以利于简化机床或排屑装置结构，减小机床占地面积，提高排屑效率。排出的切屑一般都落入切屑收集箱或小车中，有的则直接排入车间排屑系统。

三、故障分析

当出现本任务故障现象时，使用图 7-20 所示的快速方法对故障进行快速定位并排除。

1）开机后按下冷却按钮后，不能喷出切削液，冷却灯依然亮，系统上无任何故障报警。

采用图 7-20 所示的快速定位方法定位故障：机床开机后，按下冷却按钮，冷却灯亮，说明冷却系统的 PLC 部分工作正常，可排除 PLC 部分发生故障的可能，然后检测冷却电动机得电是否正常。用万用表测量主电路，主电路得电，说明冷却电动机出现故障，检查冷却电动机绕组的阻值不正常，由此可判断电动机的线圈被烧坏。检查电动机部分，拆开电动机后发现电动机的线圈被烧，导致阻值不正常。更换电动机后，经过一段时间，电动机再次烧毁。经询问得知，本台加工中心长期未使用切削液，而使用的是自来水进行冷却，因此，可能由于水垢的沉淀将切削液的管道或切削液槽与管道连接处堵塞，造成电动机过载，从而烧毁电动机。应清理冷却系统，禁用自来水进行冷却，要用专业的切削液进行机床加工时的冷却。

2）FANUC 0i-MD 数控系统加工中心，其刮板式排屑器不运转，无法排除切屑。

加工中心采用刮板式排屑器，加工中的切屑沿着床身的斜面落到刮板式排屑器中。刮板由链带牵引在封闭箱中运转，提升机构将废屑从切削液中分离出来，切屑排出机床，落入存屑箱。刮板式排屑器不运转的原因可能有以下几种。

① 摩擦片的压紧力不足：先检查碟形弹簧的压缩量是否在规定的数值之内，碟形弹簧

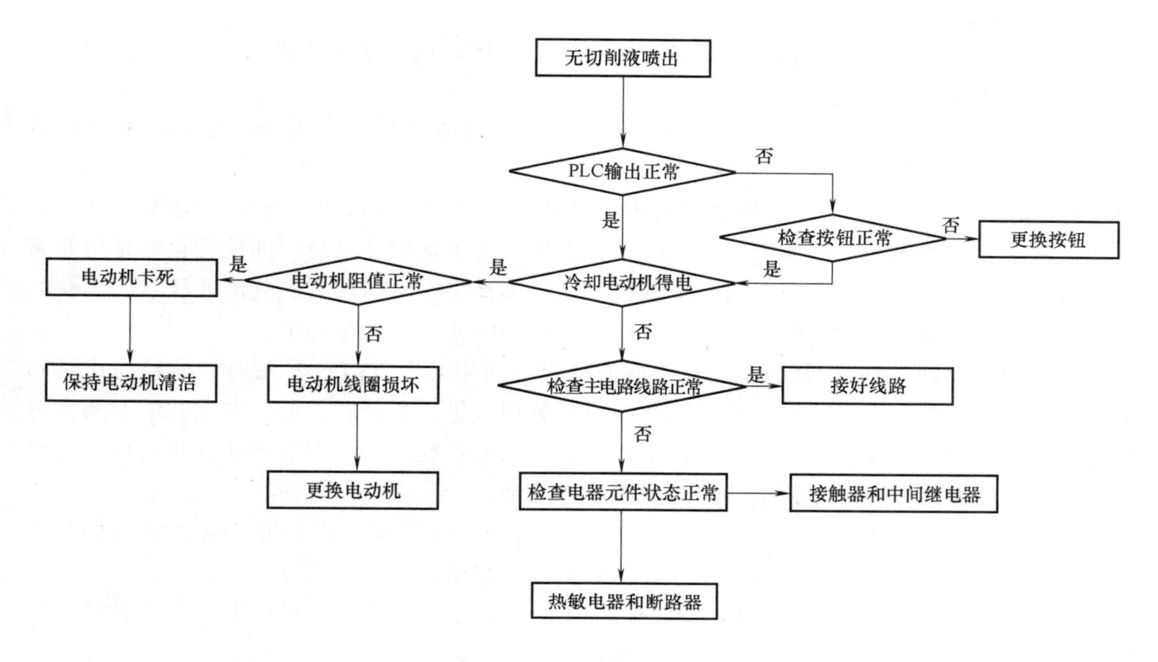

图 7-20　快速定位方法流程图

自由高度为 8.5mm，压缩量应为 2.6～3mm，若在这个数值之内，则说明压紧力已足够了。如果压紧力不够，可均衡地调紧 3 只 M8 压紧螺钉。

② 若压紧后还是继续打滑，则应全面检查以查出原因。检查发现排屑器内有数只螺钉，其中有一只螺钉卡在刮板与排屑器体之间。将被卡住的螺钉取出后，故障排除。

③ 三相异步电动机长时间过载工作，导致电动机烧毁。

四、故障定位

1）冷却回路堵塞，造成冷却电动机过载，线圈被烧，导致按下冷却按钮后，不能喷出切削液。

2）刮板与排屑器体之间有异物卡住，导致排屑器不运转，无法排除切屑。

7.4.3　任务实施

一、冷却系统认知

1. 切削液的作用

在轴承加工过程中采用湿式加工，可以大大提高刀具切削能力和使用寿命，提高产品精度，降低废品率。湿式加工采用切削液的主要优点如下：

（1）润滑作用　切削液可以润滑刀具，提高刀具的切削能力。

（2）冷却作用　一定流量的切削液，可以将切削热带走，从而降低刀具的温度。

（3）冲屑作用　切屑液可以将切屑冲刷掉，掉入排屑沟排走，同时沟槽内排屑也可以用切削液来实现水力排屑。

（4）降低工件表面粗糙度值　切削液将加工面的铁屑冲走，铁屑不致划伤加工面，从而降低了表面粗糙度值。

(5) 减少锈蚀　选用合适的切削液，可以防止工件、机床导轨锈蚀。

2. 切削液的使用和维护

(1) 使用　配置（稀释）切削液就是按一定比例加水稀释。在稀释水基切削液特别是乳化液时应注意以下问题。

1) 水质。一般情况下不宜使用超过推荐硬度的水，因为高硬度的水中所含有的钙、镁离子会使阴离子表面活性剂失效，乳液分解，出现不溶于水的金属皂。即使乳化液是用非离子表面活性剂制成的，大量的金属离子也可以使胶束聚集，从而影响乳化液的稳定。太软的水也不宜使用，用太软的水配置的乳化液在使用过程中易产生大量泡沫。

2) 稀释。切削液的稀释关系到乳化液的稳定。使用切削液前，要先确定稀释的比例和所需乳化液的体积，然后算出所使用切削液原液量和水量；稀释时，要选取洁净的容器，将所需的全部水倒入容器内，然后在低速搅拌下加入原液；配置时，原液的加入速度以不出现未乳化原液为准。注意原液和水的加入顺序不能颠倒。

(2) 维护　为延长乳化液的使用寿命，除了选择合适质量的切削液并合理使用外，切削液的维护也是非常重要的因素。切削液的维护工作主要包括以下几项。

1) 确保液体循环线路的畅通，及时排除循环线路的金属屑、金属粉末、霉菌黏液、切削液本身的分解物、砂轮灰等，以免造成堵塞。

2) 抑菌切削液（特别是乳化液）抑菌生长至关重要，在切削液的使用过程中，要定期检查细菌含量，及时采取相应措施。

3) 净化。要及时除掉切削液中的金属粉末等切屑及飘浮油，破坏细菌滋生环境。

4) 定时检查切削液 pH 值，有较大变化时应采取相应措施。

5) 及时补加切削液。由于切削液在循环使用过程中因飞溅、雾化、蒸发以及加工材料和切屑的携带，会不断消耗，因此要及时补加新液，以保证系统的循环液总量不变。

3. 切削液的净化

切削液的净化即将切削液中一定比例、相对较大的固体颗粒，从切削液中去除的过程。经过净化的切削液能够再用于机械加工中达到循环使用的目的。对切削液进行净化的优点主要表现在以下几个方面。

1) 延长切削液的更换周期。实践证明，净化后的切削液的更换周期可以大大加长。

2) 提高刀具及砂轮的使用寿命。近几年的研究表明，如将切削液中的杂质（如碎屑、砂轮粉末等）从 40μm 降低到 10μm 以下，刀具（或砂轮）寿命可延长 1~3 倍。

3) 降低工件表面粗糙度值，降低废品率。

4) 延长管路及泵组使用寿命，因为切削液中的固体颗粒等会加速管路及泵等部件的磨损。

4. 切削液的净化形式（见表 7-7）

二、排屑系统认知

机床排屑器又称排屑机，是用来将金属切削机床切削下来的金属碎屑运送至一定位置的机器。

表 7-7　切削液的净化形式

<table>
<tr><th>形　　式</th><th>图　　示</th></tr>
<tr><td>沉淀箱
1）如右图 a 所示，在沉淀箱内设有隔除悬浮污物和浮油的分离挡板和隔板，切屑和固体污物则沉淀于箱底。经沉淀和隔离浮悬物和浮油的净化液，经隔板上方流入沉淀箱的净液存储部分。这种装置适用于净化各种切削液的切屑和磨屑，特别适合分离体积和比重大的切屑
2）右图 b 所示为另一种沉淀箱，它带有刮板链，可将沉淀于箱底的细切屑和固体污物刮出箱外，落入污物箱。它适合于水基切削液的集中冷却系统，特别适合于净化磨削铸铁时的磨削液，对切屑细末、细粒子和高黏度的切削油的分离效果不好</td><td>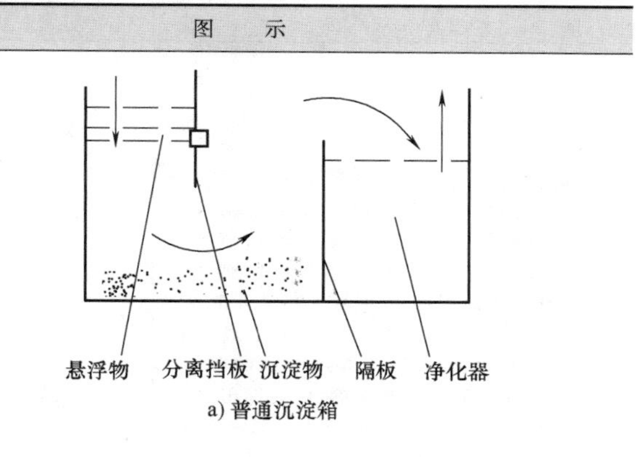

a) 普通沉淀箱
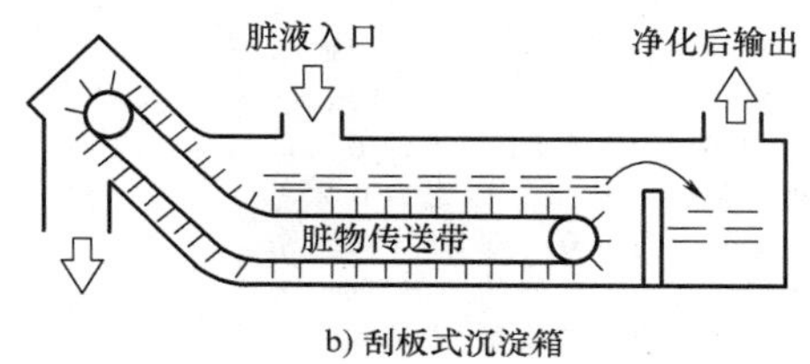

b) 刮板式沉淀箱</td></tr>
<tr><td>磁性分离器
磁性分离器早已应用于磨削加工过程中净化磨削液，它利用磁性吸附原理，依靠连续转动的磁辊清除铁屑和其他导磁金属末。其分离过程：当脏的切削液流过缓慢旋转的磁辊吸附区域时，在磁场作用下磁性的固体粒子被磁化，吸附到磁辊表面，并被带出切削液流动区，经橡胶压辊挤压脱水，然后依靠贴着磁辊的刮板把磁辊上的磨屑刮下。这种磁性分离器在分离出磁性的固体颗粒的同时，也能清除部分其他非磁性杂质。它适用于乳化液、水基合成液和低黏度切削液的净化</td><td>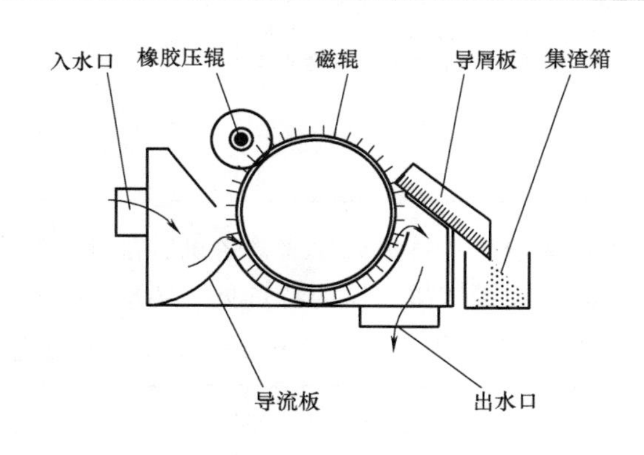
</td></tr>
<tr><td>离心分离器
离心分离器是依据切削液和切屑的比重差，通过分离器的高速回转产生离心力来分离切屑的，同样依据不同液体的比重差来分离油和水。其净化过程是带细末粒子的切削液由污液管进入转子内部，并随转子一起高速旋转，靠旋转而产生的离心力，促使细末粒子被抛向壁周，净液由顶部溢出。当分离器转子内部切屑积聚过多时，要停止过滤，清理转子。分离器的性能是由其回转数、回转半径所决定的。手动卸料和半自动卸料离心分离器可用于乳化液、合成液和低黏度切削液的净化。离心分离器分离精度高，但高速回转易发生气泡，故不适合大容量分离</td><td>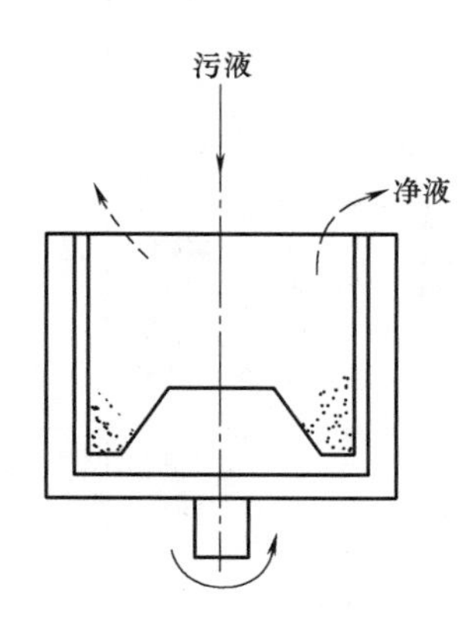
</td></tr>
</table>

（续）

形　　式	图　　示
涡旋分离器 它能分离出切屑细末和细粒子，但不能分离出轻的污物和浮油。涡旋分离器原理如右图。其净化过程：带细末粒子的切削液沿着圆柱段内壁切向压入，并在圆柱段充分旋转，顺着内壁盘旋而下进入圆锥段分离区，在分离区其盘旋强度越往下越快，靠盘旋而产生的离心力，促使细末粒子被抛向壁周，而后细末粒子顺着内壁下落，由底部出口流出。作用于细末粒子的离心力往往是细末粒子自身重量的几倍至几十倍，所以细末粒子很易被抛出。圆锥体中心由于盘旋而形成一个空气柱，并在其相邻处出现低压区，促使净化过的切削液上升，由顶端的溢流口流出。这种分离器一般供给压力为 0.25～0.4MPa，出口压力为 0.04～0.06MPa，用来分离含切屑量大或含大切屑的切削液时，为了防止圆锥体底部出口被堵塞，必须预先对切削液作重力沉淀或磁性分离处理。这种分离器适用于高速磨削、强力磨削、一般精磨加工中净化合成液、乳化液和低黏度油基切削液	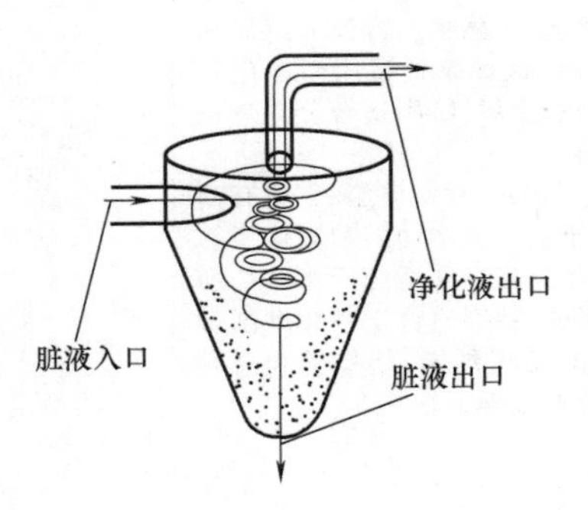

机床排屑器分为链板式除屑输送机、刮板式除屑输送机、磁性除屑输送机、螺旋式除屑输送机。各类型机床排屑器的特点见表 7-8。

表 7-8　机床排屑器和集屑车的特点

类型及特点	图　　示
螺旋式排屑输送机 本装置通过减速机驱动带有螺旋叶的旋转轴推动物料向前（向后），集中在出料口，落入指定位置。该排屑器结构紧凑，占用空间小，安装使用方便，传动环节少，故障率极低，尤其适用于排屑空间狭小、其他排屑形式不易安装的机床	

（续）

类型及特点	图　示
刮板式除屑输送机 本装置的输送速度选择范围广，工作效率高，有效排屑宽度多样化，可提供充足的选用范围，如数控机床、加工中心、磨床和自动线，处理磨削加工中的金属砂粒、磨粒，以及汽车行业中的铝屑效果比较好。其刮板两边装有特制链条，刮板的高度及分布间距可随机设计，因而传动平稳，结构紧凑，强度好，并可根据用户需要加钢网反冲、刮屑器、涡流分离器、油水分离器等形成综合过滤系统，提高产品表面加工精度，节约切削液，降低工人劳动强度，是一种应用比较广泛的机床辅助装置	
集屑车 集屑车用于收集各类排屑器从机床传送过来的各种切屑。其底部装有轮子，可将切屑送出工作场地，便于集中清理。集屑车分为干式与湿式两种，干式料箱可以倾斜，将切屑倒出即可；湿式料箱在干式基础上加双层滤网和放油阀，以便于切屑中的切削液与切屑分离，起到回收与环保作用，并可根据不同排屑量与用户要求，设计各种容积与功能不同的集屑车	

三、安装水箱与集屑箱

图 7-21 所示为水箱和集屑箱安装图，按照图进行水箱和集屑箱的安装，安装用零件见表 7-9。

1）将水箱从机床正面底部放入，直到接触到机床的底座为止，从机床的两侧放入两个集屑盘到水箱上。

2）连接泵的电源线，连接水管到泵的出水端与切削液喷嘴接点处。

3）用管束将所有水管的连接处束紧。

4）填充约 250kg 的切削液到水箱内，使切削液到适当液位。

四、检验水箱与集屑箱

通常，冷却装置和排屑装置是联合在一起安装的，因为它们在工作时是密不可分的。切削液通过冷却管喷出后从排屑器底部经过过滤返回到冷却装置的容积箱内，再由冷却泵输送到管路中。在一些数控机床中，特别是有些电主轴的数控机床，切削液还要经过制冷装置被冷却降温后再经精过滤器进入电主轴内部，对电主轴进行冷却后再返回切削液箱。因此，在数控机床通电前要对冷却系统和排屑装置进行认真的检查。

1）对冷却装置上的高压泵电动机、低压泵排屑装置的电动机相序进行检查纠正。

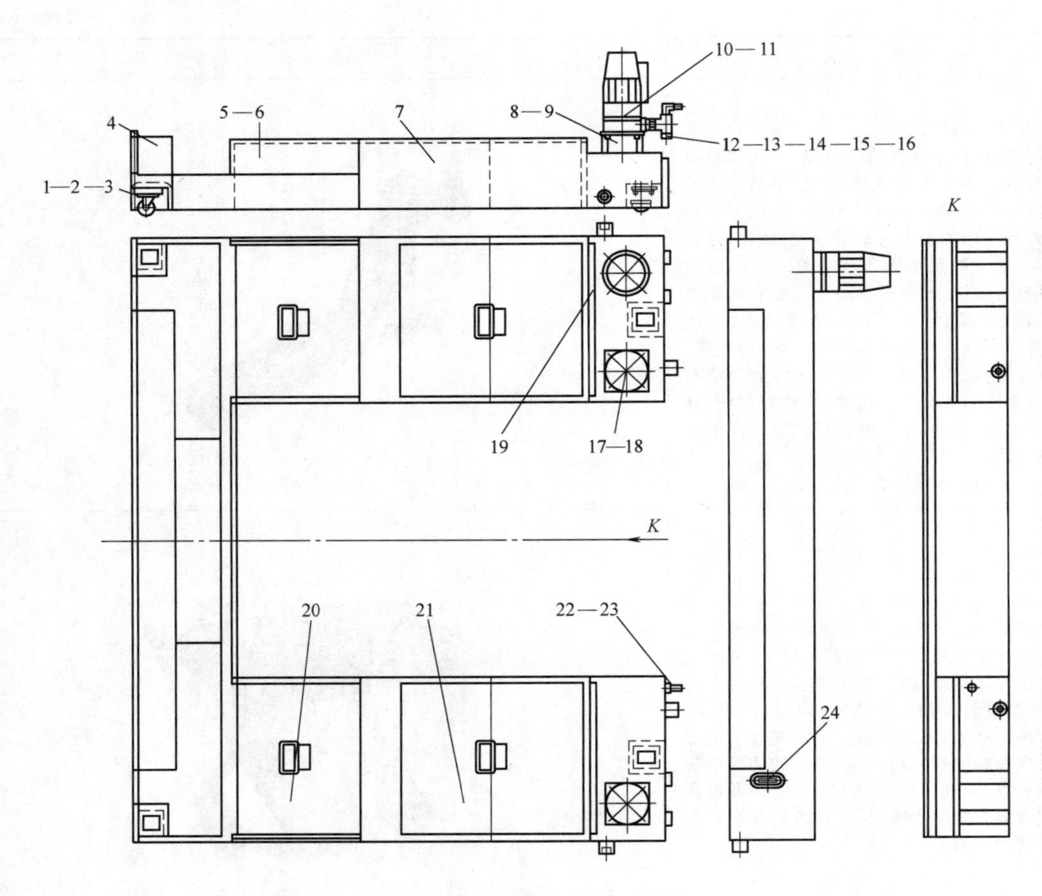

图 7-21 水箱和集屑箱安装图

表 7-9 安装用零件

编号	名　称	数　量	规　格
1	螺钉	16 个	M8×20
2	Φ65mm 转向活动轮	4 个	Φ8mm
3	螺钉	4 个	M6×10
4	板	2 块	
5	螺钉	4 个	M6×10
6	挡板	2 块	
7	水箱	1 个	
8	水泵固定座	1 个	
9	螺钉	4 个	M5×16
10	水泵	1 台	MTA-250
11	螺钉	4 个	M8×16
12	尼卜	1 个	3/4in×3/4in

（续）

编号	名　　称	数　　量	规　　格
13	三通接头	1 个	3/4in
14	60°管螺纹	1 个	3/4in×Φ13mm
15	螺塞	1 个	3/4in
16	PVC 棉织管	7m	Φ13mm
17	盖	2 个	
18	螺钉	8 个	M8×16
19	隔离网	2 张	
20	水箱前盖板	2 块	
21	水箱中间盖板	2 块	
22	管接头	1 个	19mm
23	PVC 棉织管	1.5m	Φ19mm
24	低液位显示区		

2）检查压力表（同样要进行首次校验）接头，各管接头是否安装好。

3）检查各电磁换向阀插头，各开关位置是否正确。

4）过滤器是否安装牢靠。

5）排屑装置与切削液箱的连接是否正确。

6）排屑装置与机床接触部位的高低调整得是否合适。

7）排屑链的松紧是否合适；排屑装置上开关的位置是否正确等。

如果有主轴水冷，还要检查用于主轴水冷的过滤装置上的各部件是否安装得正确、牢靠。加注切削液后，各部分装置的液位是否合适，有无泄漏现象等。以前的数控机床也有用水冷的，有的制冷系统中还加有防冻液。在数控机床通电前，通常要检查防冻液的液位是否合适，电动机、压缩机及排风扇等是否安装牢靠，各开关、插头及接线是否正确。这里要注意，防冻液对人体是有害的，在加注时最好不要用手直接接触。

五、清除铁屑与更换切削液

1）当机床内有太多铁屑积存时，需要清除机床内部铁屑。首先必须关闭数控系统电源，然后打开安全门，用刷子将工作区域内的铁屑清除至储屑盘内，再从机床两侧拉出储屑盘，清除铁屑；然后将储屑盘放回原来位置，如果使用排屑机，则需用吸尘器清除输送带上的铁屑，并将铁屑车上的铁屑倒掉。

2）切削液严重污染后，需要清洗水箱，更换切削液。建议 3~6 个月做一次清洗切削液箱与更换切削液的工作。

3）清洗切削液箱之前须先拉出储屑盘，并将铁屑清除干净，准备 5 个约 30kg 的桶放在机床旁边。

4）将泵出水端的水管与铝管连接处旋松卸下，拆下水管放进桶内，用泵将切削液箱中的切削液抽出，直到抽完为止。

5）将泵入水端的水管与切削液箱连接处拆下，从机床前面拉出切削液箱，由 2 人抬到有安全支撑的适当高度。

6）拆下切削液箱排放口内的塞子，将残存的切削液排出。

7）拆下切削液箱内位于上方的滤网，清洗切削液箱内部与滤网，将滤网与管塞装回，从机床前方将切削液箱放回原来的位置。

8）按与拆卸时相反的顺序将拆下的水管一一连接好后，添加等量的切削液到切削液箱内。

9）从机床两侧将储屑盘放回。

7.4.4 任务评估

项目结束，请各小组针对故障维修过程中出现的各种问题进行讨论，罗列出现的失误，并总结在今后的学习和操作过程中如何更好地发挥团队精神，如何提高水平及效率，并填写故障记录表及项目评估表，见附表1和附表2。

附　　录

附表1　数控机床故障维修记录表

数控机床的型号	
出现故障的日期	
故障现象	
报警/报警号	
可能的故障原因	
故障处理方法	
机床恢复情况	
总结	

附表2　数控机床故障维修评估表

评分项目	分值	评分标准			自评	互评	教师评分
工具准备情况	5	常用工量具、存储卡、传输线缆等					
资料准备情况	5	1. 机床手册 2. 电气原理图 3. PMC 梯形图 4. 课前自备资料					
排故前检查情况	10	1. 故障现象描述正确 2. 故障现象观察全面 3. 未扩大故障 4. 工具使用正确					
排故方案设计	10	1. 相关知识准备充分 2. 故障原因分析正确 3. 工具选择正确 4. 未扩大故障					
排故过程	30	1. 排故工具选择正确 2. 排故方法选择正确 3. 故障原因查找正确 4. 未扩大故障 5. 团队协作密切					
机床恢复情况	20	1. 机床恢复程度 2. 机床记录表填写					
安全文明生产	10	违反安全文明生产操作规程视情况扣分					
额定工时 120min	10	每超过 5min 扣 5 分，最多扣 10 分					
开始时间		结束时间		实际用时		成绩	

附表 3　工量具清单

名　　称	数量	名　　称	数量
十字螺钉旋具 6mm	1 把	剥线钳	1 个
十字螺钉旋具 3mm	1 把	万用表	1 块
一字螺钉旋具(6mm)	1 把	水平仪	1 个
一字螺钉旋具(3mm)	1 把	千分表	1 个
内六角扳手	1 套	百分表	1 个
尖嘴钳	1 个	示波器	1 台
偏口钳	1 个	相序仪	1 台
压线钳	1 个		

附表 4　项目评估表

评分项目	分值	评分标准		自评	互评	老师评分
工具准备情况	5	常用工量具、存储卡、传输线缆等				
资料准备情况	5	1. 机床手册 2. 电气原理图 3. PMC 梯形图 4. 课前自备资料				
排除故障前检查情况	10	1. 故障现象描述正确 2. 故障现象观察全面 3. 未扩大故障 4. 工具使用正确				
排除故障方案设计	10	1. 相关知识准备充分 2. 故障原因分析正确 3. 工具选择正确 4. 未扩大故障				
排除故障过程	30	1. 排除故障工具选择正确 2. 排除故障方法选择正确 3. 故障原因查找正确 4. 未扩大故障 5. 团队协作密切				
机床恢复情况	20	1. 机床恢复程度 2. 机床记录表填写				
安全文明生产	10	违反安全文明生产操作规程视情况扣分				
额定工时 120min	10	每超过 5min,扣 5 分,最多扣 10 分				
开始时间		结束时间		实际用时	成绩	

参考文献

[1] 邓三鹏．现代数控机床故障诊断与维修［M］．北京：国防工业出版社，2012.

[2] 劳动和社会保障部教材办公室．数控机床故障诊断与维护（数控技术）［M］．北京：中国劳动社会保障出版社，2007.

[3] 韩鸿鸾．数控机床机械系统装调与维修一体化教程［M］．北京：机械工业出版社，2013.

[4] 杨雪翠．FANUC 数控系统调试与维护［M］．北京：国防工业出版社，2010.

[5] 蒋丽．数控原理与系统［M］．北京：国防工业出版社，2012.

[6] 刘海．FANUC 0i-MD 系统串行主轴故障诊断与处理［J］．科技风，2013（11）：108-109.

[7] 廉良冲．FANUC 0i-MD 系统的数控机床开机无法回零的故障诊断与修复［J］．制造技术与机床，2011（11）：103-104.

[8] 王银洲．加工中心主轴故障分析与维修［J］．金属加工冷加工，2015（1）：84-85.

[9] 黄琳莉，陈亭志．数控机床伺服进给驱动系统的电气故障排查与对策［J］．武汉职业技术学院学报，2013（3）：100-103.

[10] 王勇．数控机床伺服进给系统典型故障分析及维修［J］．煤炭技术，2013（8）：62-64.

[11] 王勇．数控机床伺服进给系统典型故障分析及维修［J］．机床与液压，2013（14）：157-159.

[12] 张玉玲．数控铣床伺服系统故障诊断与预报的研究［D］．长春：长春工业大学，2012.

[13] 郑善东．数控机床装调维修系统的研究与实现［D］．广州：华南理工大学，2012.

[14] 魏娜．浅析数控机床进给伺服系统的常见故障与处理方法［J］．科技信息，2012（10）：209.

[15] 任敬卫，张俊．数控机床进给伺服系统的典型故障及诊断［J］．价值工程，2011（25）：36.

[16] 杨笋，史亚贝．数控机床伺服系统的故障形式及诊断方法［J］．新技术新工艺，2011（8）：19-21.

[17] 李冬．数控机床进给伺服系统的故障及维修［J］．机床与液压，2010（8）：107，116-117.

[18] 韩京海，郭燕．数控机床进给伺服系统常见故障诊断与维修［J］．机床与液压，2010（16）：52，93-94.

[19] 赵东升．流程图在 FANUC 进给伺服系统故障诊断中的应用［J］．制造技术与机床，2008（3）：128-130.

[20] 金川．FANUC α-i 系列进给伺服驱动系统典型故障诊断与维修［J］．南京工业职业技术学院学报，2008（2）：15-17.

[21] 宋文学，黄万长．FANUC 进给伺服控制系统故障诊断与维修［J］．制造技术与机床，2007（11）：99-100.

[22] 赵中敏．数控机床进给伺服系统典型故障原因分析［J］．机床电器，2006（3）：21-22.

[23] 周晓宏．数控机床进给伺服系统的常见故障及诊断［J］．湖南工业职业技术学院学报，2003（1）：17-19.

[24] 周晓宏．数控机床进给伺服系统的常见故障及诊断［J］．机电一体化，2003（3）：79-81.

[25] 周晓宏．数控机床进给伺服系统的常见故障及诊断［J］．机械工程师，2003（4）：25-27.

[26] 何东，李宏伟．数控机床的进给伺服系统及故障诊断［J］．山东机械，2001（2）：40-41.

[27] 孔昭永．FANUC 0 系统维修知识讲座——第 6 讲 FANUC 交流进给伺服系统的故障诊断和处理方法［J］．机械工人：冷加工，2000（6）：40-42.

[28] 李敬岩．数控机床进给伺服系统常见故障浅析［J］．今日科苑，2009（13）：170-171.

[29] 陕西省机械工程学会．陕西省机械工程学会九届二次理事扩大会议论文集［C］．西安：陕西省机械工程学会，2010.

[30] 陕西省机械工程学会．陕西第二届数控机床及自动化技术专家论坛论文集［C］．西安：陕西省机械工程学会，2011.
[31] 龚仲华．FANUC-0iD 调试与维修［M］．北京：机械工业出版社，2013.
[32] 刘加勇．数控机床故障诊断与维修［M］．北京：中国劳动社会保障出版社，2011.
[33] 王贵成，裴宏杰，沈春根．数控机床故障诊断技术［M］．北京：化学工业出版社，2010.
[34] 刘永久．数控机床故障诊断与维修技术（FANUC 系统）［M］．北京：机械工业出版社，2011.